KB015944

도덕의 기원

도덕의 기원

영장류학자가 밝히는 도덕의 탄생과 진화

마이클 토마셀로 지음 | 유강은 옮김

A NATURAL HISTORY OF HUMAN MORALITY

이데아

서문

왜 인간만이 도덕을 진화시켰을까?

《도덕의 기원A Natural History fo Human Morality》은 2014년에 펴낸 《생각의 기원A Natural History of Human Thinking》(2017년 국내 출간)의 자매판이다. 두 책 모두에서 나는 인간의 사회적 삶의 진화에서 동일한 2단계 연쇄가 존재한다고 제안하기 때문에 제목을 비슷하게 붙이는 것이 마땅했다. 그중 첫 단계는 협업의 새로운 형태들이고, 두 번째 단계는 문화 조직의 새로운 형태들이다. 첫 책에서 이런 협업의 새로운 형태들에서 생겨난, 인간 종에 특유한 사고를 자세하게 설명하려고 했다면, 이 책에서는 이런 사회적 삶의 새로운 형태들이 초기 인류가 도덕적 행동에 관여하게 되는 방식을 어떻게 구조화했는지 해명하고자 한다. 여기서 도덕적 행동이란 자신의 이익을 타인의 이익에 종속시키거나 그 둘을 동등한 것으로 간주하며, 심지어 그렇게 해야 한다는 의무감까지 느끼는 것을 의미한다. 이런 도덕적 태도나 자세는 물론 개인들의 실제 의사 결정에서 일관되게 관철되지는 않았고 지금도 일관되게 관철되지 않지만, 결과야 어떻든 그런 결정을 도덕적 결정으로 만드는 것은 분명하다.

지난 5년여 동안, 나는 이 책을 쓰기 위해 내가 제시한 견해를 끌어모았다. 2009년 가을 이곳 막스플랑크 진화인류학연구소에서 열린 인간 협력의 진화에 관한 세미나를 시작으로 2012~2013년 겨울에 열린 인간 도덕의 진화에 관한 유사한 세미나에서도 이런 노력은 계속되었다. 두 번의 세미나에서 흥미롭고 풍요로운 토론을 하면서 나는 이 쟁점들에 관한 생각을 구체화했다. 여기에 참여한 모든 이들에게 감사한다. 또한 같은 시기에 제바스티안 뢰들Sebastian Rödl과 여러 차례 아주 유익한 토론을 했는데, 그는 몇 가지 어려운 철학 개념에서 큰 도움을 주었다.

그 밖에도 많은 이들이 여러 형태의 초고를 읽고 아주 유용한 논평을 해주었다. 특히 이반 카브레라Ivan Cabrera, 로베르트 헤파흐Robert Hepach, 파트리치아 칸기서Patricia Kanngiesser, 크리스티안 키츠만Christian Kietzmann, 베리슬라브 마루시치Berislav Marusic, 카할 오매디건Cathal O'Madagain, 마르코 슈미트Marco Schmidt 등은 이런저런 형태의 초고를 읽어 주었다. 굉장히 유용한 논평과 제안을 해준 그들 모두에게 감사한다. 여러 차례 특히 깊이 있게 초고를 읽고 나와 대화를 나눈 닐 루글리Neil Roughley와 얀 엥겔만Jan Engelmann에게는 각별한 감사의 인사를 하고 싶다. 확실히 초고는 그들 모두의 통찰력 덕분에 훨씬 더 일관성을 갖게 되었다. 또한 초고를 읽고 논평을 해준 앤드루 키니Andrew Kinney와 리처드 조이스Richard Joyce, 그리고 하버드대학교 출판부의 익명의 검토자에게도 감사드린다.

마지막으로, 첫 책과 마찬가지로, 이 책에서 제시하는 가장 중요한 생각들 모두에 관해 광범위하게 의견을 나누면서 최종 결과물에 큰 도움을 준, 그리고 많은 생각들을 내버리는 데도 도움을 준 리타 스베틀로바Rita Svetlova에게 마음속 깊이 감사한다. 그녀와 우리 아이들에게 이 책을 바친다.

차례

4장
'객관적' 도덕 • 165

옳고 그름에 대한 인류의 문화적 감각

5장
협력 그 이상인 인간 도덕 • 253

인간만의 전유물, 도덕에 깃든 사회성

결론
때로 이기적인, 그러나 결국은 도덕적인 • 291

1장

상호 의존 가설

미래의 협업을 위한 타인의 안녕

우리를 사회체social body로 결합시키는 약속은, 오직 그것이 상호 간에
맺어진 것이기 때문에 강제성을 띤다. 그리고 약속의 성질상
우리가 그것을 이행함으로써 남을 위해 일하면, 반드시 우리 자신을 위해
일하는 결과가 된다.
장자크 루소, 《사회계약론》

협력은 본성상 두 가지 기본적인 형태로 등장한다. 개인이 타인을 위해 희생하는 이타적 도움, 그리고 상호작용하는 모든 당사자가 어떤 식으로든 이익을 얻는 상호주의적 협동이 그것이다. 도덕이라고 알려진, 인간에게 독특한 형태의 협력은 현실적으로 두 가지 유사한 형태로 나타난다. 한편으로 보면, 개인이 동정이나 관심, 자비심 같은 자기희생적 동기에 입각하여 다른 사람을 돕기 위해 희생할 수 있다. 다른 한편으로 보면, 상호작용하는 개인들이 공정성이나 공평, 정의 같은 공명정대한 동기에 입각하여 좀 더 균형 잡힌 방식으로 모두가 이익을 얻는 방법을 추구할 수 있다. 도덕철학의 고전적인 설명에서는 흔히 덕행(선함)의 동기와 정의(옳음)의 동기를 대조하여 이런 차이

를 포착하며, 현대적인 설명에서는 공감의 도덕과 공정의 도덕을 대조하여 이런 차이를 포착한다.

공감의 도덕은 가장 기본적이다. 타인의 안녕에 대한 관심은 모든 도덕적인 것의 필수 조건이기 때문이다. 공감하는 관심은 진화적으로 혈연선택을 기반으로 한 부모의 자녀 돌봄에서 나온 것이 거의 확실하다. 포유류에서 이런 돌봄은 수유(포유류의 '사랑 호르몬'인 옥시토신으로 조절된다)를 통해 새끼에게 자양분을 제공하는 일에서부터 포식자를 비롯한 위험으로부터 새끼를 보호하는 일에 이르기까지 모든 것을 의미한다. 이런 의미에서 기본적으로 모든 포유류는 적어도 새끼에 대해서는 공감하는 관심을 보이며, 일부 종에서는 선택된 비非친족에게도 이런 관심을 보인다. 대체로 공감의 표현은 비교적 직접적이다. 제 새끼나 다른 새끼에게 무엇이 좋은지를 결정하는 데서 일정한 인지적 복잡성이 존재하겠지만, 일단 결정하고 나면 도움은 도움이다. 심각한 갈등이 존재한다면 문제는 그 도와주는 행동을 유발하는 공감이, 관련된 이기적인 동기를 극복할 만큼 충분히 강하냐 하는 점뿐이다. 공감하는 관심으로 추동되는 도움의 행동은 무상으로 수행되는 이타적인 행동이며, 가장 순수한 형태에서는 의무감을 수반하지 않는다.

이와 대조적으로, 공정의 도덕은 그렇게 기본적이지도 않고 직접적이지도 않다. 또한 분명 인간 종에 국한될 것이다. 근본적인 문제는 공정성이 필요한 상황에서는 대체로 여러 개인의 협력적 동기와 경쟁적 동기의 복잡한 상호작용이 존재한다는 것이다. 공정하려고 노력한다는 것은 이 모든 동기 사이에서 일정한 균형을 달성하려고 시도한다는 것을 의미하며, 대체로 다른 많은 기준에 입각하여 이 균형을 달성할 수 있는 방법이 여러 가지 있다. 따라서 인간들은 자기 자신을 포함해 관련된 개인들의 '수혜 자격'에 관한 도덕적 판단을 유발할 준비가 된 복잡한 상황에 들어서지만, 그와 동시에 불공정한 타인들에 대한 분노처럼 좀 더 징벌적인 도덕적 태도로 무장한다. 또한 인간들은 엄밀하게 징벌적이지는 않지만 그럼에도 불구하고 엄격한 다른 도덕적 태도를 여전히 갖는다. 이런 태도 속에서 사람들은 책임감, 의무, 헌신, 신뢰, 존중, 본분, 잘못의 책임, 죄책감 등의 개인간 판단을 불러일으킴으로써 상호작용하는 상대방에게 그의 행동에 대한 책임을 물으려고 한다. 따라서 공정의 도덕은 공감의 도덕보다 훨씬 복잡하다. 더욱이, 이와 관계가 없지는 않을 텐데, 공정의 도덕적 판단은 대체로 일정한 책임감이나 의무감을 수반한다. 단지 내가 관계된 모든 사람에게 공정하기를 원하기 때문이 아니라 사람은 관계된 모든 사람에게 공정**해야 하기** 때문이다. 일반적으로 우리는 공감이 순수한 협력cooperation이라면, 공정은 개인들이 다수의 참여자가 갖는 다양한 동기의 여러 가지 상충되는 요구에 대해 균형 잡힌 해법을 추구하는 일종의 경쟁의 협력화cooperativization라고 말할 수 있다.

이 책에서 우리가 추구하는 목표는 공감과 공정이라는 면에서 인간의 도덕이 어떻게 등장하게 되었는지 진화론적으로 설명하는 것이다. 우리는 인간의 도덕이 협력의 한 형태, 특히 인간들이 인간 종에 특유한 새로운 사회적 상호작용과 조직 형태에 적응함에 따라 등장한 형태라는 가정에서 출발한다. 호모사피엔스는 초협력적인 영장류이자 어쩌면 유일하게 도덕적인 영장류일 것이기 때문에 우리는 더 나아가 인간의 도덕이, 인간 개개인으로 하여금 특히 협력적인 사회적 배치 상황에서 살아남고 번성할 수 있게 해주는, 인간 종에 특유한 일군의 핵심적인 근접 기제proximate mechanism•—인지·사회적 상호작용·자기규제의 심리적 과정—를 구성한다고 가정한다. 이런 가정들을 토대로, 이 책에서 우리가 시도하려는 것은 다음과 같다. 첫째, 주로 실험 연구에 근거해 인간들의 협력이 가장 가까운 영장류 친척들의 협력과 어떻게 다른지를 최대한 상세하게 설명한다. 둘째, 이처럼 인간에게 특유한 협력이 어떻게 해서 인간의 도덕을 낳았는지에 대해 그럴듯한 진화 시나리오를 구성한다.

출발점은 비인간 영장류, 그중에서도 특히 인간과 가장 가까운 살아 있는 친척인 대형 유인원들이다. 모든 사회적 종이 그렇듯이, 같은 사회집단에 사는 대형 유인원 개체들은 생존을 위해 서로에게 의존하며(그들은 상호 의존적이다. Roberts, 2005), 따라서 그들은 서로를 돕고 돌보는 게 이치에 맞다. 게다가 많은 영장류 종이 그렇듯이, 대형 유인원 개체들은 자기 집단에 속한 특정한 다른 개체들과 장기적인 친사회적 관계를 형성한다. 친족과 이런 관계를 맺기도 하지만, 친

• 근접 기제란 개체가 어떤 목적을 충실하게 수행하기 위해 부여되는 부수적 기제를 말한다. 예컨대 어떤 종의 생존을 위해서는 번식이 필요한데, 이를 개체가 더 잘 수행하기 위해 성욕과 같은 다른 기제가 만들어진다. 이 경우에 성욕은 번식의 근접 기제 또는 근접 동기가 된다.—옮긴이

족이 아닌 집단 동료, 또는 '친구'와 관계를 맺기도 한다(Seyfarth and Cheney, 2012). 개체들은 이런 특별한 관계에 의지해 적응도를 높이며, 따라서 예컨대 친구의 털을 우선 골라 주거나 싸움에서 친구 편을 드는 식으로 관계에 투자를 한다. 그러므로 우리가 탐구하는 인간 도덕의 자연사의 진화적 출발점은 대형 유인원 일반이 자신과 상호 의존하는 개체들, 즉 친족과 친구들에게 보이는 친사회적 행동이다.

마이클 토마셀로Michael Tomasello(Tomasello et al, 2012)는 이런 대형 유인원을 출발점으로 해서 어떻게 초기 인류 개인들이 협력적 지원을 위해 한층 더 서로에게 상호 의존하게 되었는지에 초점을 맞추는, 인간에게 특유한 협력의 진화에 관한 설명을 제시한다. (우리가 여기서 채택한 기본 틀인) 상호 의존 가설interdependence hypothesis에 따르면 이러한 상호 의존은 두 가지 핵심적 단계에서 이루어졌다. 새로운 생태적 환경을 수반하여 초기 인류를 사회적 상호작용과 조직의 새로운 양식으로 몰아넣은 두 단계는 바로 처음에는 협동이고, 그다음에는 문화였다. 이런 새로운 사회적 환경에서 최선을 다한 개인들은 타인과의 상호 의존을 인식하고, 그에 따라 행동한 이들이었다. 이것은 일종의 협력의 합리성이다. 많은 동물 종의 개체들이 다양한 방식으로 상호 의존하기는 하지만, 초기 인류의 상호 의존은 이처럼 새롭고 독특한 일군의 심리적 근접 기제들에 의지했다. 이 새롭고 독특한 기제들 덕분에 개인들은 타인들과 더불어 복수 행위자인 '우리'를 창조할 수 있었다. 먹잇감을 잡기 위해 '우리'는 어떻게 해야 하는가, 또는 '우리'는 다른 집단으로부터 우리 집단을 어떻게 지켜야 하는가. 지금 개진하는 설명의 중심적인 주장은 다른 사람들과 상호 의존적인 복수 행위자인 '우리'를 구성하기 위한 기술과 동기, 즉 다른 사람들과 **지향점 공유**shared intentionality(Bratman, 1992, 2014; Gilbert, 1990, 2014)를 추구하는 행동에 참여하는 기술과 동기가, 인간 종을 전략적 협력에서 진정한 도덕으로 몰아넣은 동력이라는 것이다.

첫 번째 핵심 단계는 수십만 년 전에 일어났다. 생태 환경이 변한 탓에 초기 인류가 파트너와 함께 먹을거리를 찾지 않으면 굶주릴 수밖에 없었기 때문이다. 이런 새로운 형태의 상호 의존은 초기 인류가 이제 친족과 친구를 넘어 협동하는 파트너에게까지 공감을 확대했다는 것을 의미한다. 협업을 인지적으로 조정하기 위해 초기 인류는 **공동 지향성**joint intentionality이라는 인지적 기술과 동기를 발전시켰으며, 그 덕분에 파트너와 함께 공동 목표를 형성하고 각자의 개인적 공통 지반 위에서 파트너와 함께 여러 가지를 알 수 있었다(Tomasello, 2014). 개인적인 차원에서 보면, 각 파트너는 특정한 협업(예컨대 영양 사냥)에서 제 나름의 역할이 있었고, 시간이 흐르면서 공동의 성공을 위해 각각의 역할을 해야 하는 이상적인 방식을 공통의 지반 위에서 이해하게 되었다. 이처럼 공통의 지반에 입각한 역할 이상role ideal은 최초로 사회적으로 공유된 규범적 기준으로 생각할 수 있다. 이런 이상적 기준은 우리가 어느 쪽이 되건 간에 각 파트너가 역할 안에서 해야 하는 일을 명시했다는 점에서 불편부당했다. 역할 기준의 불편부당성을 인식한다는 것은 곧 자신과 타인이 이 협동 사업에서 지위와 중요도가 대등하다는 것을 인식한다는 뜻이었다.

모든 개인이 교섭력을 가지고 파트너를 선택하는 상황에서 자타 등가성self-other equivalence을 인식하게 되었으며, 이는 파트너들 사이의 상호 존중으로 이어졌다. 그리고 파트너들에게는 무임승차자를 배제하는 것이 중요했기 때문에 (무임승차자가 아니라) 오직 협동적인 파트너만이 전리품을 얻을 자격이 있다는 감각도 생겨났다. 이런 요인들이 결합된 결과 파트너들은 서로를 존중하는 마음으로, 즉 동등한 자격이 있는 2인칭• 행위자로 보게 되었다(Darwall, 2006을 보라). 무슨 말인가 하면, 파트너들은 서로 협동하는 공동 헌신joint commitment을 형성할 자격을 갖게 되었다(Gilbert, 2003을 보라). 공동 헌신의 내용은 각 파트너가 자신의 역할 이상에 부응하고, 더 나아가 양 파트너 모두 상대에게 이상적인 수준에 미치지 못하는 역할 수행에 대한 책임을 물을 정당한 권위를 갖는다는 것이었다. 따라서 초기 인류가 파트너와 공유하는 상호 존중과 공정의 감각은 주로 새로운 종류의 협력적 합리성cooperative rationality에서 기인하는 것이었다. 이 협력적 합리성에서는 협동 파트너에 대한 의존을 인정하기 때문에 공동 헌신에 의해 생겨난, 자기를 규제하는 '우리'에게 자기 행동에 대해 적어도 일정한 통제권을 양도하기까지 했다. 이런 '우리'는 도덕적인 힘이었다. 두 파트너 모두 그들이 특히 자기규제의 목적을 위해 스스로 그것을 만들어 냈다는

• 저자의 전작인 《생각의 기원》에서는 'second personal'을 '양자 간'으로 옮겼지만, 이 책에서는 이 표현이 등장하는 맥락을 좀 더 선명하게 드러내기 위해 '2인칭'으로 옮겼다.—옮긴이

사실, 그리고 둘 다 파트너를 자신의 협력을 받을 진정한 자격이 있다고 생각한다는 사실에 근거하여 그런 '우리'를 정당하다고 생각했기 때문이다. 따라서 협동 파트너들은 공동의 성공을 위해 노력하려고 서로에게 책임감을 느꼈고, 이런 책임감을 회피하는 것은 사실상 자신의 협력적 정체성을 포기하는 것이었다.

이렇게 하여 공동 지향 활동 참가는 동등한 자격이 있는 2인칭 행위자로 파트너를 인정하는 동시에 공동 헌신에서 '나'를 '우리'에 종속시키는 협력적 합리성을 발생시키면서 진화적으로 참신한 형태의 도덕심리를 창조했다. 그것은 '그들'로부터의 응징이나 평판 공격에 대한 전략적 회피가 아니라 '우리'에 맞게 고결하게 행동하려는 우리의 참된 시도에 근거를 두었다. 그리하여 협력적인 합리적 행위자들이 개인들이 어떻게 행동하는가 또는 나는 그들이 어떻게 행동하기를 원하는가가 아니라 만약 그들이 '우리'의 일원이 되려면 어떻게 행동**해야 하는가**에 초점을 맞추는, 규범적으로 구성된 사회질서가 생겨났다. 결국 공동 지향 활동에서 파트너와 관계를 맺는 이 모든 새로운 방식의 결과는 초기 인류에게 일종의 **자연적인 2인칭 도덕**natural, second-personal morality으로 귀결되었다.

15만 년 전 호모사피엔스사피엔스의 등장으로 시작된 이 자연사 가설의 두 번째 진화 단계는 인구학적 변화로 촉발되었다. 현대 인류 집단들이 점점 커지기 시작함에 따라 그 집단들은 부족 수준에서 여전히 통합된 더 작은 무리로 갈라졌다. 부족 수준 집단(이것을 문화라고 하자)은 다른 집단들과 자원을 놓고 경쟁했고, 따라서 하나의 커다란 상호 의존적 '우리'로 작동했다. 여기서 모든 집단 성원은 집단과 자신을 동일시하면서 집단의 생존과 복지를 위해 분업으로 자신에게 부여된 역할을 수행했다. 그리하여 한 문화집단의 성원들은 자신의 문화적 동료들에게 특별한 공감과 충성의 감각을 느꼈고, 외부자에 대해서는 무임승차자나 경쟁자로서 문화적 혜택을 받을 자격이 없는 이들로 간주했다. 현대 인류는 자신들의 집단 활동을 인지적으로 조정하고 동기를 부여하여 사회적으로 통제하는 수단을 제공하기 위해 **문화적** 공통 지반에 근거하는 **집단 지향성**collective intentionality이라는 새로운 인지 기술과 동기를 발전시켰고, 이로써 문화적 관습과 규범, 제도의 창조가 가능해졌다(Searle, 1995를 보라). 관습적인 문화적 관행에는 '역할 이상'이 있었다. '우리'의 일원이 되고자 하는 이라면 누구든 집단적 성공을 위해 어떤 역할을 해야 하는지를 문화적 공통 지반 속에서 모두가 알았다는 의미에서 이런 역할 이상은 충분히 '객관적'인 것이었다. 이런 이상은 어떤 일을 하는 올바른 방법과 그릇된 방법을 대표했다.

초기 인류와 달리, 현대 인류는 가장 크고 중요한 사회적 헌신을 창조하지 못했다. 그냥 그런 헌신을 타고났을 뿐이다. 무엇보다도 개인들은 집단의 사회규범을 통해 자신의 행동을 스스로 규제해야 했다. 그 규범을 위반하면 영향을 받은 사람들뿐 아니라 제3자들에게도 질책을 받았다. 순전히 관습적인 관행에서 벗어나는 것은 문화적 정체성 감각이 허약하다는 신호였지만, 2인칭 도덕을 기반으로 하는 어떤 규범에서 벗어나는 것은 도덕적 위반의 신호였다(Nichols, 2004

를 보라). 도덕규범은 첫째, 해당 개인이 문화에 동질감을 느끼고 스스로를 그 문화에 대한 일종의 공동 저작권자라고 추정하기 때문에, 그리고 둘째, 자신과 동등한 자격이 있는 문화적 동료들이 자신의 협력을 받을 자격이 있다고 느끼기 때문에 정당하다고 간주되었다. 따라서 문화집단의 성원들은 사회규범을 자신들의 도덕 정체성의 일부로 따르는 동시에 강제해야 한다는 의무를 느꼈다. 도덕 공동체가 보기에, 따라서 자기 자신이 보기에도 자기 정체성을 유지하기 위해서는 어떤 일을 하는 옳은 방식 및 그른 방식과 동일시를 해야 했다(Korsgaard, 1996a를 보라). 어떤 이가 이런 규범에서 벗어나면서도 여전히 자신의 도덕적 정체성을 유지할 수 있는 것은, 오직 타인들에게, 그리하여 자기 자신에게도 이 일탈을 도덕 공동체가 공유하는 가치 면에서 정당화할 때만 가능했다(Scanlon, 1998을 보라).

이리하여 문화적 삶의 참가는—집단에 속한 모든 동료가 동등한 자격이 있다는 인식과 더불어 그 문화의 집단적 헌신이 '우리'를 위해 '우리'에 의해 창조되었다는 감각을 발생시킴으로써—도덕심리의 두 번째 참신한 형식을 창조했다. 이 두 번째 형식은 다음과 같은 점에서 일종의 초기 인류의 2인칭 도덕의 확장판이었다. 첫째, 규범적 기준이 완전히 '객관적'이다. 둘째, 집단적 헌신이 집단 내부의 모든 사람에 의해 모두를 위해 이루어진다. 셋째, 의무감이 개인의 도덕적 정체성, 그리고 자신을 포함한 도덕 공동체에 자신의 도덕적 결정을 정당화해야 한다고 느끼는 필요성에서 흘러나온다는 면에서 집단의식적으로 합리적이다. 결국 집단적으로 구조화된 문화적 맥락에서 서로 관계를 맺는 이 모든 새로운 방식의 결과로 현대 인류는 일종의 **문화적이고 집단의식적인, '객관적' 도덕**을 갖게 되었다.

대형 유인원을 넘어서는 이 2단계 진화 과정이 처음에는 협동에, 그리고 다음에는 문화에 야기한 결과는 당대 인류가 적어도 세 가지 뚜렷이 구별되는 도덕의 지배를 받았다는 점이다. 첫째는 간단히 말해 친족과 친구에 대한 특별한 공감을 중심으로 조직된, 대형 유인원 일반의 협력 성향이다. 불타는 집에서 내가 제일 먼저 구하는 사람은 생각할 필요도 없이 자식이나 배우자다. 둘째는 내가 특정한 상황에서 특정한 개인들에게 특정한 책임을 갖는 협동의 공동 도덕이다. 내가 다음으로 구하는 사람은 지금 불을 끄기 위해 협동하고 있는(그리고 공동의 목적을 위해 함께 헌신하는) 같이 불을 끄는 사람이다. 셋째는 해당 문화집단의 모든 성원이 동등한 가치를 갖는, 문화규범과 제도의 비인격적인 집단적 도덕이다. 나는 이 화재에서 집단의 다른 동료들(또는 나의 도덕 공동체가 인류 일반이라면 다른 모든 사람들)을 모두 동등하고 불편부당하게 구하며, 다만 아마 우리 중에서 가장 약한 사람들(예를 들어 어린이)에게 특별히 관심을 기울일 것이다. 이런 상이한 도덕들—달리 말해 도덕적 지향이나 입장—의 공존은 물론 결코 평화롭지 않다. 예를 들어 '내 친구를 살리기 위해 약을 훔쳐야 하나?', '전혀 모르는 타인들에게 해를 끼칠 수 있는데도 약속을 지켜야 하나?' 등 인간이 직면하는 가장 당혹스러운 도덕적 딜레마가 다 이 도덕들 사이의 갈등에서 나오는데, 언뜻 보기에 이런 딜레마를 완전히 만족스럽게 해결하는 방법은 없다(Nagel, 1986). 도덕의 명령에 이렇게 해결하기 힘든 양립 불가능성이 존재한다는 적나라한 사실을 보면 인간이 각기 다른 시기에 다른 방식으로 상이한 협력의 과제에 직면한, 늘 획일적이기만 한 것은 아니었던 복잡한 자연사를 알 수 있다.

사람들이 몇 가지 다른, 때로는 양립 불가능한 도덕을 가지고 움직일 수 있다는—그리고 이 도덕들 가운데 적어도 일부는 자연선택의 과정에서 기인할 수 있다는—가능성은 다윈 시대부터 줄곧 많은 사려 깊은 사람들이 두려워한 유령, 즉 진화론적 설명이 도덕이라는 개념 자체를 손상시키는 데 기여할지 모른다는 유령을 불러낸다. 그러나 반드시 그렇지는 않다. 중요한 점은 진화 과정에 수반되는 궁극적인 인과관계는 자신의 개인적 목표와 가치를 실현하려고 하는 개인들이 실제로 내리는 결정과 무관하다는 것이다. 섹스가 교과서적인 사례인데, 섹스의 진화적 존재 이유는 번식이지만 근접 동기는 대개 다른 것이다. 타인의 복지에 관심을 가지고 타인을 공정하게 대했던 초기 인류가 가장 많은 자손을 낳았다는 사실은 나 자신의 개인적인 도덕적 결정과 정체성의 그 어떤 것도 손상시키지 않는다. 나는 단지 진화적·문화적·개인적 역사 때문에 영어를 할 수 있지만, 이런 사실이 어떤 순간에 내가 하려고 마음먹은 말을 결정하지는 않는다. 결국 우리는 도덕적인 행동이 어쨌든 인간 종에게 옳은 것이고, 각 개인의 도덕적 정체성에 대한 감각뿐 아니라 인간의 유례없는 진화적 성공에도 기여한다는 사실에 놀랄 수밖에 없다.

변명은 이쯤 해두고 이제 하나의 이야기, 즉 인간의 도덕이 어떻게 존재하게 되었는지, 우리의 대형 유인원 조상들, 그리고 그들이 친족과 친구에 대해 느끼는 공감에서 시작해 공동의 헌신과 파트너의 등가성에 대한 감각을 가지고 상호 의존적으로 협동하기 시작한 초기 인류를 지나, 현대 인류와 그들이 문화적으로 구성한 사회규범과 객관화된 옳고 그름의 인식에서 끝나는 자연사를 이야기해 보자.

2장

협력의 진화

인간의 협력이 침팬지와 다른 이유

그리고 만약 공동 활동으로 이런 [자원] 부족을 완화할 수 없다면,
정의의 영토는 상호 이익을 협력적으로 제공하는 게 아니라
상호 파괴적인 갈등으로 회피하는 것으로만 확대될 것이다.
데이비드 고티에(David Gauthier), 《합의도덕론(Morals by Agreement)》

사회성은 불가피한 것이 아니다. 많은 유기체는 온갖 현실적인 목적으로 철저하게 외롭게 생활하지만, 또 다른 많은 유기체는 사회적으로 생활한다. 사회집단을 형성하기 위해 다른 동족과 근접해서 생활하는 것이 전형적인 예다. 이런 집단 형성의 진화적 기능은 주로 포식자로부터의 보호다. 이와 같은 '다수를 통한 안전'의 사회성은 때로 협력이라고 불린다. 개체들이 비교적 평화롭게 타자와 모여 살기 때문이다. 그러나 좀 더 복잡한 사회적 종의 경우, 협력은 이타적인 도움 주기나 상호적인 협동 같은 좀 더 적극적인 사회적 상호작용으로 드러날 수 있다.

사회적 삶의 근접성이 커지면 자원을 둘러싼 경쟁도 심해진다. 사

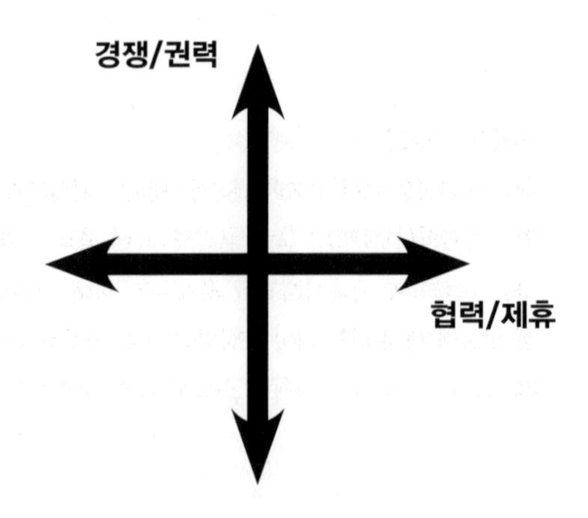

그림 2-1 복잡한 유기체가 직면하는 사회적 삶의 두 차원

회적 종의 경우에 개체들은 먹을거리와 짝을 놓고 일상적으로 서로 적극적으로 경쟁해야 한다. 이런 경쟁은 신체적 공격으로 이어질 수도 있는데, 이 공격은 관련된 모든 개체에게 해가 되며, 따라서 싸움 능력이 떨어지는 개체들이 싸움 능력이 뛰어난 개체들에게 원하는 것을 갖게 해주는 서열 우위 체제에도 잠재적으로 해가 된다.

그리하여 동물의 사회성에는 두 가지 기본 축이 존재한다(〈그림 2-1〉). 동족의 다른 개체와 제휴하는(또는 심지어 협동하거나 도움을 주는) 개체의 성향(높은 성향이든 낮은 성향이든)에 근거하는 협력의 수평 축과 자원을 둘러싼 경쟁에서 각 개체의 권력과 서열 우위(크든 작든)에 근거하는 경쟁의 수직 축이 그것이다. 협력과 경쟁 사이에서 만족스러운 균형점을 찾는 것이 복잡한 사회적 삶의 기본 과제다.

다윈주의의 틀에서 보면, 경쟁은 물론 특별한 설명이 필요하지 않지만 협력은 설명이 필요하다. 다른 개체에 이로운 방식으로 행동하는 것은 오직 일정한 조건 아래서만 안정된 진화 전략이다. 따라서 이 장에서 다룰 첫 번째 과제는 상호 의존 원리를 조직화 주제로 활용하여 협력이 진화 일반에서 어떻게 작동하는지를 검토하는 것이다. 우리는 계속해서 이런 이론적 틀을 사용해 특히 대형 유인원 사회에서 협력의 성격이 갖는 특징을 서술하고자 한다. 인간 도덕의 자연사를 설명하기 위한 출발점으로서 600만 년 전쯤 존재한 인류와 다른 대형 유인원의 마지막 공통 조상의 협력적 상호작용이 지닌 특징을 서술하는 것이 이 글의 목표다.

협력의 토대

협력은 자연선택에 의한 진화 이론에 다양한 난제를 제시한다. 여기서 우리가 이 난제를 모두 해결할 필요는 없다. 지금 생각하는 목표를 위해 우리가 해야 할 일은 인간 종에 관한 우리의 조사와 관련이 있는, 진화적으로 안정된 협력의 양상들을 확인하는 것이다. 우리는 이런 양상들을 확인하는 가운데 특히 복잡한 사회적 종의 개체들이 서로 협력할 수 있게 해주는 (심리적인) 근접 기제—인지적·사회적 동기 부여 과정과 자기규제 과정—와 이런 심리적 과정이 자연선택에 의해 선호될 수 있게 된 적응적 조건 둘 다에 관심을 기울일 것이다.

진화적으로 안정된 협력의 양상들

표준적인 진화 이론에서 협력은 관련 개체의 번식 적합도reproductive fitness에 지나치게 손상을 주지 않는 경우에만 진화적으로 안정된 전략으로 유지될 수 있다고 단언한다(진화생물학자들은 종종 이타주의를 유머러스하면서도 예리하게 '진화할 수 없는 것'이라고 정의한다). 그러나 개체들이 일시적으로 자신의 즉각적인 이익을 제쳐 두고 다른 개체들과 협력하면서 자신을 희생함으로써 장기적으로 후손의 존재를 희생시키지 않는 방식을 설명하는 고전적인 상호작용 범주는 많이 있다. 다수준 선택이론theory of multi-level selection을 따라, 작동하는 수준에 의해 구별되는 세 가지 넓은 범주를 설명하는 것이 무엇보다 유용하다. 친족선택kin selection은 유전자 수준에서 작동하고, 집단선택group selection은 사회적 집단 수준에서 작동하며, 상호주의mutualism와 호혜성reciprocity은 개별 유기체 수준에서 작동한다. 각각의 협력 행동 범주는 다른 종들의 아주 다양한 상이한 근접 기제를 통해 실현될 수 있다.

첫째, 협력의 진화에서 가장 기본적인 과정은 아마 친족선택일 것이다. 다윈은 개미나 꿀벌 같은 사회적 곤충이 (자기는 알을 낳지 않는 번식 도우미까지 생길 정도로) 왜 그렇게 서로를 위해 기꺼이 희생하는지 궁금해했다. J. B. S. 홀데인J. B. S. Haldane과 윌리엄 D. 해밀턴William D. Hamilton은 현대 유전학의 맥락에서 사회적 곤충의 경우에 같은 사회집단 안에서 사는 개체들은 다른 동물 종의 집단 동료들에 비해 서로 더 많은 유전자를 공유한다고 지적함으로써 이 문제를 해결했다. 개미와 꿀벌 개체들은 서로 도움으로써 자기 유전자 복제본을 더 많이 만들어 낸다. 어떤 의미에서 그들은 서로를 돕는 것이다. 리처드 도킨스Richard Dawkins(Dawkins, 1976)는 이 견해를 극단으로 밀어붙이면서 이러한 '유전자의 시각'에서 모든 진화를 검토한다.

보통 친족선택의 근접 기제는 무척 단순하다. 개체는 (그렇게 하고 있다고 반드시 인지적으로 이해하고 있지 않더라도) 다른 개체를 돕는 일을 하는 성향이 있어야 하며, 이 행동의 방향을 친족에게 선별적으로 돌려야 한다. 친족을 향한 이런 선별성은 공간적 근접성을 통해 가장 자주 달성된다. 예를 들어, 개미와 꿀벌은 오로지 가까운 주변에서 다른 개체들을 돕는 일을 하며, 인간처럼 인지적으로 훨씬 복잡한 생물도 대개 물리적으로 아주 근접해서 자란 이들을 친족으로 동일시한다(Westermarck, 1891). 이런 심리적 단순성은 친족선택이 인간 도덕의 밑바탕을 이루는 많은 복잡한 인지적 구별과 판단을 낳은 환경이 아니었음을 의미한다. 그러나 친족선택은 부모-자식의 유대와 친족 돕기라는 맥락에서 생겨난, 공감이라는 기본적인 친사회적 감정의 원인이었다. 대형 유인원의 협력을 설명하면서 살펴보겠지만, 일부 종은 그 후 친족을 넘어 '친구들'로까지 공감을 확장할 기회가 있었다.

다소 논란의 여지가 있지만, 협력의 진화에서 중요한 두 번째 과정은 집단선택이다. 집단선택 이론은 이 과정에 관해 유전자의 시각 대신 집단의 시각을 취하는데, 일부 이론가들은 다세포생물은 단순히 협동하는 단세포생물들의 집단이라고 말하기까지 한다(Wilson and Wilson, 2008). 기본적인 아이디어는, 만약 어떤 종의 사회적 집단들이 내부에서는 유전적으로 균일하고 또한 동시에 이 집단들이 유전적으로 서로 잘 구별된다면 이 집단들은 실제로 그 자체로 자연선택 단위가 될 수 있다는 것이다. 협력자가 많은 사회적 집단이 비협력자가 많은 사회적 집단과의 경쟁에서 이긴다고 생각할 수 있기 때문에 협력이 이야기에 등장한다. 그리하여 개별 협력자는 (혜택은 누리면서 비용은 치르지 않는) 비협력자에 비해 자기 집단 안에서 불리한 위치에 있지만, 그가 속한 집단은 번성하며 따라서 같은 종이지만 다른 집단에 속한 개체들에 비해 유리하다. 대다수 이론가들은 집단선택은 원칙적으로 가능하지만 실제로는 대부분의 경우에 집단들 사이의 유전자 이동gene flow이 빈번하기 때문에 고립된 몇몇 사례를 제외하면 유력한 요인이 되기는 힘들다는 데 동의한다.

이번에도 역시 집단선택의 근접 기제는 단순하다. 역시 개체는 (그렇게 하고 있다고 반드시 인지적으로 이해하고 있지 않더라도) 단순히 다른 개체를 돕는 일을 하는 성향이 있어야 하며, 이 행동의 방향을 집단 동료에게 선별적으로 돌려야 한다. 이번에도 대부분의 경우에 집단 동료는 공간적 근접성을 통해 인식된다.[1] 이런 유형의 집단선택이 인간의 협력과 도덕의 진화에서 결정적인 역할을 하지는 않았겠지만,

1 이 이야기가 낯설지 않다면, 사회적 곤충에서 협력의 진화는 친족선택이 아니라 집단선택(집단선택의 동질성 요건은 개체가 자신과 유전적으로 매우 가까운 개체들을 돕고 있음을 의미한다) 때문이라는 주장이 제기되어 왔기 때문이다. 여기서 꿀벌과 개미의 군체는 '초유기체superorganism'로 간주된다(Nowak et al., 2010). 또 다른 이들은 두 과정은 모두 적극적인 분류—협력자는 협력자하고만 상호작용한다—와 관련되며, 따라서 두 접근법은 단순히 상대 쪽의 수학적 변형이라고 주장한다.

문화집단선택이라고 불리는 변형variant은 비록 이 과정에서 매우 늦기는 하지만 확실히 결정적인 역할을 했다. 문화집단선택은 주로 유전적 진화가 아니라 문화적 진화와 관련된 것이다. 한 집단에 속한 개인들은 사회적 학습을 통해 서로의 행동에 순응하고(그리하여 행동의 동질성을 촉진한다), 심지어 이주자들도 순응하기 때문이다(그리하여 이민 문제를 해결한다). 유전자-문화 공진화의 두 번째 국면이 계속 일어나서 예컨대 사회적 학습 능력이 가장 뛰어난 개인들이 적응 우위를 가질 수 있다. 문화집단선택은 인간 도덕의 진화에 관한 우리 설명의 나중 단계에서 핵심적 역할을 할 것이다. 구성원들 사이의 협력을 사회규범과 제도 같은 것을 통해 촉진하고 장려할 수 있는 집단이 이런 일에 그만큼 유능하지 못한 이웃 집단과의 경쟁에서 이기기 때문이다.

심리적 기제에 미치는 잠재적인 영향 때문에 문화적 설명에서 핵심을 차지하는 세 번째 과정은 상호주의와 호혜성의 과정이다. 이 두 과정은 모두 개별 유기체 수준에서 작용하며, 둘 다 협력하는 개체에게 그 순간이나 나중에 어떤 식으로든 '보상'을 줌으로써 진화적으로 작동한다.

진화의 관점에서 볼 때, 상호주의 과정은 (무임승차 문제가 여전히 존재할 수도 있지만) 모든 협력하는 개체들이 곧바로 이익을 얻기 때문에 쉽게 설명된다. 이런 이유로 인간이든 아니든 간에 협력의 진화에 관한 이론적 문헌에서는 상호주의에 거의 관심을 기울이지 않는다(이타주의에 훨씬 더 많은 관심을 기울인다). 그러나 사실 상호주의적 협력은 인간의 협력적 인지와 사회성의 가장 뚜렷한 특징 가운데 상당 부분의 원인이 된다. 인간 진화의 초기에 특정한 유형의 상호주의적 협동이 필요했기 때문에 사회적 조정과 소통을 조절하기 위해 특히 뒤얽히고 복잡한 일군의 근접 기제들이 진화하는 적응적 조건, 즉 지향점 공유가 생겨났다는 점에서 원인이 되는 것이다(Tomasello, 2009, 2014). 이제까지 이 (심리적) 근접 기제들은 이런 맥락에서 거의 연구 대상으로서 관심을 받지 못했지만, 인간의 협력과 도덕의 진화를 이해하기 위해서는 절대적으로 중요하다. 또는 절대적으로 중요하다고 우리는 주장할 것이다.

호혜성의 고전적 판본은 이른바 호혜적 이타주의다(Trivers, 1971). 내가 한 번 당신을 도와주거나 당신 의견에 따르면, 다음번에는 당신이 나를 도와주거나 내 의견에 따르는 식으로 보답을 해서 결국 우리 둘 다 이익을 얻는다는 것이다. 그런데 이것은 심리적으로 어떻게 작용할까? 고전적인 조건부 호혜성tit-for-tat reciprocity(흔히 '당신이 내 등을 긁어 주면 나도 당신 등을 긁어 주겠다'라는 말로 요약된다)은 종종 암묵적으로 우리가 미리 미래의 어떤 행동 방침을 의무로 받아들이는 데 동의하는 일종의 사회계약으로 간주된다. 비인간 동물에게 진지하게 사회계약을 제안하는 사람은 없겠지만, 사회계약이 없으면 호혜성이 어떻게 작용하는지를 이해하기 어렵다. 첫 번째 문제는 호혜적 이타주의는 최초의 이타주의 행동을 전혀 해명해 주지 못한다는 것이다. 이 설명에서 최초의 이타주의 행동은 맹목적인 낙관주의이거나 우연이어야 한다. 두 번째 문제는 강력한 변절의 유인誘引이다. 일단 당신이 내게 이익을 주고 나면, 나는 당신에게 보답을 할 유인이 전혀 없다.

나는 내가 유리한 입장일 때 그만두어야 한다. 내가 가진 유일한 유인은 내가 보답을 하면 당신이 내게 다시 보답으로 이익을 줄 것이라는 점이다. 그런데 왜 그래야 하나? 당신 역시 나와 똑같이 변절할 유인이 있다. 모종의 합의가 없다면 호혜성은 그 자체로 이타적인 행동을 자극할 수 있는 이성적이거나 감정적인 힘이 전혀 없다. 간접적 호혜성은 평판을 부각하지만, 결국 첫 번째 행위를 추동하기와 얌체짓 하기라는 두 가지 동일한 문제에 시달린다.[2]

호혜성의 행동 양상이 자연에서 널리 벌어진다는 사실은 의심의 여지가 없다. 문제는 그런 양상의 밑바탕에 놓인 근접 기제들이다. 적어도 현재 이 논의에서 필요한 것은 호혜성의 암묵적인 계약 관점을 대체할 수 있는 심리학적으로 좀 더 현실적인 설명이다. 프란스 드 발 Frans de Waal(de Waal, 2000)의 유형학이 좋은 출발점이 된다. 무엇보다도, 드 발은 계산된 호혜성과 감정적(또는 태도적) 호혜성을 구분하여 이름 붙인다. 계산된 호혜성은 암묵적인 계약이다. 우리는 각자 누가 누구를 위해 무엇을 했는지를 추적하면서 우리가 받는 것보다 주는 것이 더 많으면 협력을 중단한다. 예상 가능한 일이지만, 이런 유형의 호혜성은 자연에서 아주 드문 것 같다. 특히 감정에 근거한 장기적인

2 일부 이론가들은 호혜성이 작용하는 방식이 다음과 같다고 주장한다. 나는 당신이 이타적인 행동을 하는 것을 보면서 당신이 협력 성향이 있는 사람임이 분명하다고 추론한다. 그래서 다른 이들보다 당신과 상호작용을 한다. 이런 기반 위에서 당신도 나에 관해 똑같은 추론을 한다. 그러나 심리학적 관점에서 보면, 이것은 결코 호혜성이 아니다. 우리는 서로에게 보답하는 것이 아니라 단순히 서로를 선택하는 것이다.

사회적 관계를 형성하는 성향이 있는 포유류에서 더 빈번한 것은 감정적 호혜성이다. 감정적 호혜성을 가진 개체들은 자신을 돕는 이들과 감정적 유대를 형성하며(아마 새끼가 자기를 돕고 보호해 주는 부모와 유대를 맺는 기제에 근거할 것이다), 그리하여 자연스럽게 자신이 사회적으로 유대를 맺는 이들, 말하자면 친족과 '친구'들을 돕는다. 감정적 호혜성은 최소한 영장류를 비롯한 포유류에서 널리 퍼진 것처럼 보일 테지만, '왜 개체들이 애초에 비친족과 우호적인 사회적 관계를 형성하는가?', '왜 그 친구들을 돕는가?', '어떻게 그들의 우정이 번식 적합도에 영향을 미치는가?'라는 문제가 제기된다.

상호 의존과 이타주의

협력의 진화에 관한 사실상 모든 형식화 이론formal theory•(예를 들어 Nowak and Highfield, 2011)은 자기 유전자를 후대에 전하기 위한 투쟁에서 자기 종의 다른 모든 개체들과 끊임없이 경쟁하는 비사회적인 단자asocial monad로 개체를 개념화한다. 그러나 이 견해는 어떤 점에서는 타당하지만 근접 기제들에 대해 거의 관심이 없다는 점은 제쳐 두고라도 인지적·사회적으로 복잡한 유기체의 경우에는 심각하게 불충분하다. 중요한 점은 인지적·사회적으로 복잡한 유기체는 다른 개체들과의 다양한 사회적 관계와 상호 의존에 매여 있다는 것이며, 그

• 게임이론의 경우처럼 현상의 본질적 특성을 수학적·언어적 형식으로 정리한 형식화 모델을 통해 설명하는 이론.—옮긴이

것은 이런 관계와 상호 의존이 그들의 적합도에 중요하다는 점을 생각할 때 호혜적이든 아니든 간에 다른 개체들을 돕거나 그들과 협력하는 것이 희생이 아니라 투자임을 의미한다.

존 메이너드 스미스John Maynard Smith의 유명한 매-비둘기 상호작용을 생각해 보자. 한 종의 두 개체가 서로에 관해 전혀 알지 못하는 가운데 작은 먹이 조각으로 접근한다. 두 개체는 협력하면서('비둘기' 역할을 하면서) 각자 먹이를 반씩 얻을 수 있다. 그러나 각 개체는 또한 상대를 쫓아내고('매' 역할을 하고) 먹이를 독차지하려는 마음이 들 수 있다. 그렇지만 결국 이것은 파멸적인 싸움으로 끝날지도 모른다. 두 개체는 죄수의 딜레마에 놓여 있다. 먹이 섭취를 극대화하려면 각자에게 최선의 전략은 상대가 어떻게 하든 간에 매 역할을 하는 것이며, 그 불가피한 결과는 파멸적인 싸움이다.[3] 그런데 이제 두 개체가 중요한 사회적 관계를 갖게 되면 어떻게 변할지 생각해 보자. 수컷이 집단 내의 유일한 암컷으로 그와 짝이 될 개체와 동시에 먹이에 다가간다. 수컷의 장래 번식 성공은 전적으로 이 암컷에게 달려 있기 때문에—수컷은 자기 유전자를 후대에 전달하는 일을 백 퍼센트 암컷에게 의존한다—수컷은 암컷이 굶주리기를 원하지 않는다. 수컷이 선

3 만약 상대방이 비둘기 역할을 한다면 나도 비둘기 역할을 하면서 먹이의 절반을 얻거나, 아니면 더 유리하게 매 역할을 하면서 전부 차지할 수 있다. 매가 더 낫다. 만약 상대방이 매 역할을 한다면, 나는 비둘기 역할을 해서 먹이를 전혀 얻지 못하거나 더 유리하게는 나도 매 역할을 해서 먹이의 일부나 전부를 얻을 수 있다(싸움이 어떻게 진행되는가에 따라 달라진다). 이번에도 역시 매가 더 낫다. 따라서 두 개체 모두 죄수의 딜레마 상황에서 언제나 그렇듯이, 결국 매 역할을 한다.

호하는 결과는 둘 다 일정한 먹이를 얻는 것이다. 만약 암컷 또한 짝짓기 파트너로 수컷에게 의존한다면, 암컷 역시 수컷이 굶주리기를 원하지 않는다. 이제 둘은 **상호** 의존적이며, 죄수의 딜레마는 존재하지 않는다. 양쪽 다 자기나 상대방이 먹이를 전부 독차지하고 상대방은 하나도 얻지 못하는 상황을 원하지 않기 때문이다. 둘은 상대방의 안녕에 관심을 갖는다.

고전적인 호혜성 설명에서는—형식화 모델의 전형적인 정의에 따르면—이런 상호 의존을 인정하지 않는다. 즉 협력적인 상호작용을 위한 사회적 관계의 중요성을 인정하지 않는다. 그리고 물론 상이한 유형의 파트너는 서로 다르게 중요하다. 따라서 길버트 로버츠Gilbert Roberts(Roberts, 2005)는 개체들이 특정한 다른 개체들, 예컨대 짝짓기 파트너나 연합 파트너의 안녕에 이해관계를 갖는 이른바 이해 당사자 모델stakeholder model을 제안한다. 어떤 개체가 이타적으로 행동하려면 다음과 같아야 한다.

$$sB > C$$

즉 친족선택에 관한 해밀턴의 유명한 방정식에서처럼, 여기서 행위자가 수혜자에 대해 갖는 '이해관계'인 s(해밀턴의 관계계수와 유사하다)에 의해 비용이 제약될 때, 행위자의 번식 이익을 나타내는 B가 행위자의 비용인 C보다 커야 한다. 변수 s는 수혜자가 장래의 상호작용을 위해 생명과 건강을 유지하는 것이 행위자에게 얼마나 중요한지를 나타낸다. 어떤 개체가 자신이 의존하는 이들과 얼마나 특별히 동일시하는지, 그리고 그 개체가 그들에게 얼마나 의존하는지는 그 특정한 종이 활용할 수 있는 특정한 인지 기제의 함수이며, 선천적인 단순한 휴리스틱heuristics부터 학습된 복잡한 판단에 이르기까지 다양하다.

이해 당사자 모델이 비대칭적으로 적용된다는 점을 주목하자. 이 모델은 내가 어떤 사람에게 갖는 이해관계에 근거해서 그를 도와야 하는지를 말해 준다. 그가 나에게 이해관계가 있는지 여부는 무관하다. 나는 경고음 발신자alarm caller에게 이해관계가 있을 수 있다. 그 개체의 직무 수행에 의지해서 포식자를 피하기 때문이다. 그러므로 나는 그가 자기 일을 하기 위해 건강 상태를 유지할 수 있도록 그를 도와야 한다. 그러나 물론 그는 단지 나를 비롯한 이들이 그에게 보상을 주기 때문에 아무도 하고 싶어 하지 않는 일을 하는 것일 수 있다. 이제 우리는 또 다른 **상호** 의존 사례를 발견하지만, 이 경우에 관련된 두 의존 상태는 서로 성격이 다르며, 연루된 행위도 다른 시간에 벌어진다. 짝짓기나 협력적 사냥, 연합을 통한 서열 우위 추구처럼 더욱 상호주의적인 활동에서도 상호 의존이라는 동일한 기본 과정이 작동하며, 단지 동시에 그리고 좀 더 대칭적인 방식으로 작동할 뿐이다. 우리 둘 다 상호 의존하는 협동을 통해 동시에 그리고 비슷한 방식으로 이익을 얻는다. 뒤에서 우리는 상호주의적인 협업에서는 대칭적인 안정성이 얻어졌기 때문에 상호 의존하는 파트너십이 협력과 이타주의에 특히 중요한 상황이라고 주장할 것이다. 각 개체는 직접적이고 절박한 방식으로 서로에게 의존해서 얌체 짓을 하지 못하는 것이다.

사회적으로 복잡한 종에 속하는 개체들은 여러 상이한 방식으로 많은 다른 집단 동료들에 의존하고 상호 의존한다. 실제로 팀 클러턴 브록Tim Clutton-Brock(Clutton-Brock, 2002)은 사회적 삶의 본질은 상호 의존이며, 따라서 사회적 삶 일반에 적용되는 집단 보강group augmentation이라는 기제를 도모한다고 주장한 바 있다. 나의 번성이 내가 속한 사회집단에 달려 있다면(예컨대 포식자나 다른 집단에 맞선 방어를 위해), 집단 동료들 각각의 생명을 유지하고 번성케 하는 것이 내게 이롭다. 사회적 존재는 따라서 자기가 속한 집단 동료들 각각에 대해 최소한 약간이라도 이해관계를 갖는다. 결국 내가 어떤 집단 동료에게 갖는 전체적인 이해관계는 예컨대 경고음 발신자, 연합 파트너, 집단 성원 등으로서 그에게 갖는 많은 특정한 이해관계의 총합이다. 그리하여 나는 다음과 같은 경우에 이타적인 행동을 할 것이다.

$$s_1B_1 + s_2B_2 \cdots s_kB_k > C$$

여기서 각기 다른 항은 내가 각각의 양적 수준에서 그에게 의존하고, 그에게 이해관계를 갖는 한 가지 방식을 나타낸다. 이번에도 역시 유기체들은 분명 어떤 행동을 하기에 앞서 다른 개체들에 대한 자신의 이해관계를 인지적으로 계산할 필요가 없다. 대자연은 각 종에게 적합한 인지적 휴리스틱과 그 밖의 간단한 방법을 제공하며, 사회적·인지적으로 더 복잡한 유기체는 아마 좀 더 능숙하고 유연하게 결정을 내릴 것이다.

그렇다면 우리는 이해 당사자 모델에서 각 개체는 자신의 친절한 행동에 대해 '보상'을 받는다고 말할 수 있으며, 따라서 혹자는 이것을 '유사 호혜성pseudo-reciprocity' 같은 것이라고 부를 수 있다(Bshary and BergMuller, 2008). 좋다. 그러나 중요한 점은 **고전적인 호혜성과 달리, 이 이타주의자의 행동은 수혜자의 반응에 좌우되거나 어떤 식으로든 도움에 영향을 받지 않는다(또는 그런 반응이나 영향에 대한 그 이타주의자의 기대에 좌우되지 않는다)는 것이다.** 수혜자는 그렇게 하는 것이 그의 본능이기 때문에 단순히 언제나 하는 일—경고음 내기, 짝짓기, 연합이나 사냥 파트너 노릇하기, 사회적 집단에 속하기 등—을 계속할 것이며, 이 행동은 단지 우연하게 이타주의자에게 이익이 될 뿐이다. 말하자면 부산물인 것이다. 그렇다면 이 이타주의자의 행동에 관해 좀 더 적극적으로 생각해 보면 수혜자에 대한 일종의 투자로도 볼 수 있다. 이타주의자가 수혜자의 안녕에 투자하는 것은 그것이 자신의 안녕에 기여하기 때문이다(Kummer, 1979). 이런 관점에서 보면, 감정적 호혜성은 상호 의존하는 친구들 사이의 상호 투자로 규정하는 것이 더 정확하다. 그들은 과거의 행위에 대해 보상을 받기 위해서가 아니라 미래에 투자하기 위해 서로 돕는 것이다. 각 개체가 오로지 상대가 제공하는 이익 때문에 그에게 의존하는 경우도 있을 수는 있지만(예를 들어 양자는 서로 호혜적으로 먹이를 공유한다), 가까이에서 들여다보면 이타적 행위는 앞서 이루어진 어떤 특정한 행위가 아니라 오직 관계를 유지하려는 목적 때문에 추동된다. 따라서 우리는 이 상황을 개체들이 **공생하며**(대체로 종들 간의 상호작용에만 적용되는 개념이다) 살아가는 것으로 개념화할 수 있다. 친절한 행위의 교환이나 그와 유사한 교환이 없고, 오직 각자 자신의 적합도를 직접 높이려고 하는 개체들만 있기 때문이다.

상황을 이런 식으로 바라보면 호혜성의 많은 문제, 특히 첫 번째 이타적 행위를 추동하는 것의 문제나 변절의 문제가 생기지 않는다. 이타적 행위의 직접적인 변수direct contingency가 존재하지 않기 때문이다(물론 시간이 흐르면서 여러 가지 이유로 관계가 무너질 수 있다). 한 개체는 상대가 제 나름의 이유로 어쨌든 하게 될 일을 하는 것을—일정한 수학적 시점까지—돕는다. 그러나 이런 설명에는 물론 여전히 무임승차라는 잠재적인 문제가 있다. 도움 주기에서 시간 지체가 존재할 수 있기 때문이다. 내게 경고음을 보내 주는 집단 동료를 다른 누군가가 도와준다면, 나는 어떤 비용도 치르지 않고 이익을 받을 수 있기 때문에 가장 좋을 것이다. 아모츠 자하비Amotz Zahavi(Zahavi, 2003)가 지적한 것처럼, 똑같은 논리가 친족선택에도 적용된다. 내 형제를 돕는 것은 그가 나와 유전자를 공유하기 때문에 내게 이로운 일이지만, 내가 가장 선호하는 것은 다른 누군가가 그를 도와줘서 내가 도움에 따른 비용이나 위험을 부담하지 않아도 되는 것이다. 그리하여 물론 이해 당사자 모델에서 설명하는 상호 의존은 협력의 모든 문제를 단번에 해결해 주지 못한다. 그보다는 친족선택과 동일한 논리를 사용해서 비용-편익 분석을 유의미하게 바꿔 준다.

이와 같이 상호 의존 관점은 상호주의와 호혜성을 자연스러운 방식으로 통합하며, 고전적인 설명들보다 한층 더 안정적인 방식으로 호혜성을 추동한다. 이 관점은 또한 이타주의를 새롭게 보이게 한다. 이타주의는 자연선택을 개별화하는 힘에 맞서는 현실성 없는 성취가 아니라—일정한 (수학적) 시점까지—다른 이들과 상호 의존해서 살아가는 모든 존재의 사회적 삶의 필수적인 일부분이다. 모두들 일정한 시점까지 상대를 돕고 도움을 받는다. 다들 일정한 시점까지는 어떤 식으로든 누군가에게 중요하기 때문이다. 이 견해는 또한 서로에 대해서보다는 물리적 환경의 절박한 사정에 맞서서 (때로는 협력적으로) 더욱 분투해야 하는 사회적 존재의 일상생활에서 '상호부조'가 결정적인 역할을 한다는 표트르 알렉세예비치 크로폿킨Pyotr Alekseevich Kropotkin(Kropotkin, 1902)의 선견지명과도 잘 부합한다.

파트너 통제, 파트너 선택, 사회적 선택

협력자는 다른 협력자들에게 둘러싸여 있을 때 가장 일을 잘한다. 따라서 어떤 종의 개체들이 일단 협력의 경로를 따르기 시작하면 그들은 협력적인 방향으로 주변의 다른 개체들에게 적극적으로 영향을 미치려고 한다. 그들은 이른바 파트너 통제partner control 행위(가장 빈번한 것은 비협력자에 대한 응징이다)를 통해 가장 직접적으로 이런 일을 한다. 이것은 도움 주기 행위를 통해 협력자와 친구에게 적극적으로 투자하는 것과는 반대되는 방식으로 보일 것이다. 응징이 갖는 문제는 예컨대 만약 응징당하는 개체가 반기를 들면 응징자에게 비용이 들거나 적어도 위험하다는 것이다. 만약 가능하다면 더 안전한 대안은 협력자가 얌체와의 상호작용을 단순히 피해 버리는 이른바 파트너 선택partner choice이다. 어떤 경우에는 얌체를 피하는 간단한 방법이 있을지 모르지만, 사회적으로 좀 더 복잡한 유기체들의 경우에 파트너 선택은 자신이 의지하는 이들에게 적극적으로 투자하는 과정의 중요한 보완물을 나타낸다. 이런 사례에서 개체들은 나쁜 파트너를 좋은 파트너로 만들려고 압박하거나 현명하게 파트너를 선택하는 식으로 자신이 의존하거나 언젠가 의존할지 모르는 이들에게 영향을 미치려고 적극적으로 시도한다.

파트너 통제나 선택의 과정이 주어진 상황에서 시간이 흐르면서 등장하는 것이 메리 제인 웨스트에버하드Mary Jane West-Eberhard(West-Eberhard, 1979)가 말하는 사회적 선택social selection이다. 유기체 진화에 관한 다윈(Darwin, 1871)의 수정된 설명에서 자연선택 과정은 성선택 과정에 의해 보완된다. 성선택은 완전히 새로운 진화 과정이 아니다. 이 경우에 물리적 환경(고전적인 자연선택에서처럼)이 아니라 사회적 환경에 의해 선택이 수행될 뿐이다. 성선택에서 반대 성을 가진 개체들은 건강, 힘, 생식력 등을 가리키는 특징(예컨대 큰 몸집, 밝은 색깔, 젊음)에 근거해 잠재적 짝을 선택한다. 이 특징들은 따라서 짝짓기의 목적을 위해 선택적으로 선호되며, 이 사실은 그러한 특징을 가진 개체들의 번식 적합도를 높여 준다.

사회적 선택은 단순히 이 과정을 일반화한 것이다. 사회적 집단에 속한 개체들은 성적 매력 외에도 온갖 이유 때문에 다른 개체를 선호할지 모르며, 이런 사실은 수혜자의 생존과 번식 모두에 영향을 미친다. 따라서 만약 어떤 사회적 집단의 개체들이 가장 뛰어난 경고음 발신자에게 가장 유익한 일을 해준다면, 뛰어난 경고음 발신자가 가진 특징—예민한 지각 능력, 신속한 반응, 큰 울음소리—이 경고음 발신자들 사이에서 사회적으로 선택될 것이다. 어떤 사회적 집단에 속한 개체들이 털 손질 파트너가 필요하면, 열정적이고 뛰어난 털 손질꾼이 그가 가진 특별한 특징과 더불어 선택될 것이다. 일부 상호작용에서는 한 개체가 더 중요한 파트너가 된다는 의미에서 다른 개체들에 비해 더 큰 '영향력'을 가질 수 있다. 예를 들어 서열 높은 개체는 서열 낮은 개체보다 연합 파트너로 수요가 더 많을 것으로 예상되며, 따라서 서열 높은 개체는 서열 낮은 개체보다 잠재적 파트너에게 더 많은 요구를 할 수 있다. 그러므로 우리는 파트너 통제와 선택에서 사회적으로 복잡한 의사 결정의 종류를 일종의 '생물학적 시장biological market'으로 생각할 수 있다(Noe and Hammerstein, 1994).

원칙적으로 보면 사실상 어떤 물리적·행동적 특징이든 사회적 선택에 종속될 수 있지만, 현재의 논의에서 협력은 특별한 경우다. 예를 들어 만약 우리가 일부 종의 경우에 먹이를 얻기 위해 다른 개체와 협력하는 것이 관련된 모두에게 상호적인 이익을 가져다준다고 가정하면, 혹자는 파트너 선택과 통제에 근거한 생물학적 시장을 상상할 수 있다. 이 시장에서 사회적으로 선택되는 것은 훌륭한 협력자의 특징, 예컨대 먹이를 먹는 상황에서 파트너에 대한 관용, 파트너와 조정하고 소통하는 기술, 필요에 따라 파트너를 도와주는 성향, 무임승차자를 멀리하거나 응징하는 경향 등이다. 그리고 도태되는 것은 얌체와 무능력자의 특징이다.

요약

앞으로 소개할 인간 도덕의 자연사를 준비하기 위해 지금까지 우리는 다수준 선택의 세 차원 모두를 간략하게 검토했다. 친족선택은 인간이 등장하기 훨씬 전에도 영장류(심지어 포유류)의 협력에서, 즉 새끼를 보호하고 돌보기 위한 감정적 기질基質, emotional substrate을 구축하는 데에서 의심의 여지 없이 중요했다. 이런 기질은 때로는 친구를 보호하고 돌보는 데에도 활용되었다. 문화집단선택은—별다른 문제가 수반되지 않는 집단선택의 특별한 사례로서—이 과정의 막바지에서 중요한 역할을 했을 가능성이 높다. 현대 인류의 문화집단들이 자원을 놓고 서로 경쟁을 벌였고, 그중에서 가장 협력적인(또는 도덕적인) 집단이 승리했기 때문이다.

그러나 우리가 가설을 세운 자연사에서 주된 행동은 개별 유기체 수준에서 이루어질 것이다. 지금 하는 설명에서 도덕적으로 행동한다는 것은 일정한 심리적 과정에 의해, 그리고 그 과정을 통해 다른 개체들과 협력하여 상호작용하는 것을 의미하기 때문이다. 이제까지 우리는 개체 수준에서 이루어지는 협력, 특히 상호주의와 호혜성의 진화 과정을 재개념화했다. 우리는 이 수준에서 가장 기본적인 것은 개체들 사이의 의존(공생)이며, 이것은 다른 많은 근접 기제(예컨대 포유류의 감정적 호혜성)에 의해 상호주의적이거나 호혜적인 협력 양상을 낳을 수 있다고 제안했다. 이런 의존은 또한 개체들에게 자신들이 의존하는 이들을 돌보거나 그들에게 투자하는 동기(이타주의)와 파트너를 최대한 협력적으로 만들려고 시도하는 동기(파트너 선택과 통제)를 부여한다. 개체 수준의 협력적 상호작용과 관계에 관한 이런 재개념화는 인간 도덕의 진화적 출현을 설명하는 데 중요한 이론적 기초가 된다.

대형 유인원의 협력

협력이 주로 상호 의존 원칙에 근거한다는 이론적 틀을 감안할 때에야 비로소 우리는 이제 엄밀한 의미에서 인간 도덕의 자연사를 시작할 수 있다. 그러기 위해 약 600만 년 전 아프리카 어딘가에 살았던 인간과 다른 대형 유인원들의 마지막 공통 조상의 사회적 삶의 특징을 최대한 서술하고자 한다. 우리는 인간과 가까운 살아 있는 친척인 대형 유인원, 특히 인간과 가장 가까운 살아 있는 친척인 침팬지와 보노보의 사회적 삶을 현대적 모델로 활용한다(그렇지만 실제로 현지 조사와 실험 조사의 절대 다수는 침팬지를 대상으로 했다). 우선 야생에서 그들이 같은 종과 행하는 사회적 상호작용의 몇 가지 측면을 살펴보고, 그다음에 공감과 공정의 감각을 직접 시험해 보는 실험에서 그들이 보이는 행동을 살펴볼 것이다.

사회성과 경쟁

침팬지와 보노보는 보통 수십 마리의 양성 개체로 이루어진 매우 복잡한 사회적 집단(이른바 많은 수컷, 많은 암컷 집단)을 이루어 산다. 일상생활은 분열-융합fission-fusion 조직으로 구조화되는데, 개체들은 일정한 시간 동안 작은 무리를 이루어 함께 먹이를 찾아다니다가 곧바로 무리를 해산하고 새로운 무리를 이룬다. 수컷은 같은 영역의 동일한 집단 안에서 평생 생활하는 반면, 암컷은 초기 청소년기 동안 이웃한 집단으로 옮겨 간다. 발달 시기 동안 개체들은 다른 개체들과 다양한 종류의 긴 사회적 관계를 형성한다. 물론 가장 중요한 것은 친족이지만, 서열 우위나 우정 비슷한 관계에 근거한 비친족과의 관계도 중요하다. 침팬지와 보노보의 사회적 상호작용이 보이는 복잡성은 대부분 그들이 집단 내에서 제3자들 사이에 벌어지는 이와 동일한 사회적 관계 또한 인식하고 반응한다는 사실에서 기인한다. 이웃한 집단들 사이의 상호작용은 침팬지의 경우에는 거의 전적으로 적대적인 반면, 보노보의 경우에는 낯선 개체와의 상호작용이 비교적 평화적이다.

침팬지와 보노보 둘 다 날마다 온종일 집단 동료들과 경쟁한다. 유전자를 후대에 전하기 위해 경쟁한다는 간접적인 진화적 의미에서만이 아니라 먹이와 짝, 그 밖의 소중한 자원을 놓고 얼굴을 맞대고 경쟁한다는 좀 더 직접적인 의미에서도 경쟁한다. 예를 들어, 먹이의 경우에 전형적인 상황은 소수의 개체들이 열매가 열린 나무를 찾을 때까지 돌아다니는 것이다. 나무를 찾으면 각 개체는 혼자서 나무에 기어오르고, 혼자서 열매를 따며, 먹이를 먹기 위해 다른 개체들과 최대한 간격을 유지하려고 한다. 먼저 올라가는 개체가 승자가 되는 기어오르기 경쟁은 종종 대결 경쟁contest competition으로 보완되는데, 여기서는 싸움이나 우위 대결에서 승리한 이가 승자가 된다. 나무에 오른 개체들 가운데 서열 높은 개체는 원하는 먹이를 먹는 반면 근처에 있는 서열 낮은 개체들은 미적거린다. 침팬지와 보노보는 모두 수컷이 암컷에게 접근하기 위해 경쟁을 하고 심지어 싸움까지 하지만, 이 경쟁은 확실히 침팬지 사이에서 더 격렬하다. 흥미롭게도 두 종 모두에서 많은 힘겨루기는 자원에 대한 직접적인 접근이 아니라 한 개체가 다른 개체에 대해 우위를 주장하는 문제와 관련된다. 이런 우위는 장래에 다양한 종류의 자원에 대한 손쉬운 접근으로 전환된다. 그러므로 우위를 둘러싼 대결은 자원을 둘러싼 대결의 대리전처럼 작용한다.[4]

침팬지와 보노보는 인지적으로 경쟁하도록 만들어져 있다. 따라서 그들은 스스로 도구적으로• 합리적인 결정을 하는, 목적의식적인 의사 결정 행위자일 뿐 아니라 다른 개체들을 자신이 경쟁해야 하는 목적의식적인 의사 결정 행위자로 인식하기도 한다. 그들은 자기

4 침팬지 사회와 보노보 사회를 구조화하는 서열 우위 관계에는 상당한 차이가 있지만(침팬지는 수컷이 우위를 차지하고, 보노보는 연합을 통해 암컷이 우위를 차지한다), 현재의 논의에서 그 차이는 중요하지 않다.

• 이 책 전체에서 '도구적instrumental'이라는 단어는 효율성만을 기준으로 삼는 행동에 따르는 것을 의미한다. '목적 지향적'이라는 일상적인 단어로 바꿔 읽을 수 있다.—옮긴이

경쟁자의 행동 결정이 그가 추구하는 목표(그가 바라는 내용)에 의해, 그리고 그의 상황 인식(그가 인식하는 내용)에 의해 이루어진다는 것을 이해한다. 이는 일종의 인식-목표 심리학perception-goal psychology이다(Call and Tomasello, 2008). 일례로 서열 낮은 개체는 첫째, 가까이에 있는 서열 높은 개체가 어떤 먹이를 원하지 않거나 둘째, 그것을 보지 않기(또는 보지 못했기) 때문에 그것에 손을 뻗지 않을 것이라고 예상될 때에만 그 먹이에 손을 뻗을 것이다(Hare et al., 2000, 2001). 많은 연구에서 대형 유인원은 협력적이거나 소통적인 상황에 비해 경쟁적인 상황에서 더 쉽게 이러한 사회적·인지적 기술을 사용한다고 밝혀진 바 있다(Hare and Tomasello, 2004; Hare, 2001). 일종의 '마키아벨리적 지능Machiavellian intelligence'이다(Whiten and Byrne, 1988). 대형 유인원은 다른 영장류에 견주면 도구를 사용해 자기에게 유리하게 물리적 세계를 조작하고, 유연한 소통적 제스처를 사용해 자기에게 유리하게 사회 세계를 조작하는 데 특히 능숙하다(Call and Tomasello, 2007). 전체적으로, 대형 유인원의 사회적 인지는 다른 개체보다 머리를 잘 써서 경쟁에서 이기기 위해 구축된 것으로 보인다.

서열 우위로 구조화된 사회 세계에서 살아가는 개체들은 분명 직접적인 자기만족을 향한 충동을 통제하는 법을 배워야 한다. 일상생활에서 침팬지와 보노보는 끊임없이 자기통제를 한다. 서열 낮은 개체는 먹이를 먹거나 짝을 찾는 것 같은 행동을 하면 서열 높은 개체와 문제가 생기는 경우에 그런 행동을 하고 싶은 충동을 억제한다. 체계적인 실험에서 침팬지는 (1) 나중에 더 큰 보상을 받기 위해 작은 보상을 받는 것을 미루고, (2) 변화된 상황에서 요구되는 새로운 반응을 하기 위해 앞서 성공한 반응을 억제하며, (3) 마지막에 무척 갖고 싶은 보상을 받기 위해 불쾌한 일을 스스로 하고, (4) 실패를 겪으면서도 계속 시도하며, (5) 기분 전환을 통해 집중할 수 있음을 보여준 바 있다. 침팬지는 대략 인간 아동의 3세 수준, 그리고 6세 이하 수준으로 이 모든 일을 한다(Herrmann et al., in press). 침팬지의 충동 통제, 자기통제, 감정 조절, 집행 기능executive function 등 여러 가지 이름으로 불리는 기술은 이처럼 다른 개체들을 존중해서 이기적인 충동을 억제하기에 충분하다. 물론 그렇게 하는 것이 타산적일 때 그러하다.

침팬지와 보노보가 둘 다 공포와 분노, 놀람과 혐오 같은 기본적인 감정을 가지며 다른 개체들에게서 이런 감정을 인식하는 것처럼 보인다는 점은 주목할 만하다. 또한 도덕의 진화와도 특히 관련성이 있다. 대형 유인원의 감정 인식을 체계적으로 조사한 것은 많지 않지만, 자연적인 사회 환경 안에서 개체들은 분노를 드러내는 개체를 피하고, 다른 개체들이 공포를 드러내면 겁에 질려 주변을 둘러보며, 다른 개체들이 놀라움을 드러내면 상황을 살핀다. 다비드 부텔만David Buttelmann 등(Buttelmann et al., 2009)은 인간이 한 양동이를 들여다보면서 혐오감을 보이고 다른 양동이를 들여다보고는 행복감/만족감을 보일 때, 침팬지는 안에 무엇이 들어 있든 간에 만족감을 유발하는 양동이를 갖는 쪽을 선호한다는 사실을 발견했다.

따라서 전체적으로 침팬지와 보노보의 사회적 삶은 먹이, 짝, 그 밖의 자원을 둘러싼 사회적 경쟁의 모체matrix에 의해 가장 직접적이고 절박하게 구조화된다. 물론 그들이 때로는 협력하기도 하지만 거의 모든 경우에 그들의 협력을 이해하는 열쇠는 이처럼 모든 것에 우선하는 사회적 경쟁이라는 모체다. 따라서 마틴 N. 멀러Martin N. Muller와 존 C. 미타니John C. Mitani(Muller and Mitani, 2005, p. 278)는 침팬지의 사회적 삶의 주요한 차원들을 검토하며 이렇게 말한다. "경쟁은 (…) 종종 침팬지가 하는 협력의 배후에 놓인 원동력을 나타낸다."

침팬지와 보노보, 그 밖의 대형 유인원은 두 가지 핵심적인 상황에서 동종과 규칙적으로 협동한다. 첫째, 많은 포유류 종이 그렇듯 대형 유인원 역시 자원과 영역을 놓고 이웃 집단과 경쟁할 때 다양한 형태의 집단 방어를 수행한다. 이런 세력 다툼에서 대형 유인원은 많은 동물 종이 그렇듯 사실상 적들을 쫓아내기 위해 떼를 지어 습격하는데, 이 과정에서 특별히 정교한 방식으로 협동할 필요는 없다. 이런 상황에서는 특히 수컷 침팬지로 이루어진 소집단이 경계를 적극적으로 '순찰'하면서 이웃 집단에 속한 개체와 마주칠 때마다 다툼을 벌인다(Goodall, 1986). 짐작건대 집단 방어 행위는 최소한 집단을 확장하기 위해 동료들에게 필요한 상호 의존을 반영하는 것일 테지만, 더욱 절박하게는 다양한 방식으로 의존하는 특정한 개체들을 보호하기 위한 것이다.

둘째, 이번에도 역시 많은 포유류 종들이 그렇듯 침팬지와 보노보 개체는 다른 개체들과 연합을 형성하여 집단 내 세력 다툼에서 성공 가능성을 높이려고 한다(Harcourt and de Waal, 1992). 이런 세력 다툼은 서열 우위 자체를 놓고 가장 자주 벌어진다. 아마도 자원 획득에서 우선권을 얻기 위한 대리전일 것이다(예를 들어, 연합이 생기면 어떤 개체는 지금 쉬고 있는 자리에서 밀려난다). 많은 원숭이 종에서는 보통 싸움이 벌어지면 친족끼리 서로 지원하는 데 반해(예컨대 붉은털원숭이에서는 모계 친족), 침팬지의 경우 대부분 비친족이 도와준다(Langergraber et al., 2007). 이처럼 경쟁을 위해 협력하려면 개체들은 진행 중인 두 가지 사회적 관계를 동시에 관찰해야 하지만, 이번에도 역시 연합 파트너들은 나란히 싸우는 것 말고는 각자의 행동을 조정하기 위해 특별한 일을 하지 않는다. 또한 많은 포유류 종이 그렇듯, 대형 유인원 싸움꾼들 역시 싸움이 끝나고 나면 종종 서로 적극적으로 화해한다. 아마 양쪽 다 의존하는 사회적 관계를 복구하기 위해서일 것이다(de Waal, 1989a). 경우에 따라서는 서열 높은 수컷이 (나중에 자신에게 도전할지도 모르는) 연합을 형성하기 시작하는 상호작용에 개입해서 그것을 깨뜨리기도 한다(de Waal, 1982).

연합의 지원은 침팬지와 보노보의 서열 우위 경쟁에서 결정적으로 중요하다. 훌륭하고 힘이 센 친구를 갖는 것은 이익이 된다. 따라서 침팬지와 보노보 개체들은 종종 호혜적인 연합 지원을 통해 친구를 만든다(de Waal and Luttrell, 1988). 그들은 또한 털 손질이나 먹이 공유 같은 다른 친화 행동을 통해 친구를 만든다. 따라서 많은 증거를 보면, 침팬지에게서 털 손질은 잠재적인 연합 파트너에게 우선적으로 이루어지며(논평으로는 Muller and Mitani, 2005를 보라), 파트너에게 우선적으로 털 고르기를 받은 개체는 시간이 흐르면서 자기도 그 파트너의 털을 골라 준다(Gomes et al., 2009). 또한 미타니와 데이비드 와츠David Watts(Mitani and Watts, 2001)는 수컷 침팬지가 연합 파트너들에게 고기를 비롯한 먹이를 우선적으로 '나눠 준다'(즉 대체로 먹이를 가져가는 것을 용인한다)는 사실을 보여준 바 있다. 서로 털 손질을 해주는 개체들은 먹이도 우선적으로 공유한다는 드 발(de Waal, 1989b)의 연구 결과를 여기에 더하면 그 결과로 털 손질, 먹이 공유, 연합 지원이라는 황금 삼각형으로 이루어진 비교적 탄탄한 호혜적 관계가 생긴다.[5] 무엇보다도 대형 유인원들이 장기적인 사회적 파트너 말고 다른 개체에게 어떤 호혜적인 친절을 베푼다는 증거가 거의 없다. 이에 관한 유일한 실험 연구에서 얼리샤 P. 멜리스Alicia P. Melis 등(Melis et al, 2008)은 무작위로 짝을 지어 준 침팬지들이 방금 전에 자기를 도와준 개체를 자기를 도와주지 않은 개체보다 우선적으로 도와주지 않는다는 것을 발견했다. 그들은 장기적인 호혜 관계가 존재한다는 뚜렷한 증거에도 불구하고 "즉각적인 보답과 최근의 교환에 관한 꼼꼼한 결산(이를테면 받은 대로 주기)이라는 모델은 침팬지의 사회적 결정을 좌우하는 데 큰 역할을 하지 않는다"고 결론지었다(p. 951).

5 이 양상은 대형 유인원뿐 아니라 사바나개코원숭이에 대해서도 분명하게 기록된 바 있다. 사바나개코원숭이는 이런 우정을 통해 많은 적합도 이익을 얻는다(Silk et al., 2010; Seyfarth and Cheney, 2012).

황금 삼각형 내부의 상호 관계는 종종 호혜성의 사례로 해석되는데, 물론 순전히 사실 기술적인 수준에서는 그렇다. 그러나 앞서 언급했듯이, 드 발(de Waal, 2000)은 이렇게 관찰된 행동 양상들의 밑바탕에 놓인 몇 가지 다른 근접 기제들을 확인한다. 그리고 드 발을 비롯한 연구자들은 그 밑바탕에는 마음속으로 점수를 계산하는 '계산된 호혜성'이 아니라 각 개체가 자기를 도와주거나 무언가를 나눠 주는 개체들에게 단순히 긍정적인 애정을 갖게 되는 '감정적 호혜성'이 존재한다고 믿는다(Schino and Aureli, 2009를 보라). 현재의 이론적 틀에서 보면, 지금 벌어지고 있는 상황은 개체들이 친사회적인 공감의 감정을 느끼는 이들, 즉 그들이 의존하는 이들을 도와주거나 무언가를 나눠 주며, 그 수혜자들은 이제 (새롭게 만들어진 의존에 근거해서) 그들에게 공감을 느끼기 때문에 그들을 도와주거나 무언가를 나눠 준다는 것이다. 이런 상호 의존(양방향의 공감)은 따라서 우정 상호작용에서 도와주기와 공유하기의 호혜적 양상을 만들어 낸다(진화적 관점에서 본 우정에 관해서는 Hruschka, 2010을 보라). 현재의 논의에서 핵심은 **행동 수준에서 나타나는 대형 유인원의 호혜성 양상은 어떤 종류의 암묵적 동의나 호혜성 계약, 또는 더 나아가 공정성이나 공평함에 대한 어떤 판단이 아니라 양방향으로 작동하는 상호 의존에 따른 공감에 근거를 둔다**는 것이다. 우리는 이런 공감이 대형 유인원을 비롯한 영장류에게 유일한 친사회적인 태도이며, 비교적 장기적인 사회적 관계에서만 등장한다고 주장할 것이다.

이 주제를 체계적으로 연구한 결과는 많지 않지만, 침팬지와 보노보의 연합 형성에서 파트너 선택이 상당히 많아 보일 것이다. 바로 앞에서 언급했듯이, 특히 개체들은 훌륭한 연합 파트너들과 함께 어울리고 심지어 (털 손질과 먹이 공유를 통해) 친구로 만들려고 하는 것 같다. 그러나 여기에는 아이러니가 존재한다. 개체들이 친구 겸 연합 파트너를 선택하기 시작할 때, 중요한 의미에서 사회적 선택 과정이 협력의 진화에 반대로 작용하기 때문이다. 연합 자체가 조직력이 거의 수반되지 않기 때문에—각각의 파트너는 나란히 행동하면서 싸움에서 최선을 다할 뿐이다—가장 좋은 연합 파트너는 단순히 싸움에서 우세한 개체다. 따라서 연합의 파트너 선택에서 사회적으로 가장 직접적으로 선택되는 것은 협력적이고 도움을 주는 파트너의 특성이 아니라 훌륭하고 서열 높은 싸움꾼의 특성이다.

그리하여 침팬지와 보노보에서 협력과 우정을 위해 무엇보다도 중요한 맥락은 서열 우위와 먹이, 짝짓기 기회를 둘러싼 연합적 경쟁이다. 이런 경쟁이 가장 빈번하게 벌어지는 수컷 침팬지들의 경우가 특히 그러하지만, 암컷 침팬지와 보노보의 경우도 마찬가지다. 예를 들어 제니퍼 윌리엄스Jennifer Williams 등(Williams et al, 2002)은 침팬지 암컷들은 우선적으로 친구들과 먹이를 찾아다닌다는 사실을 발견했는데, 이는 적어도 친구가 아닌 이들에 비해 이의를 제기할 가능성이 낮기 때문이다. 멀러와 미타니(Muller and Mitani, 2005, p. 317)는 이 상황을 다음과 같이 요약한다.

> 침팬지 사이에서 가장 널리 퍼진 협력 형태는 (…) 수컷들의

> 대결 경쟁에 뿌리를 둔다. 침팬지 수컷들은 공동체 안에서 자신의 서열 우위를 높이고 낯선 수컷들에 맞서 협력적으로 영역을 지키기 위해 단기적인 연합과 장기적인 동맹을 유지한다. 털 손질이나 고기 공유 같은 다른 두드러진 협력 활동은 전략적으로 이런 목표와 관련된다. 암컷은 수컷에 비해 사회성이 훨씬 덜하며, 수컷만큼 광범위하게 협력하지 않는다. 그럼에도 불구하고 암컷 협력의 가장 눈에 띄는 사례들 역시 대결 경쟁을 수반한다. 암컷들도 때로 경쟁자의 새끼를 죽이기 위해 협력하기 때문이다.

즉, 대체로 침팬지와 보노보는 끊임없이 자원 경쟁을 하며 생활하기 때문에 남들보다 싸움을 잘하고, 머리를 잘 쓰고, 친구를 많이 만들어 경쟁에서 이기려고 끊임없이 노력한다.

먹이를 위한 협동

대형 유인원은 개체들이 차지하기 위해 경쟁하는 바로 그 제로섬 자원을 획득하기 위해 연합하고 동맹을 맺는다. 다시 말해, 개체들은 짝이나 먹이 같은 자원에 접근하기 위해 서로 경쟁하는데, 개체들의 연합 역시 이와 동일한 자원을 둘러싼 동일한 경쟁에 참여한다. 연합과 개체는 이와 같이 동일한 먹이 파이의 조각을 얻기 위해 싸운다. 그러나 제로섬 경쟁에는 한 가지 두드러진 예외가 존재한다. 모두는 아니지만 일부 침팬지 집단 안에서 수컷들은 소규모 사회적 무리를 이루어 원숭이를 사냥한다(보노보 역시 그만큼 자주는 아니지만, 분명 소규모 무리를 이루어 원숭이를 비롯한 작은 포유류를 사냥한다. Surbeck and Hohmann, 2008). 개체들은 대체로 혼자 힘으로는 이런 원숭이를 잡지 못하기 때문에 협동을 하면 실제로 먹이 파이가 커진다.

협력이라는 측면에서 보면, 어떤 경우에(예를 들어, 작은 숲지붕forest canopy〔임관林冠〕이 있는 동아프리카의 서식지들에서) 이 사냥은 여러 개체가 나란히 원숭이 한 마리를 몰래 찾아서 동시에 추격하는 일종의 우왕좌왕 추격전과 비슷하다. 다른 경우(예를 들어, 서아프리카의 타이 숲Taï Forest과 동아프리카의 응고고Ngogo)에는 숲지붕이 계속 이어지고 원숭이들이 아주 재빠르기 때문에 이런 마구잡이 추격은 성공을 거두지 못한다. 여기서 침팬지들은 원숭이를 에워싸야만 붙잡을 수 있기 때문에 개체들이 서로 조정을 해야 한다(Boesch and Boesch, 1989; Mitani and Watts, 2001). 그렇다 하더라도 일종의 개인주의적인 조정이 이루어지기 쉽다. 각 사냥꾼은 원숭이를 자기 힘으로 잡으려고 하는데(잡은 개체가 고기를 대부분 차지하기 때문이다), 그렇게 하기 위해 다른 개체들의 행동을 고려한다. 따라서 한 개체가 추격을 시작하면 다른 개체들도 원숭이가 도망치는 방향을 예상하고 남은 자리 중에 가장 좋은 곳으로 달려간다. 참가자들은 공동 목표와 그 안에서 개인적 역할을 갖는다는 의미에서 '우리'를 형성해서 함께 일하지는 않는다. 그보다는 라이모 투멜라Raimo Tuomela(Tuomela, 2007)가 말하는 이른바 "나 중심의 집단 행동group behavior in I-mode" 안에서 움직인다(Tomasello et al., 2005. 이 책의 3장을 보라). 그러므로 대체로 포획자 침팬지는 할 수만 있다면 원숭이 사체를 혼자서 몰래 가져갈 것이다. 그러나 대개 그렇게 하지 못하며, 따라서 모든 참가자(와 많은 방관자들)가 포획자에게 구걸을 하거나 괴롭혀서 적어도 고기의 일부를 얻는다(Boesch, 1994; Gilby, 2006).

침팬지와 보노보 개체들은 분명 사냥 자체를 하는 동안에는 상호 의존한다. 실제로 여러 실험을 통해 비슷한 상황에 처한 침팬지는 성공을 위해서는 파트너가 필요하다는 사실을 이해한다는 점이 밝혀졌다(Melis et al, 2006a; Engelmann et al., in press). 그러나—그리고 이 점이 인간이 불가피하게 협동적인 먹이 추적자가 되는 전체적인 이야기에서 중요한데—침팬지와 보노보 개체들은 생존하기 위해 원숭이 집단 사냥에 의존하지 않는다. 그들의 먹이는 대부분 과일을 비롯한 식물과 곤충에서 나온다. 다소 놀랍게도, 실제로 침팬지는 과일과 식물이 적어지는 건기가 아니라 오히려 과일과 식물이 풍부한 우기에 가장 자주 원숭이를 사냥한다(Watts and Mitani, 2002). 불확실한 성과를 얻기 위해 원숭이 사냥에 시간과 에너지를 지출하는 것은 실패할 경우에 다른 대안이 많이 있을 때 가장 타당하기 때문인 것 같다. 따라서 침팬지와 보노보가 집단 사냥을 하는 그 순간에는 상호 의존적이지만, 그 참가자들이 먹이 일반을 얻기 위해 상호 의존하지는 않는다.

야생의 침팬지와 보노보가 (파트너 선택과 사회적 선택의 상황을 잠재적으로 유발하는) 사냥을 위해 협동 파트너를 어느 정도나 적극적으로 선택하는지는 분명하지 않다. 멜리스 등(Melis et al., 2006a)은 사람에게 잡힌 침팬지는 서로를 아주 약간만 경험하고도 어떤 개체가 (협동에 성공하고, 따라서 먹이로 귀결된다는 의미에서) 자기에게 좋은 파트너인지를 알며, 다른 개체들보다 우선해서 그런 파트너를 선택한다는 사실을 발견했다. 그러나 이런 유형의 파트너 선택이 야생에서도 벌어지는지는 분명하지 않다. 야생 상태의 사냥은 대부분 우발적이며, 사전에 구성된 이동 무리에 의해 이루어지기 때문이다. 선택의 기회가 거의 없는 것이다. 그리고 캐서린 크록퍼드Catherine Crockford와 크리스토프 보시Christophe Boesch(Crockford and Boesch, 2003)가 말했듯이, 다른 개체를 사냥에 끌어들이려는 외침이 있다 할지라도 이 외침이 파트너 선택을 나타내지는 않는다. 훌륭한 협력자를 선별적으로 고르는 게 아니라 아무나 끌어들이기 때문이다. 또한 침팬지의 집단 사냥에서는 파트너 통제 같은 것이 전혀 작동하지 않는 것 같다. 무임승차자도 전리품에서 적극적으로 배제되지는 않기 때문이다(Boesch, 1994).

먹이 획득에서 나타나는 이런 유형의 협동은 영장류를 비롯한 포유류에서는 보기 드물다. 사자나 늑대 같은 사회적 육식동물은 집단 사냥을 벌이지만, 그것은 주로 사냥한 먹이의 사체가 한 개체가 독점하기에는 너무 크기 때문에 적극적으로 공유할 필요가 전혀 없이 (그리고 무임승차자를 배제하려는 특별한 노력도 하지 않고) 모든 개체가 실컷 배를 채우기 때문이다. 사회적 육식동물은 분명 그러한 집단 사냥에 맞게 진화했다. 그들에게는 이런 집단 사냥이 필수적이기 때문이다(다른 어떤 예비 선택지도 없다). 그러나 침팬지와 보노보는 원숭이 집단 사냥에 맞게 진화된 것 같지 않다. 왜냐하면 모든 집단이 원숭이 사냥을 하는 것이 아니라 수컷들만 하며, 심지어 수컷들도 숲지붕의 구조 탓에 어쩔 수 없을 때에만 그런 사냥을 하기 때문이다. 그리고 먹이 찾기 대안이 언제나 존재한다. 실험을 보면, 혼자 힘으로 먹이를 얻거나 파트너와 협동해서 먹이를 얻는 선택지가 주어질 때 침팬지는 별 관심을 갖지 않고 단순히 가장 먹이가 많은 쪽을 선택한다(Bullinger et al., 2011a; Rekers et al., 2011). 침팬지와 보노보가 특별히 협동적 먹이 찾기에 맞게 적응되지 않았다—그들은 일반적인 인지 능력에 근거해서 협동한다—는 추가적인 증거는 3장에서 제시할 것이다. 여기서 침팬지와 보노보는 인지적·동기적인 다양한 협동 성향에 관해 인간 아동과 체계적으로 비교된다.

따라서 전체를 보면 침팬지와 보노보가 원숭이를 비롯한 소형 포유류를 대상으로 벌이는 집단 사냥은 그들의 인지적 유연성과 지능을 보여주는 눈부신 증거이지만, 일반적으로 협동을 통해 새로운 자원을 창조하는 그들의 능력은 제한적이다. 멀러와 미타니(Muller and Mitani, 2005, p. 319)의 말을 빌리면,

> 인간과 비교하면, (…) 먹이 찾기같이 비경쟁적인 상황에서 침팬지가 보이는 협력 행동의 전반적인 결여가 두드러진다. 협력적인 먹을거리 채집은 먹을거리를 찾는 모든 인간에게서 일상적으로 이루어진다(예를 들어 Hill, 2002). 하드자 족 남자들이 바오밥 나무에 올라가서 열매를 흔들어 밑에 있는 여자들에게 떨어뜨리는 것처럼 가장 단순한 형태의 협력 행동조차 (…) 침팬지의 행동에서는 그에 상응하는 모습이 보이지 않는다.

공감과 도움 주기

우리는 도덕에 주로 초점을 맞추기 때문에, 이 모든 것에 담긴 핵심적인 질문은 침팬지와 보노보가 협력 활동에서 이타적인 행동을 하느냐는 것이다. 자신에게는 비용만 발생하는데도 남에게 어떤 이익을 주는 것을 근접 목적으로 갖는다는 의미에서 말이다. (경제학자들에게 이 질문은 그들이 '타자를 고려하는 선호other-regarding preferences'를 갖느냐는 것이지만, 도덕심리학자들에게는 그들이 타자에 대한 공감적 관심을 갖느냐는 것이 된다). 털 손질, 먹이 공유, 연합 지원이라는 황금 삼각형을 확인한 관찰/상관관계 연구는 이 질문에 분명하게 답할 수 없으며, 집단 사냥에 대한 자연주의적 관찰 역시 마찬가지다. 예를 들어, 털 손질은 손질을 받는 개체만이 아니라 손질을 해주는 개체에게도 보상이 된다. 손질을 해주는 개체는 보통 이 과정에서 벼룩을 몇 마리 얻기 때문이다. '도둑질을 용인'하거나 '공유를 강제'하는 먹이 공유는 가장 직접적으로 평화를 유지하기 위한 것이다. 개체들이 연합 대결에 참여할 때, 각 참여자는 승리와 함께 서열 우위를 얻을 것이다. 그리고 집단 사냥에 참여하는 각 사냥꾼은 자기가 직접 원숭이를 잡거나 적어도 잡은 이에게 구걸을 하거나 괴롭혀서 고기 조각을 얻기를 바란다. 방법론적 요점은 자연주의적인 관찰이나 상관관계 분석 자체만으로는 관찰된 일정한 행동이 타자를 고려하거나 공감적인 동기에서 생긴 것인지를 판단하기에 충분하지 않다는 것이다.

그러나 최근에 진행된 많은 실험 연구는 도구적 맥락에서 침팬지가 타자를 돕는 경향을 조사한 바 있다. 방법론적으로 볼 때, 핵심은 이 연구들이 실험 대상 유인원에게 다른 행위 동기가 없도록 통제 조건을 두었다는 점이다. 일반적으로 이 연구들에서 침팬지들의 도움 주기 행위는 자신들의 에너지 말고 특별한 비용이 들지 않으며, 먹이나 그 밖의 자원을 둘러싼 경쟁이 벌어지지 않는 상황에서 이루어진다. 예를 들어, 이 주제를 실험한 첫 연구에서 펠릭스 워르네켄Felix Warneken과 토마셀로(Warneken and Tomasello, 2006)가 발견한 바에 따르면, 인간 손에 자란 침팬지 세 마리는 돌봐주는 사람이 멀리 있는 어떤 물건을 잡으려고 할 때 그 물건을 가져다주었지만, 동일한 상황에서 그 사람이 물건을 필요로 하지 않을 때에는 가져다주지 않았다. 인간 손에 자란 침팬지가 돌봐주는 사람을 도와주는 것은 특별한 상황일 수 있기 때문에 워르네켄 등(Warneken et al., 2007, 연구 1)은 후속 연구로 자연에서 포획된 침팬지를 반半자연적인 환경에서 살게 한 뒤 낯선 사람이 비슷한 상황에 처했을 때 어떤 행동을 하는지 살펴보았다. 침팬지들은 (통제 조건에 비해 더 많이) 이런 사람도 도와주었으며, 사람이 원하는 물건을 가져다주기 위해 몇 미터를 기어오름으로써 도움을 주기 위해 에너지 비용까지 치렀다. 또 다른 변형 실험에서, 유인원들은 먹이를 손에 든 사람과 빈손인 사람을 똑같은 빈도로 도와줌으로써 도움 주기 행위가 인간에게서 보상을 얻으려는 것이라는 해석을 무너뜨렸다.

그러나 사람을 도와주는 것은 완벽한 실험이 아니다. 따라서 워르네켄 등(Warneken et al., 2007, 연구 2)은 또한 침팬지가 다른 침팬지를 도와줄 수 있는 상황을 실험해 보았다. 특히 한 개체가 문을 통과하려고 할 때 다른 개체가 (근처에 있는 방에서) 그를 위해 걸쇠를 당겨서 문을 열어 줄 수 있다. 침팬지는 이런 상황에서 확실하게 동종 개체를 도와주었다. 그렇지만 통제 조건에서는 첫 번째 침팬지가 문을 통과하려고 하지 않으면(또는 다른 문을 통과하려고 하면) 걸쇠를 열어 주지 않았다. 또 다른 실험 양식에서 멜리스 등(Melis et al., 2011b)은 침팬지가 동종 개체가 먹이를 손에 넣는 것을 도와준다는 사실을 발견했다. 즉 먹이 조각에 전혀 접근하지 못하는 개체는 갈고리를 풀어서 홀 건너편 방에 있는 동종 개체에게 경사로로 밀어서 보내 주었다. 경사로 반대쪽에 아무도 없을 때는 그런 행동을 하지 않았다. 신야 야마모토와 마사유키 다나카(Yamamoto and Tanaka, 2009)는 침팬지가 먹이를 긁어모을 도구가 필요한 다른 개체에게는 도구를 건네주지만, 필요 없는 개체에게는 도구를 주지 않는 것을 관찰했다. 그리고 줄리아 R. 그린버그Julia R. Greenberg 등(Greenberg et al., 2010)은 침팬지들이 도움이 필요한 개체가 적극적으로 요청을 하지 않더라도(도움이 필요하다는 점이 다른 식으로 분명히 드러나면) 다른 개체가 먹이를 손에 넣는 것을 도와준다는 사실을 발견했다. 분명히 이 모든 실험에서 핵심은 도와주는 개체가 자기는 먹이를 얻지 못한다는 사실을 확실히 알고 있었다는 것이다. 자원 면에서 보면 이 도움 주기는 비용이 많이 들지 않았다.

다른 실험 양식에서 조안 B. 실크Joan B. Silk 등(Silk et al., 2005)과 키스 젠슨Keith Jensen 등(Jensen et al., 2006)은 침팬지에게 한쪽 줄을 당기면 자기 앞의 판자에만 먹이가 떨어지고, 다른 줄을 당기면 같은 양의 먹이가 자기 앞의 판자와 판자 반대쪽에 있는 동종 개체 양쪽 앞에 떨어지게 해놓고 선택을 지켜보았다. 침팬지는 두 줄을 닥치는 대로 당겼다. 그러나 이 실험 양식에서 침팬지들이 동종 개체가 먹이를 얻는 것을 도와주지 못한 것은 십중팔구 자기 먹이를 얻는 데 집중했기 때문일 것이다. 침팬지들은 너무 흥분해서 다른 침팬지를 무시했거나 아니면 판자 양쪽에 있는 먹이 때문에 먹이 경쟁 모드에 빠져서 상대를 도와주지 못했을 것이다. 어느 쪽이든 간에 이 상황에서 부정적인 조사 결과가 나왔다고 해서 다른 상황에서 풍부하게 관찰된 도구적 도움 주기instrumental helping의 긍정적 결과가 부정되지는 않는다.[6]

도구적 도움 주기는 작지만 그래도 실질적인 (에너지) 비용을 치르고 다른 개체에게 이익을 주려는 것처럼 보일 것이다. 도구적 도움 주기의 진화적 기능은 아마 틀림없이 털 손질이나 먹이 공유와 동일할 것이다. 친구, 특히 연합 파트너가 되는 친구를 만들기 위한 것이다. 이 연구들을 가지고 확실한 결론을 내릴 수는 없다. 도와주는 개체에게 미치는 효과를 파악하기 위해 도움 주기의 수혜자를 체계적으로 조작한 적이 없기 때문이다. 그렇다 하더라도 이 연구들이—통제 조건 때문에 특히 분명하게—보여주는 것은 침팬지들은 일정한 상

6 빅토리아 호너Victoria Horner 등(Horner et al.,2011)은 상이한 실험 구조에서 이런 설계의 논리를 활용하여 침팬지에게 일정한 친사회적 경향이 있다고 보고했다. 그러나 이 연구는 해석이 불가능하다. 모든 실험 대상에 대한 통제 조건에 앞서서 실험 조건이 운영되었기 때문이다. 아마 실험 대상들은 통제 조건이 돌아올 때쯤이면 그저 친사회적 선택에 싫증이 났을 것이다.

황에서 다른 개체에게 이익을 준다는 근접 목적을 가지고 행동한다는 사실이다. 워르네켄과 토마셀로(Warneken and Tomasello, 2009)는 이 침팬지 연구를 비슷한 상황에서 진행한 인간 아동 연구와 비교하여 이런 해석을 뒷받침하는 증거를 추가로 제시하는데, 모든 사례에서 두 종은 아주 비슷한 방식으로 행동한다(그러나 3장에서 살펴볼 것처럼, 인간 아동은 침팬지와 달리 여러 가지 다른 흥미로운 맥락에서 연구되고 있다). 이와 관련된 것으로 볼 수 있는 또 다른 관찰에서는 싸움에 연루되지 않은 침팬지 개체들은 싸움이 끝난 뒤에 패자를 '위로'할 수도 있는 것으로 나타났다(그렇지만 이런 위로 행동의 기능과 기제는 분명하지 않다. Koski et al., 2007).

어떤 이는 침팬지의 도움 주기 행동을 보면서 바라는 먹이나 도구를 얻을 수 없는 다른 개체의 곤경에 대한 공감이 밑바탕에 있다고 추론할지 모른다. 이 실험 연구들에서는 이런 동기 해석을 어떤 식으로든 뒷받침하는 증거가 전혀 없지만, 최근의 연구에서는 도움 주는 개체가 자기가 도와주는 개체와 공감한다는 아주 시사적인 증거가 제시되었다. 크록퍼드 등(Crockford et al., 2013)은 털 손질 시간 동안(털 손질을 받는 침팬지뿐만 아니라) 털을 골라 주는 침팬지에게서 포유류의 유대 형성 호르몬인 옥시토신이 증가한다는 점을 발견했다. 그리고 로만 M. 비티히Roman M. Wittig 등(Wittig et al., 2014)은 먹이를 공유하는 자리에서 먹이를 포기하는 침팬지(분명 이런 일은 침팬지 관찰에서 드물게만 나타난다) 역시 옥시토신 증가를 보인다는 사실을 비슷하게 발견했다. 야생 상태와 실험에서 도구적 도움 주기에 관해 실시한 호르몬 연구를 종합해 보면, 침팬지가 자신이 도와주는 개체에 대해 공감을 느낀다는 아주 훌륭한 증거가 되는 것으로 보인다.

전체적으로 보면, 이런 도움 주기 행위가 진짜가 아니라고 믿을 이유는 전혀 없다. 비용이 크지 않고 먹이 경쟁이 없을 때, 대형 유인원은 서로를 돕는다. 그리고 쥐 같은 다른 포유류 종의 도움 주기 행위(Bartal et al., 2011)를 비롯해서 이런 이타적 행위의 밑바탕에는 옥시토신에 근거한 사회적 공감 감정이 있음을 보여주는 증거가 적어도 일정하게 존재한다. 물론 다른 개체를 돕는 이런 성향의 진화적 토대는 일정한 되갚음에 있다. 그것이 자연선택의 논리다. 그러나 여기서 우리가 초점을 맞추는 것은 이와 관련된 근접 기제이며, 이 경우에 우리가 가진 최선의 증거는 침팬지를 비롯한 대형 유인원은 도움이 필요한 다른 개체에 대해 공감의 근접 동기를 가지며, 따라서 비용이 아주 크지 않으면 결국 돕는다는 것이다.

공정성에 대한 감각은 없다

공감 이외에 도덕의 다른 중심적 차원은 공정성이나 정의에 대한 감각이며, 따라서 우리는 또한 대형 유인원의 협력이 이 차원에서 실체적인 어떤 것을 보여주는지 물을 수 있다. 대형 유인원에 대해 개체들끼리 '눈에는 눈' 식의 행동을 통해 서로 장부를 결산하려고 하는 이른바 응보적 정의retributive justice를 실험한 연구는 전무하다(그렇지만 드 발〔예를 들어 de Waal, 1982〕은 그가 '보복'이라고 말하는 몇 가지 일화를 보고한다). 가장 가까운 것은 젠슨 등(Jensen et al., 2007)의 연구인데, 여기서 먹이를 도둑맞은 개체들은 도둑이 먹이를 먹는 것을 막았다. 그러나 이 행동이 공정성이나 정의와 관련 없다는 해석이 많다. 이처럼 응보적 정의의 증거가 부족한 것과는 대조적으로, 분배 정의distributive justice—개체들 사이에서 자원이 어떻게 분배되어야 하는가—의 경우에는 두 개의 실험 결과가 있다.

첫 번째 연구 결과는 유명한 최후통첩 게임에서 나온 것이다. 인간 성인을 대상으로 광범위하게 연구된 이 경제 게임에서 제안자는 응답자들에게 자원을 나눌 것을 제안한다. 응답자는 제안을 받아들여 각자 할당액을 챙기거나 제안을 거부하여 둘 다 한 푼도 받지 못할 수 있다. 많은 실험에서 인간 응답자들은 설령 한 푼도 받지 못한다 할지라도 보통 적은 제시액—이를테면 전체 10 중 2—을 거부한다. 이렇게 '비합리적인' 행동의 가장 그럴듯한 이유는 응답자가 판단하기에 제시액이 불공정하다는 것이다. 응답자는 거부하면 자원을 잃는다고 할지라도 제안을 받아들이지 않는다. 즉 이런 식으로 이용당하지 않는다. 종종 응답자는 심지어 불공정한 제안자에게 화를 내기도 한다. 두 연구(Jensen et al., 2007; Proctor et al., 2013)에서 최후통첩 게임을 비언어적 형태로 각색하여 침팬지에게 제시했다. 또 한 연구(Kaiser et al., 2012)에서는 보노보에게 제시했다. 세 연구 모두에서 결과는 똑같았다. 실험 대상들은 사실상 0이 아닌 어떤 제시액도 거부하지 않았다. 아마 그들은 제시액의 공정성 같은 것이 아니라 그 제시액이 먹이를 가져다주는지 여부에만 초점을 맞추기 때문에 거부하지 않은 듯하다.

또 다른 관련 연구의 결과는 사회적 비교 연구에서 나왔다. 인간은 다른 이들이 더 많이 받는 것을 보고 불만을 갖는 경우가 아니라면, 어떤 양의 자원을 받아도 만족한다. 이번에도 역시 아마 이런 불만의 원인은 불공정하게 대접받는다는 감각일 것이다. 세라 브로스넌Sarah Brosnan 등(Brosnan et al, 2005, 2010)은 두 연구에서 침팬지는 다른 개체가 자신과 똑같거나 더 적은 노력을 기울이고도 인간에게 더 좋은 먹이를 받는 것을 보면 (원래는 받았을) 먹이를 거부한다고 주장했다. 그러나 적절하게 통제된 조건을 적용하면 이런 결과는 나타나지 않는다. 필요한 통제 조건은 그 침팬지가 같은 상황에서 더 좋은 먹이를 기대할 수 있게 하는 것이다. 그러면 제시받은 먹이의 매력이 줄어든다. 그리하여 율리아네 브로이어Juliane Bräuer 등(Bräuer et al., 2006, 2009)은 이런 식의 통제 조건을 붙여서 브로스넌 등의 연구를 그대로 반복했고(또한 브로스넌 등과 달리 조건 순서의 균형을 맞췄고), 침팬지들이 다른 침팬지가 받은 먹이와 비교해서 먹이를 거부하지 않음을 발견했다. 이 실험 양식은 침팬지에게서 사회적 비교를 보여주는 것이 아니라 단지 먹이 비교를 보여준다. 이런 부정적인 결과는 리디아 M. 호퍼Lydia M. Hopper 등(Hopper et al., 2013)의 다른 실험 양식에서도 확인되었다. "전체적으로 보면, 침팬지들이 보이는 반응은 동료가 받는 보상과의 비교가 아니라 주로 자신이 받는 보상의 질에 영향을 받는 것으로 나타났다." 브로스넌 등(Brosnan et al., 2011)은 오랑우탄에 대해서도 똑같이 부정적인 결과를 보고했다. 브로이어 등(Bräuer et al., 2006, 2009)도 소규모 표본의 보노보를 가지고 결론을 확정 짓

지는 않은 결과를 추가로 보고했다.[7]

따라서 대형 유인원이 자원을 나누는 일에 관한 공정성의 감각을 갖고 있다는 확고한 증거는 전혀 없으며, 그런 감각이 없다는 증거는 많다(그렇지만 우리는 최후통첩 게임은 언어를 사용하지 않는 동물에게는 벅찬 실험 양식이며, 사회적 비교 연구는 실험 대상에게 맛좋은 먹이를 거부하도록 요구하는 것이라는 점을 염두에 두어야 한다). 또 다른 증거는 잠재적으로 불공정한 것으로 인식될 수 있는 일들에 대해 대형 유인원이 보이는 감정적 반응이다. 3장에서 좀 더 충분히 논의하겠지만, 불공정성에 대한 전형적인 '반응 태도'는 분함이다. 브로스넌 등(Brosnan et al., 2005, 2010)의 연구 결과가 그토록 설득력 있어 보이는 한 가지 이유는 저자들이 종종 보여주는 비디오 속에서 원숭이가 화가 나서 먹이를 우리 밖으로 던져 버리는 모습에 있다. 이 연구에 관한 우리의 분석을 감안할 때, 이런 감정 표현이 불공정하게도 동종 개체가 더 좋은 먹이를 받는다는 사실에 대한 분함을 의미할 가능성은 거의 없다. 오히려 그것은 좋은 먹이를 줄 수 있는데도 형편없는 먹이 조각을 건네주는 실험자 인간에 대한 분노일 것이다. 만약 이것이 사실이라면, 이 감정 표현은 특별한 사회적 내용을 가진 분노를 의미할 것이

7 이 설계를 활용한 더 유명한 연구는 브로스넌과 드 발(Brosnan and de Waal, 2003)이 꼬리감는원숭이를 대상으로 진행한 것이다(역시 실험 조건 순서의 균형을 맞추지는 않았다). 이 연구 또한 적절한 통제 조건을 갖추지 못했으며, 다른 네 실험에서는 적절한 통제를 활용해서 이 실험을 반복하는 데 실패했다고 보고했다. Roma et al., 2006; Dubreuil et al., 2006; Fontenot et al., 2007; Sheskin et al., 2013; McAuliffe et al. 2015.

다. 아마 '당신이 아무 공감 없이 나를 대하고 있어서 화가 난다'는 뜻일 것이다. 닐 루글리Neil Roughley(Roughley, 2015)는 실제로 이런 식의 내용이 담긴 분노를 분함resentment*이라고 부르는 게 합당하다고 생각한다. 여기서 별표는 이것이 엄밀한 의미의 분함은 아니지만 그럼에도 불구하고 분함으로 이어지는 한 단계임을 가리킨다. 이것이 분함으로 이어지는 한 단계인 것은 그 내용에 친사회적 공감 감정이 포함되어 있고, 또한 여기에는 일종의 사회적 관계, 예컨대 우정이 가정되기 때문이다. 나는 단지 일반적인 상황이나 저쪽에 있는 생물에게 화가 나는 것이 아니라 (나와 종이 다르다 할지라도) 나와 관계가 있는 내 친구가 나를 이렇게 형편없이 대하기 때문에 화가 나는 것이다. 혼란을 피하기 위해 이것을 사회적 분노social anger라고 부르기로 하자.

결론을 내려 보자. 불공정한(또는 남보다 적게 주는) 대우에 항의하기 위해 한 사람이 다른 사람에게 나타내는 것은 분함이라는 전형적인 반응 태도라는 점에서 보면, 유인원은 사회적 분노에 더 가까운 어떤 것을 경험할 수 있다. 이것은 포유류의 일반적인 분노 감정을, 소중한 사회적 관계를 가진 누군가에 의해 형편없는(즉 공감이 없는) 대우를 받는 데 대해 느끼는 특별히 사회적인 형태의 분노로 변형시키는 최초의 단계를 나타낼 것이다. 진정한 분함이 나타나려면 보상받을 자격, 공정성, 존중 등과 관련된 새로운 유형의 도덕적 판단이 등장해야 한다.

친족과 친구에 기반을 둔 친사회성

요약해 보면, 거의 모든 사회적 종이 그렇듯이 대형 유인원 개체들은 생존과 번성을 위해 집단 동료들에게 의존하지만, 그와 동시에 자원을 놓고 서로 경쟁한다. 유인원들이 결산한 결과는 이런 식이다. 먹이나 짝같이 직접적으로 소중한 자원이 문제가 될 때는 서열 우위에 따라 구조화된 경쟁이 승리한다. 개체들은 또한 다른 개체들을 상대로 한 제로섬 게임에서 이런 자원을 획득하기 위해 연합을 이루어 협동한다. 대형 유인원은 다른 많은 영장류 종들과 마찬가지로 털 손질이나 먹이 공유(그리고 어쩌면 도구적 도움 주기) 같은 다양한 유형의 친사회적 상호작용을 활용하여 자신에게 연합적 지원을 비롯한 이익을 줄 수 있는 (친족 이외의) 친구를 구하고 유지한다. 이런 우호적 상호작용에서 나타나는 친사회적 행위는 공감이라는 친사회적 감정에 의해 생겨나기 쉽지만, 대결 경쟁이라는 전반적인 맥락은 사회적인 파트너 선택이 주로 서열 우위와 싸움 능력에 초점이 맞춰진다는 것을 의미한다.

협력 관점에서 보면, 다른 비인간 영장류와 견주어 침팬지와 보노보에게서 가장 예외적인 것은 소형 포유류를 집단 사냥한다는 점이다. 이 행동이 예외적인 것은 제로섬 자원이라는 단 하나의 집합을 놓고 벌어지는 집단 내 경쟁, 이 모든 것을 아우르는 모체의 바깥에서 벌어지기 때문이다. 다른 비인간 영장류들은 일반적으로 개체들이 손에 넣기 힘든 자원을 생산하는 것을 목표로 하는 협업을 전혀 벌이지 않는다(꼬리감는원숭이 같은 일부 원숭이 종에서 좋은 기회가 생기면 다람쥐 같은 소형 포유류를 떼를 지어 습격하거나 에워싸는 사례가 몇 차례 보고된 바 있다[Rose et al., 2003]). 따라서 우리는 침팬지와 보노보의 집단 사냥을 인간에게 필수적인 협동적 먹이 찾기로 이행하는 과정의 일종의 '잃어버린 고리'로 간주할 수 있다. 그러나 침팬지와 보노보는 이런 집단 사냥 행동에 존재를 의존하지 않으며, 따라서 그들은 인간처럼 좀 더 일반적으로 생명을 지탱하는 자원을 얻기 위해 상호의존하지 않는다. 그리고 이런 집단 사냥에서는 파트너 선택이나 통제가 거의 또는 전혀 존재하지 않는다. 대형 유인원의 집단 사냥이 인간과는 다른 점들에 관해서는 3장에서 자세히 논의한다.

따라서 현존하는 침팬지와 보노보를 모델로 삼아 대형 유인원과 인간 최후의 공통 조상을 상상해 보자. 그들은 서열 우위와 우정이라는 사회적 관계로 구조화된, 자원을 둘러싼 경쟁이 비교적 격렬한 복잡한 사회적 집단 안에서 살았고, 이따금 다양한 종류의 작은 먹이를 얻기 위해 소규모 집단을 이루어 사냥을 했을 것이다. 대형 유인원의 인지와 감정 같은 주제를 다룬 다른 연구를 감안하면, 우리는 다른 대형 유인원들과 인간 최후의 공통 조상에게 아주 특징적인 심리학적 필요조건을 다음과 같이 요약할 수 있다.

- **인지** (1) 유연하고 정보에 근거한 결정을 내리려는 개인 지향성individual intentionality의 기술. 이런 결정은 가장 효율적인 최선의 행동 선택지를 선택하기 위한 '도구적 압력'을 수반한다(도구적

합리성). (2) 주로 다른 개체들과 경쟁하기 위해 그들의 지향적 상태intentional state와 결정을 이해하고 때로는 예측하는 기술(논평으로는 Tomasello, 2014를 보라).

- **사회적 동기** (1) 집단 동료들과 서열 우위와 우정의 장기적인 사회적 관계를 형성하고 친숙한 제3자들 사이에서도 이와 동일한 사회적 관계를 인식하는 역량. (2) 사회적 분노 같은 중요한 사회적 사건에 대해 기본적인 감정을 갖고 표현하며, 다른 개체들에게서도 이런 감정을 인식하는 역량. (3) 목적의식적으로 소통하는 역량(Tomasello, 2008). (4) 특히 친족과 친구 등 다른 개체들을 도구적으로 도와주려는 공감에 바탕을 둔 동기.

- **자기규제** (1) 서열 높은 개체와의 충돌을 피하는 것과 같은 신중한 이유에서 즉각적인 자기만족 충동을 통제하는 능력. (2) 개체들이 접근할 수 있는 통상적인 제로섬 자원 바깥에서 새로운 자원을 생산하기 위해 다른 개체들과 협동하는 능력. 이 능력은 무엇보다도 개별적으로 먹이를 쫓으려는 충동을 억제하는 데 좌우된다.

상상 속 우리의 공통 조상들에게는 협력과 친사회성 형태를 비롯한 몇 가지 정교한 인지와 사회성 형태가 있었겠지만, 남들을 어떻게 대해야 하는지나 남들이 자기를 어떻게 대해야 하는지와 관련하여 어떤 공정성이나 정의와 같은 사회적 규범 감각은 전혀 없었을 것이다.

따라서 우리는 중간적인 이론적 입장을 취하는 셈이다. 한편으로 젠슨과 실크(Jensen and Silk, 2014; Silk, 2009) 같은 이론가들은 비인간 영장류들에게 친사회적 정서나 타자를 고려하는 선호 같은 것이 존재한다는 점에 회의적이다. 그러나 여기서 우리는 대형 유인원의 도구적 도움 주기가 실제로 존재하며, 이런 도움 주기는 다른 개체가 목표를 달성하는 것을 도우려는 행동이며 공감이라는 친사회적 감정과 흡사한 어떤 것에 의해 추동된다는 실험 증거를 개략적으로 보여주었다. 젠슨과 실크는 도구적 도움 주기 연구가 도움을 필요로 하는 개체가 구사하는 모종의 강제나 괴롭힘에 의존하는 것으로 해석한 바 있다. 그러나 이런 견해를 뒷받침하는 설득력 있는 증거는 전무하며, 그린버그 등의 연구(Greenberg et al., 2010)에서는 이런 강제를 특별히 찾아보았지만 발견하지 못했다.

다른 한편으로, 드 발(de Waal, 1996, 2006)은 많은 비인간 동물, 그중에서도 특히 대형 유인원은 공감 감각만이 아니라 공정성과 정의에 대한 관심의 전조가 되는 호혜성 감각도 포함하여 인간 도덕의 근원을 갖고 있다고 믿는다. 여기서 우리는 대형 유인원이 타자에 대해 공감한다는 제안의 앞부분을 뒷받침하는 증거를 요약했지만, 이 제안의 뒷부분을 뒷받침하는 증거는 없다. 우리는 대형 유인원의 호혜성은 인간의 공정성과 정의 관념의 전조가 아니라고 주장하고자 한다. 드 발 자신이 주장하듯이, 문제는 여기에 관여하는 호혜성은 감정에 바탕을 둔 호혜성일 뿐이라는 것이다. 이 상호 의존 가설의 관점에서 보면, 감정적 호혜성은 단순히 공감의 또 다른 표현이다. 친구들끼리는 공감 때문에 여러 방식으로 친구를 도우려고 하는데, 이런 도움은 종종 (**상호** 의존 때문에) 양방향으로 나타난다. 공감은 공정성 같은 것이 존재하기 위한 필수 전제조건일 수 있지만(공정하기 위해서는 타자의 운명에 어느 정도 관심이 있어야 한다), 그것만으로는 충분하지 않다. 공정성을 갖기 위해서는 다른 심리적 구성 요소들이 필요하다. 그리고 여기서 우리가 주장하는 바는 비인간 영장류들은 기본적으로 이런 다른 심리적 구성 요소들이 전혀 없다는 것이다.

따라서 이런 질문이 제기된다. 우리가 인간 도덕의 두 번째 주요 기둥인 공정성이나 정의라는 인간의 감각에 도달하려면 다른 어떤 역량과 동기가 필요할까? 이 질문에 답하려면 이 책의 나머지 전체를 복잡한 진화적 서사로 채워야 할 테지만, 우선 위대한 사회이론가인 데이비드 흄David Hume의 두 가지 근본적인 통찰에 호소함으로써 이 설명을 위한 길을 닦을 수 있다. 첫째는 어떤 사회집단 내에서 다른 이들을 완전히 지배하고 자기 뜻을 강요하면서도 아무 벌도 받지 않는 경우에는 공정성이나 정의란 있을 수 없다는 것이다. 공정성이 존재하려면 사회적 상호작용을 구조화하는 일정한 평등 감각이 있어야 한다. 흄은 다음과 같이 말한다.

인간과 섞여 살면서 이성적이기는 하나 몸이나 정신 모두

> 너무나 힘이 열등해서 저항을 하지 못하고 아무리 괴롭힘을 당해도 자신이 화가 났다는 표시를 절대 할 수 없는 생물 종이 존재한다면, 그 필연적인 결과로 (…) 우리는 (…) 정확히 말해 그들에 대해서는 어떤 정의의 제약도 받지 않을 것이다. (…) 그들과 우리의 교류는 일정한 평등을 가정하는 사회라고 부를 수 없으며, 한편의 절대적인 지배와 다른 한편의 비굴한 순종이라 불러야 할 것이다. (Hume, 1751/1957, pp. 190~191)

여기서 '인간'을 서열이 높은 대형 유인원으로 바꾸고, '비굴한 순종'을 서열이 낮은 대형 유인원으로 바꾸면, 대형 유인원의 사회적 삶에서 주요한 요인인 신체적 힘과 우위를 포착하게 된다. 서열 높은 개체들은 비용이 거의 들지 않을 때는 곤궁한 다른 개체에게 공감을 느낄지 모르지만, 자원을 둘러싼 경쟁이 걸려 있을 때는 서열 높은 개체들이 왜 서열 낮은 개체들에 대한 도구적 충동을 억제해야 할까? 서열 낮은 개체들은 그들을 주저하게 만들 어떤 힘도 없는데 말이다. 공정성과 정의로 이어지는 길을 걸으려면, 날것 그대로의 힘과 우위가 아닌 다른 것에 근거해서 이익 충돌을 해결할 수 있는 생물이 필요하다. 18세기의 다른 위대한 사회이론가인 장자크 루소Jean-Jacques Rousseau의 말을 인용하면, "폭력이란 한낱 물리적 힘이며, 나는 이 물리적인 힘이 어떻게 하여 도덕적인 결과를 가져올 수 있는지 이해하지 못한다." (Rousseau, 1762/1968, p. 52)

흄의 두 번째 통찰은 개체들이 필요한 모든 것을 혼자 힘으로 구할 수 있어서 완전히 자급자족하는 경우에는 공정성이나 정의가 있을 수 없다는 것이다. 공정성이나 정의에 관심을 기울이려면 개체들이 서로 의존한다는 감각이 일정하게 있어야 한다.

> 인간 종이 자연적으로 각 개인이 자기 안에 모든 재능, 즉 자신을 보존하고 번식하는 데 필요한 모든 재능을 가지고 있게끔 만들어져 있다면, (…) 그렇게 고독한 존재는 사회적 담론과 대화만큼이나 정의의 능력도 없을 것이 분명하다. 상호 존중과 관용이 어떤 목적에도 이바지하지 못할 때, 그것들은 어떤 이성적인 인간의 행동도 지휘하지 못할 것이다. (Hume, 1751/1957, pp. 191~192)

이것은 물론 우리의 상호 의존 원리를 부정적인 관점에서 간결하게 발언한 말에 불과하다. 타인을 필요로 하지 않는 개인은 공정성과 정의를 필요로 하지 않는다는 것이다. 침팬지와 보노보 개체는 일정한 방식으로 타자에게 의존하지만, 생존과 번성에 필요한 기본적인 자원을 획득하기 위해 서로에게 의존하지 않으며, 각자가 타자에게 상호 의존한다는 점을 이해할 것 같지도 않다. 따라서 앞으로 우리가 구축할 자연사에서 핵심적인 과제는 초기 인류 개인들이 어떻게 새롭고 특히 절박한 방식으로 서로에게 상호 의존하게 되었는지, 그리고 또한 이런 상호 의존을 인식하게 되면서 어떻게 이것이 인간의 합리적인 의사 결정에서 두드러지게 되었는지를 확인하는 것이다. 우리의 목표는 인간이 타자와 행하는 상호 의존적 상호작용—특히 복수의 행위자로서 '우리'의 감각을 비롯하여 이런 상호 의존적 상호작용의 밑바탕에 놓인 심리적인 근접 기제—이 어떻게 초기 인류에게 새롭고 인간 종에 특유한 공정성과 정의의 감각을 구축하도록 유발했는지를 보여주는 것이다.

그리하여 우리는 인간과 대형 유인원의 마지막 공통 조상이 적어도 어느 정도 친사회적 생물이었다고, 즉 친족과 친구에 대해, 그리고 집단 내부 경쟁이라는 무엇보다 중요한 맥락 안에서 친사회적 생물이었다고 가정할 수 있다. 이 출발점은 대단한 것은 아니지만 무시해서는 안 된다. 사실상 인간 도덕의 대부분은, 아주 넓은 의미에서 보면 특히 친구와 가족을 비롯한 특정한 타자에 대한 공감에 근거하는 것이기 때문이다. 인간은 아직 이런 도덕적 차원을 벗어나지 못했다. 인간은 단지 이 차원 위에서 다른 형태의 도덕을 발전시켰을 뿐이다. 이 도덕 덕분에 사람들은 별로 친밀하지 않은 아주 다양한 다른 인간들을 돌보고 존중하게 되었다. 그들에게 공감하기 때문만이 아니라 그렇게 해야 한다고 느끼기 때문에 말이다.

3장

2인칭 도덕

'우리we'는 '무임승차자'를 배제한다

자유롭고 합리적인 인간으로서 서로에게 권리와 요구를 주장하는 위치는
우리가 2인칭 입장을 취할 때면 언제나 공동으로 몰두하는 자리다.
스티븐 다월, 《2인칭 관점(The Second-Person Standpoint)》

침팬지가 협력적인 사회집단을 이루어 살면서 친족과 친구에 대해 친사회적으로 행동한다는—그리고 물론 우리가 도덕적 관심을 기울일 만한 대상이라는—사실에도 불구하고 침팬지들 자체는 도덕적 행위자가 아니다. 우리는 침팬지가 우리 아이들을 공격하거나 우리 음식을 훔쳐 먹거나 우리 물건을 부수거나 일반적으로 다른 이들을 신경 쓰지 않고 난장판을 만들 것을 걱정하기 때문에 침팬지들이 사람들 한가운데서 자유롭게 어슬렁거리도록 내버려 두지 않는다. 그리고 만약 침팬지들이 이런 반사회적 행동을 한다고 할지라도 아무도 그들을 탓하거나 책임을 묻지 않는다. 왜 그럴까? 왜 침팬지는 도덕적 행위자가 아닐까? 2장에서 제시한 자료를 보면, 이 질문들에 대한

답이 간단하지 않음을 알 수 있다. 예컨대 침팬지는 도구적 합리성을 가지고 행동하지 않고, 다른 개체들의 목적과 욕구를 이해하지 않으며, 다른 개체들의 감정을 느끼거나 감정 표현을 이해하지 않고, 어떤 유형의 친사회성에도 관여하지 않으며, 자신의 충동을 통제해야 할 때 그렇게 하지 않는다. 그러나 침팬지는 적어도 어떤 상황에서는 이 모든 행동을 완벽하게 한다.

이 질문들에 대한 답은, 즉 침팬지가 도덕적 행위자가 아닌 수많은 이유는 인간이 어떻게 점차 초사회적이고 초협력적이며 결국에는 도덕적인 유인원이 되었는지에 관해 말하려고 하는 우리의 복잡한 이야기 전체 속에 한 층으로 들어 있다. 그 동력이 되는 사고는 대형 유인원의 출발점에서부터 인간은 새로운 형태의 사회적 삶, 특히 처음에 상호 의존적인 협업의 일정한 새로운 형태에 적응함에 따라 도덕적 경로를 걷기 시작했다는 것이다. 토머스 홉스Thomas Hobbes부터 존 롤스John Rawls에 이르는 사회계약 이론가들의 선례를 따라 우리는—특히 공정성과 정의 문제에 관련된—인간 도덕의 자연적 고향은 상호 이익을 위한 협력 활동이라고 가정한다. 크리스틴 코스가드Christine Korsgaard(Korsgaard, 1996b, p. 275)는 이렇게 말한다. "도덕의 원초적 광경은 내가 당신에게 또는 당신이 내게 무언가를 해주는 모습이 아니라 우리가 함께 무언가를 하는 모습이다."

우리의 주장은 일정한 종류의 상호주의적인 협업에 참여하는 과정에서 공동 행위자인 '우리'로서 2인 쌍을 이루어 행동할 수 있는 개인들이 선택되었다는 것이다. 이를 위해서는 두 파트너 모두 공동 관심에 의해 인도되는 공동 목표를 만들어 내는 데 필요한 기술과 동기를 가져야 했고, 이런 공동 목표가 그들의 개인적 역할과 관점, 즉 공동 지향성(Tomasello, 2014)을 구조화했다는 것이다. 진화적으로 볼 때, 문제는 인간과 유인원 최후의 공통 조상(현생 침팬지를 모델로 활용한)이 벌이는 집단 사냥이 이 문제를 강제할 만큼 충분하거나 적절한 종류의 상호 의존(개체들은 집단 사냥에서 빠져나오고도 잘해 낼 수 있었다), 또는 충분하거나 적절한 종류의 파트너 선택(개체들은 마음 내키는 대로 참여하거나 참여하지 않을 수 있었다)을 창출하지 못했다는 것이다. 개체들로 하여금 파트너와의 상호 의존을 인정하고 신뢰하게 하고, 따라서 공동 지향성을 추구하는 '우리'를 형성하게 하기 위해서는 다른 탈출구가 없이 모든 개체가 절대적으로 의존하는 협업, 그리고 모두가 다른 모두에게 그들이 받아 마땅한 존중심으로 협동 파트너를 대할 책임을 지게 만드는 파트너 선택과 통제 체계가 필요했다. 공동 지향성이 등장하기 위한 배경으로 필요한 것은 다양하고 확고한 파트너 선택 및 통제 수단과 더불어 이루어지는 **필수적인** 협동적 먹이 찾기였다.

우리는 다음과 같은 제안을 하고자 한다. 처음에 초기 인류는 자신의 이익을 도모하기 위해 타자를 일종의 '사회적 도구'로 활용하면서 순전히 전략적인 이유에서 공동 지향성 활동을 통해 협동했다. 따라서 초기 인류의 협동은 사회이론가들이 타산적 계약론contractarian이라고 부를 만한 것이었다. 그러나 우리는 시간이 흐르면서 공동 지향성에 의해 구조화된 상호 의존적 협업이 참가자들 사이에서 새로운 종류의 협력적 합리성을 촉진했다고 주장할 것이다. 그들은 특정한 협업에는 어느 쪽에든 차별 없이 적용되는 역할 이상(사회적인 규범 기준)이 있으며, 이것은 일종의 자타 등가성을 함의한다는 것을 이해하게 되었다(Nagel, 1970을 보라). 자타 등가성 인정에 근거해 파트너들 사이의 상호 존중, 그리고 파트너들의 상호 자격에 대한 감각이 생겨났고, 그리하여 2인칭 행위자들이 만들어졌다(Darwall, 2006을 보라). 이런 2인칭 행위자들은 서로 협동하는 한편 자신들의 협동을 공동으로 자기규제하려는 공동 헌신에 대한 입장을 가졌다(Gilbert, 2014를 보라). 공동 지향성 활동은 이제 사회이론가들이 규범적 계약론contractualist이라고 부를 만한 것이었다. 2인칭 행위자들 사이의 실제적인 합의에 의해 구성되었기 때문이다. 우리는 그 결과를 2인칭 도덕second-personal morality이라고 부를 수 있다. 함께 협동하고 공동으로 헌신하는 '우리'로서 서로에 대해 책임을 느끼는 2인칭 행위자인 (관점적으로 정의된) '나'와 '당신' 사이의 대면적 상호작용이라는 2인 쌍 도덕dyadic morality인 것이다. 이 새로운 도덕은 협동적 관여 자체 안에서만, 또는 이런 관여를 고려할 때만 존재했고, 다른 삶의 영역에서는 존재하지 않았다. 이런 특별한 협동적 맥락을 제외하면, 초기 인류의 사회적 상호작용은 여전히 거의 완전히 유인원을 닮았을 것이다.

이 장의 순서는 다음과 같다. 우선 초기 인류의 상호 의존적 협동의 새로운 형태들과 이것들이 어떻게 최초의 공감 도덕인 공감적 관심과 도움 주기의 확대를 낳았는지를 살펴보고자 한다. 최초의 공정성 도덕의 특징을 규명하기 위해 계속해서 세 가지 심리적 과정을 살펴본다. 첫째는 새로운 형태의 복수 행위자('우리')를 통해 초기 인류의 협업을 구조화한 공동 지향성의 인지적 과정이다. 둘째는 초기 인류의 파트너 선택과 통제의 맥락에서 발생하여 참가자들에게 상호 존중과 자격에 관한 감각을 낳은 2인칭 행위second-personal agency의 사회적 상호작용 과정이다. 셋째는 협동이 완료될 때까지 순조롭게 진행되도록 고안된 공동 헌신에 의해 작동된 자기규제 과정이다. 이런 공동 자기규제는 각 파트너에게 상대방에 대한 많은 책임을 낳았다.

방법론적으로 보면 우리가 여기서 상상하는 초기 도덕주의자들과 동일한 인간이 오늘날 생존해 있지는 않지만, 그럼에도 불구하고 우리는 대부분 만 3세• 이하 연령의 어린이를 대상으로 한 다양한 방식의 경험적 연구를 관련 자료로 인용할 수 있다. 우리는 2세, 3세 어린이가 적어도 어느 정도는 적합한 유사 대상이라고 주장할 것이다. 이 어린이들은 2인 쌍 상호작용과 관계 속에서 상대와 직접 관여하지만(대면적 조우를 위한 그들의 '상호작용 엔진'은 이미 시동이 걸렸다(Levinson, 2006)), 언뜻 보면 집단 속에서 집단의 자격으로 움직이는 데 필요한 사회적 기술이 거의 없기 때문이다. 따라서 이 연령대의 어린이들은 개인들에 대해 도덕적 행동과 판단을 하는 데 필요한 인간 종 특유의 기술과 동기를 어느 정도 가졌지만, 그래도 그들이 속한 문화집단의 사회적 관습과 규범·제도에 적극적으로 참여하고 있지는 않다.

• 이후로 이 책에 등장하는 어린이의 연령은 모두 만 나이임을 밝혀 둔다.—옮긴이

협동과 도움 주기

우선 초기 인류가 (다른 대형 유인원에 비해) 도움 주기와 남에 대한 공감적 관심 감각을 좀 더 확장하게 된 기원에서 시작해 보자. 다시 말해, 이 절에서 우리는 친족과 친구에 대한 대형 유인원의 친사회성이 어떻게 초기 인류의 공감의 도덕이 되었는지에 관심을 기울인다. 우리는 이것이 인간 종에 일반적인 '길들이기'와 기본 자원을 획득하는 새로운 협동적 방법이라는 맥락에서 발생했다고 주장할 것이다.

자기 길들이기

인간 도덕의 방향으로 나아가는 최초의 움직임은 뺄셈에 의한 덧셈addition by subtraction이었다. 구체적으로 말해 빼야 했던 것은, 대형 유인원은 어떤 분쟁이든 해결하기 위해 거의 전적으로—개체에 의해서든 연합에 의해서든—서열 우위에 의존한다는 사실이었다. 개체들이 함께 협동해서 먹이를 찾고 결국 평화롭게 전리품을 나누려고 한다면 공격성과 위협성을 줄여야 했다. 우리의 제안은 200만 년 전에 호모Homo 속이 등장한 직후에 일종의 자기 길들이기self-domestication로 볼 수 있는 변형 속에서 이런 일이 벌어지기 시작했다는 것이다(Leach, 2003; Hare et al., 2012).

이 변형은 밀접하게 관련된 세 과정의 산물일 가능성이 높다. 첫째, 초기 인류는 암수 한 쌍의 결합pair bonding을 통해 짝짓기를 시작했다. 이 새로운(즉 대형 유인원 사이에서 새로운) 형태의 짝짓기는 인간의 감정과 동기에 많은 폭포 효과를 낳았다. 버나드 차페Bernard Chapais(Chapais, 2008)는 암수 한 쌍의 결합은 또한 형제 인식sibling recognition과 동일한 기제를 통해 두 방향 모두에서 부성paternity에 대한 새로운 인식을 낳았다고 지적한다. 나와 유대 관계인 여자 주변에서 어슬렁거리는 사람은 모두 가까운 친척인 것이다. 이런 새로운 형태의 유대는 많은 파급 효과를 낳았지만, 우리 논의에서 가장 중요한 것은 이제 남성들이 사회집단 내에서 (형제와 짝짓기 파트너뿐만 아니라) 자신의 모든 자식을 인정했으며, 그 결과로 무차별적인 공격성이 줄어들었다는 것이다.

이야기의 두 번째 부분은 새로운 생존 전략과 함께 왔다. 인간 진화에서 큰 사냥감을 잡기 위한 협동적 사냥의 중요성을 강조하는 대다수 이론가들은 과도적인 죽은 고기 먹기 단계를 수용한다. 개인들은 연합을 이루어 죽은 고기를 먹는 사자나 하이에나를 쫓아내야 그 고기를 먹을 수 있었기 때문에 서로 힘을 합칠 수밖에 없었을 것이다 (Bickerton and Szathmáry, 2011). 그런데 만약 누군가 고기를 전부 게걸스레 먹어치우면 그를 저지하기 위해 형성된 또 다른 연합의 공격 대상이 되었을 것이다. 크리스토퍼 봄Christopher Boehm(Boehm, 2012)은 대체로 거의 모든 현대 수렵인-채집인 집단이 매우 평등적이며, 지나치게 지배적인 개인들은 다른 이들의 연합에 의해 금세 적당한 규모로 축소되었다는 점을 강조한 바 있다. 진화적으로 보면, 이런 사실은 악당과 먹을거리를 독차지하는 '돼지'를 비롯한 서열 높은 개체들에 불리한 사회적 선택, 즉 함께 먹을거리를 먹는 상황에서 남에 대해 더 관대한 개인들에게 유리한 사회적 선택이 존재했음을 의미할 것이다. 실제로 현대의 침팬지들을 대상으로 실험한 먹이 찾기 과제에서 협동이 가장 순조롭게 이루어지는 것은 먹이 주변의 상대에게 관대한 개체들이 쌍을 이룰 때다(Melis et al., 2006b).

셋째, 이것이 정확히 언제 진화했는지는 알지 못하지만, 인간은 대형 유인원 가운데 유일하게 협동적 육아를 실천한다(협력적 양육이라고도 한다. Hrdy, 2009). 부모가 아니고, 때로는 가까운 친족도 아닌 개인들이 아이들을 먹이고 돌보는 일을 돕는다. 아버지와 할아버지라면 도움을 줄 만한 분명한 진화적 기반이 있었겠지만, 비친족은 협동적 먹이 찾기라는 맥락에서 남의 자식을 돌보는 경향을 진화시켰을 것이다. 현대 수렵인–채집인들 사이에서 여자들이 만약 동시에 여러 아이를 돌봐야 하지 않는다면 식물 먹을거리를 채집하는 데 훨씬 더 생산적일 수 있다. 따라서 우리는 먹을거리 생산을 극대화하기 위한 분업으로 협력적 육아가 협동적 먹이 찾기와 결합해서 진화했다고 추측할 수 있다. 채집인은 돌보는 이와 자기 보상금을 나누었을 것이라고 가정할 수 있다. 마모셋원숭이나 비단털원숭이처럼 협력적 양육을 하는 비인간 영장류는 다른 원숭이에 비해 친사회적인 경향을 더 많이 갖고 있는 듯한데, 일부 이론가들은 심지어 협력적 양육 자체가 현대 인류의 친사회적 행동의 많은 부분을 촉발한 주요 요인이라고 추측한 바 있다(예를 들어 Hrdy, 2009; Burkart and van Schaik, 2010).

이 세 가지 선구적 과정이 낳은 결과는 서열 우위 성향이 덜한 사회적 상호작용과 좀 더 온화한 개인적 기질의 진화다. 개인들 사이의 힘의 균형이 더 대단해야 한다는 흄의 첫 번째 필요조건으로 이어진 흐름이다(2장을 보라). 그리하여 우리가 인간에게 독특한 협력과 도덕의 진화적 기원으로 가정할 새롭고 한층 더 협동적인 생활방식으로 발을 들여놓은 주인공은 이처럼 암수 한 쌍이 결합하고, 아이를 양육하며, 상대적으로 관대하고 온화한 생물—자기를 길들인 대형 유인원—이다.

필수적인 협동적 먹이 찾기

이제 진짜로 중요한 단계에 이르렀다. 진화에서 언제나 그렇듯이, 촉발 지점은 생태적 변화였다. 약 200만 년 전에 아프리카에서 호모 속이 등장했을 때, 지구 전체에 걸친 빙하·건조기 때문에 환히 트인 공간이 넓어지고 지상에서 생활하는 원숭이(예컨대 개코원숭이)가 사방으로 퍼졌다. 이 원숭이들은 아마 많은 자원을 놓고 인간과의 경쟁에서 앞섰을 것이다. 결국 초기 인류가 좋아하는 먹이(예를 들어, 과일을 비롯한 영양 많은 식물)가 부족해졌고, 새로운 선택지가 필요했다. 다른 동물들이 죽인 짐승 사체를 먹는 것 역시 개인들이 연합을 이루어 활용할 수 있는 선택지 중 하나였을 것이다.

그러나 어느 시점에서 초기 인류는 큰 사냥감을 사냥하려는 더욱 적극적인 시도를 하게 되었다. 그럴듯한 추측을 해보자면, 이런 경향은 그전부터 시작되었지만 40만 년 전쯤 호모 하이델베르겐시스Homo heidelbergensis(네안데르탈인과 현대 인류의 공통 조상)의 시기에 완전히 굳어졌을 것이다. 이 생명체들이 협동적이고 체계적으로 큰 사냥감을 사냥했다는 증거가 많이 있다(논평으로는 Stiner, 2013을 보라). 이런 식의 협동적인 먹이 찾기 형태의 분배 구조는 사슴 사냥 게임stag hunt•의 분배 구조였을 가능성이 높다. 개인들은 파트너와 협력해서 쉽고 가치가 떨어지는 먹이를 얻는 쪽을 선택하거나 위험하지만 가치가 높은 다른 대안을 선택할 수 있다(Skyrms, 2004). 다른 유인원들은 주로 혼자 노력해서 대부분의 영양분을 얻은 반면(지금도 그렇게 얻는다), 이 초기 인류는 먹이의 대부분을 주로 협동적 노력을 통해 얻었다. 무엇보다도 그들은 협동이 실패했을 때 만족스럽게 선택할 수 있는 다른 대비책이 거의 또는 전혀 없었다. 협동은 필수적이었다. 결국 인간 개인들은 다른 유인원들에 비해 한층 더 긴급하고 전반적으로 서로에게 상호 의존했다. 그들은 일상적으로 남과 협동해야 했고, 그러지 않으면 굶주렸다.[8]

• 장자크 루소의 이야기를 따서 만들어진 게임으로 '안전'과 '사회적 협력' 사이의 갈등 관계를 설명하는 말이다. 이 이야기에서 두 사냥꾼은 각각 토끼나 사슴을 잡을 수 있으며, 각자의 선택에 따라 네 개의 조합이 만들어진다. 각 게임자는 상대편의 선택을 알지 못하고, 하나의 행동만 선택해야 한다. 만약 한 사람이 사슴을 잡고자 한다면, 그는 성공률을 높이기 위해 파트너와 협력을 해야 한다. 반면 토끼는 홀로 사냥할 수 있지만 사슴보다 가치가 떨어진다. 둘 다 협력하는 사슴 사냥을 선택하거나 독자적인 토끼 사냥을 선택하는 경우에 내시 균형Nash Equilibrium이 이루어진다.—옮긴이

8 이 과정은 먹을거리를 찾는 현대 인류가 실행하는 것과는 상당히 달랐을 것이다. 먹을거리를 찾는 현대 인류는 강력한 무기를 가진 덕분에 원하기만 하면 각자 사냥을 할 수 있기 때문이다. 게다가 먹을거리를 찾는 현대 인류는 모델로 부적합하다. 왜냐하면 그들은 이미 우리 진화 이야기의 두 번째 단계를 거치고 집단적 사고 문화 속에서 살고

물론 협동적 먹이 찾기가 시작되려면, 각 파트너가 일정한 이익을 기대해야 한다. 그리하여 침팬지의 원숭이 집단 사냥이 실행되는 것은 각 개체가 자신이 직접 원숭이를 잡을 것으로 기대하고 만약 자기가 잡지 못하더라도 고기 조각이라도 얻을 것으로 기대할 수 있기 때문이다. 그러나 원숭이를 잡은 개체가 전리품을 독점할 수 있는 상황에서는 모든 것이 허사가 된다. 예를 들어 멜리스 등(Melis et al., 2006b)은 실험 연구에서 두 침팬지가 손이 닿지 않는 받침대에 연결된 줄의 양쪽 끝을 동시에 잡아당겨야만 그 위에 있는 먹이를 얻을 수 있는 상황에 침팬지를 두 마리씩 두었다. 먹이 더미를 양쪽에 있는 각 개체의 앞에 놓아두면, 두 마리는 종종 성공을 거두었다. 하지만 받침대 중간에 먹이 더미를 하나만 놓아두면, 그걸 잡아당겼을 때 종종 서열 높은 개체가 먹이를 전부 독점했다. 당연히 서열 낮은 개체로서는 다음에도 협동적 노력을 기울일 동기가 사라졌고, 따라서 시도를 할수록 협력이 깨졌다. 이와 현저하게 대조적으로, 워르네켄 등(Warneken et al., 2011)이 이 연구와 최대한 비교 가능하게 설계한 연구에서 실험 대상이 된 3세 어린이들은 받침대 한가운데에 먹을거리 더미가 하나 쌓여 있어도 전혀 방해받지 않았다. 먹을거리가 어떻게 놓여 있든 간에 많은 시도 끝에 성공적으로 협동한 것이다. 어린이들은 아무튼 간에 항상 결국 서로 만족하는 방식으로 분배를 할

있기 때문이다. 따라서 그들은 혼자서 먹을거리를 찾더라도 종종 그 성과물을 가져와서 집단과 나눈다.

수 있다는 것을 알았고, 거의 언제나 그렇게 했다(훨씬 어린 아동들에서 나타난 비슷한 결과는 Ulber et al., submitted를 보라). 따라서 우리는 초기 인류가 어쩔 수 없이 협동하여 먹이를 찾아야 했을 때, 시간이 흐르면서 가장 성공을 거둔 이들은 상호 만족하는 방식으로 자기들끼리 전리품을 자연스럽게 나눈 이들이었다고 상상할 수 있다.

말할 필요도 없겠지만, 만약 각자가 무능하거나 탐욕스러운 파트너를 선택한다면 협동의 결과가 나쁠 것이다. 따라서 초기 인류의 먹이 찾기에서 나타난 상호 의존은 건전한 파트너 선택 시스템으로 보완되었다. 2장에서 언급했듯이, 침팬지와 보노보의 원숭이 집단 사냥에서는 파트너 선택을 보여주기에 충분한 증거가 전혀 없다. 그러나 초기 인류는—이번에도 역시 대비책이 부족한 탓에—좋은 파트너를 선별해서 찾고 나쁜 파트너를 피해야 하는 압박을 훨씬 강하게 경험했고, 따라서 좋은 협동자에 유리한 사회적 선택이 점차 등장했다. 남들과 함께 잘 일할 수 있는 개인들만이 잘 먹어서 후세에 유전자를 풍부하게 전했다. 그리고 나중에 살펴보겠지만, 초기 인류는 또한 아주 강력한 파트너 통제 수단을 진화시켜서 이를 통해 나쁜 파트너를 좋은 파트너로 바꾸려고 했다.

대형 유인원의 집단 사냥과 초기 인류의 협동적 먹이 찾기를 가르는, 언뜻 사소해 보이는 이 변화들은—협동이 한층 더 필수적인 것이 되고 파트너 선택과 통제가 훨씬 더 중요해짐에 따라—개인들에 가해지는 사회적·생태적 요구를 완전히 개조했다. 이런 요구에 맞추기 위한 다양한 새로운 적응은 이 장의 다음 여러 절에서 탐구하고

자 한다. 이 절의 나머지 부분에서는 가장 기본적인 문제에 초점을 맞춘다. 개인들이 서로에 대해 보이는 공감적 관심의 양적 증가, 그리고 어쩌면 질적 변화가 그것이다.

파트너의 복지에 대한 관심

많은 사람들이 타인에 대한 공감은 자기 자식에 대한 관심에서 시작되었다고 추측한 바 있다. 앞서 자세히 기록했듯이, 침팬지를 비롯한 대형 유인원들 또한 연합이나 그 밖의 여러 형태의 지원을 위해 자신이 의존하는 친구에게 공감을 느끼고, 따라서 도와줄 수 있다. 여기서 우리는 인간이 필수적인 협동적 먹이 찾기라는 맥락에서 굉장히 다양한 개인들과 한층 더 깊이 상호 의존하게 됨에 따라 공감적 관심과 도움 주기가 더 깊고 넓게 적용되기 시작했음을 제안하고자 한다.

주된 논점은 이렇다. 필수적인 협동적 먹이 찾기라는 맥락에서 파트너를 도와주면 직접적인 이익이 생긴다. 만약 내 파트너가 사냥용 창을 떨어뜨리거나 부러뜨리면, 그가 창을 찾거나 고치는 것을 돕는 편이 내게 이득이 된다. 이렇게 해야 우리가 함께 성공할 가능성이 높아지기 때문이다. 이런 맥락에서 도움을 받는 파트너는 자신에게 이득이 될 상호주의적 상황이 여전히 유효하기 때문에 이제 갑자기 변절을 해서 도망할 이유가 전혀 없으며, 따라서 도움을 받아들이고 상호주의적 협동을 계속한다. 따라서 남아메리카 아체Ache 족이 사냥을 할 때 파트너를 위해 무기를 건네주고, 길을 터주고, 정보를 공유하고, 파트너의 아이를 데리고 다니고, 무기를 고쳐 주고, 가장 좋은 기술을 가르쳐주는 등의 일을 하는 것은 놀라운 일이 아니다(Hill, 2002). 침팬지들이 원숭이 집단 사냥에서 서로 도와준 사례에 관한 보고가 전혀 없는 것은 아마 그들이 주로 원숭이를 잡으려고 경쟁하기 때문일 것이다. 그렇지만 먹이 경쟁이 제거된 실험에서는 침팬지도 파트너를 도와줄 것이다(Melis and Tomasello, 2013). 합리적 행위자는 인식(믿음)이 주어지면 목표(욕망)를 이루기 위해 행동해야 한다는 도구적 압력을 느끼며, 따라서 협동하는 각 파트너는 자신들의 공동사업을 촉진하는 데 필요하기 때문에 상대를 도와야 한다는 도구적으로 합리적인 압력을 느낀다.

인간 진화 모델을 구성하는 이들 대다수가 상상하는 단순한 사례와는 달리, 여기서 우리가 상상하는 것은 인간 행동이 위계적으로 조직되어 있어서 일부 행동은 여러 수준의 목표를 충족시키기 위해 수행되는 상황이다. 내 파트너를 도와주려고 멈추면 시간이 지체되기 때문에 숨어 있는 먹이를 잡는다는 하위 목표에는 방해가 될지 모른다. 그러나 무엇보다 중요한 목표인 상호주의적 활동이라는 더 큰 맥락에서 보면, 멈춰 서서 파트너를 도와주는 것은 직접적으로 이득이 된다. 그리하여 초기 인류에게서 공감적 관심과 도움 주기는 개인적 혈연관계나 개인적 협력의 역사와 관계없이 친족과 친구를 넘어 협동 파트너 일반에게로 확대되었다. 그리고 미래에 대한 감각을 조금이라도 가진 개인들에게 상호 의존 논리는 협업 자체의 바깥에서도 잠재적 파트너를 도울 것을 요구했다. 장래에 그들이 필요할 수도 있었기 때문이다. 만약 내가 일상적 성공을 함께하는 파트너가 오늘밤 굶주린다면, 나는 파트너가 내일의 나들이를 위해 건강을 유지하도록 먹을거리를 주어야 한다. 다시 말하지만, 이 설명이 고전적인 의미의 호혜성에 의존하지 않는다는 점은 주목할 만하다. 왜냐하면 이타적 행위를 한 개인은 수혜자가 보답으로 하는 값비싼 이타 행위가 아니라 상호주의적 협동으로 '보상'을 받기 때문이다. 이 협동은 비용이 전혀 들지 않고(사실 이득이 된다), 어쨌든 하려 했던 일이다.

상호 의존은 인간 이타성 진화 논리의 한 부분이지만, 해당 개인의 개인적 의사 결정에서는 아무런 역할도 할 필요가 없다. 근접 동기는 단순히 어떤 특징을 지닌 이, 또는 일정한 상황에 처한 이는 누구든지 도와주는 것이 될 것이다. 실제로 어린이에게는 내재적으로 남을 돕는 동기가 있음을 확인한 최근 실험 연구에서 이런 가능성을 뒷받침하는 증거를 찾을 수 있다.

- 아주 어린 연령부터 인간은 남을 도우려는 동기가 강하다. 생후 14개월에 불과한 유아도 손에 닿지 않는 물건을 가져오거나 문을 열거나 책을 쌓는 등 다양한 문제에 직면한 낯선 어른을 도와주려고 한다(Warneken and Tomasello, 2006, 2007). 2세 아이는 자기한테 아주 큰 비용이 드는데도 이런 식으로 남을 도와주려고 한다(Svetlova et al., 2010).
- 아주 어린 연령부터 인간은 외적인 유인이 전혀 없어도 내적으로 남을 도우려는 동기를 갖는다. 2세 아이는 어머니가 옆에서 돕는 모습을 지켜보거나 부추긴다고 더 많이 도와주

지 않는다(Warneken and Tomasello, 2013). 이 아이는 상대가 도움을 받고 있다는 것을 알지 못할 때에도 그를 도와주며(Warneken, 2013), 도움 주기에 대해 외적 보상을 받을 때 만약 곧이어 그 보상이 중단되면 전혀 보상을 받지 못한 아이에 비해 도움 주기가 실제로 줄어든다(Warneken and Tomasello, 2008).

- 아주 어린 연령부터 인간의 도움 주기는 타인이 처한 곤경에 대한 공감적 관심에 의해 중재된다. 유아들은 정서적 고통의 신호를 보이는 다른 사람을 위로하기 위해 일정한 노력을 하며(Nichols et al., 2009), 실제로 유아들이 타인이 처한 상황에 대해 더 많이 고통을 느낄수록 그를 도와줄 가능성은 더 높아진다(Vaish et al., 2009).

전반적으로 남을 도와주려는 생각은 인간 아동에게 자연스럽게 드는 것처럼 보이며, 공감 감정에 의해 내재적으로 동기가 부여된다.

도움을 받는 수혜자에게 자신 또한 의존하고 있다는 계산은 인간의 도움 주기를 이끄는 근접 동기에 포함되어 있지는 않은 것 같다. 그럼에도 불구하고 상호 의존이 도움 주기의 진화적 토대의 핵심적인 부분임을 시사하는 두 가지 중요한 증거가 있다. 첫째, 로베르트 헤파흐Robert Hepach 등(Hepach et al., 2012)은 감정 자극을 나타내는 직접적인 생리적 기준인 동공 확장을 활용해서 어린이는 자신이 곤궁에 처한 누군가를 도와줄 때, 그리고 그 사람이 제3자에게 도움을 받는 것을 볼 때 똑같이 만족한다—그리고 그 사람이 전혀 도움을 받지 못할 때보다 이 두 경우에 더 만족한다—는 사실을 발견했다. 이 사실은 어린이의 동기가 스스로 도움을 주는 것이 아니라 다른 사람이 도움받는 모습을 보는 것일 뿐임을 시사한다. 무엇보다도 이것은 호혜성(직접적인 것이든 간접적인 것이든)이 어린이의 도움 주기를 뒷받침하는 진화적 토대가 될 수 없음을 의미한다. 호혜성을 통해 이득을 얻으려면 도와주는 사람으로서 정체성을 갖고 나중에 보답을 받을 수 있도록 스스로 그 행위를 수행해야 하기 때문이다. 그러나 만약 근접 동기가 단지 그 다른 사람이 도움을 받는 것이라면, 이것은 상호 의존을 통한 진화 설명과 아주 잘 들어맞는다. 이 설명에서 나는 타인이 도움을 받기만 한다면 어떻게 도움을 받는지는 신경 쓰지 않는다. 다만 그의 안녕에 관심이 있을 뿐이다.

둘째, 인간이 특히 긴박한 신체적 곤경에 처한 다른 사람, 예를 들어 길거리에 다쳐서 누워 있는 낯선 사람을 도와주려고 한다는 것은 흥미로우면서도 중요한 사실이다. 우리는 그의 신체적 안녕에 절박하게 관심을 기울이며, 따라서 설령 그가 우리한테 자신의 출혈을 멈추게 하려고 하기에 앞서 자기 자전거를 먼저 길에서 가져다달라고 말한다 할지라도 우리는 그의 바람을 무시하고 어쨌든 출혈을 멈추려고 애를 쓴다. 우리는 그를 신체적으로 돕는 것만큼 그의 바람을 들어주는 데는 관심이 없다(Nagel, 1986을 보라). 어린이를 대상으로 한 몇몇 연구에서는 아주 어린 연령부터 이른바 이런 온정적 도움 주기를 발견한다(예를 들어 Martin and Olson, 2013). 내가 말하고자 하는 요점은 우리는 다른 사람이 원하는 것이 만약 그의 신체적 안녕이라는 관점에서 볼 때 그에게 필요한 것과 충돌한다면 그것을 얻도록 도와주지 않는다는 것이다. 어린이는 남이 표현하는 요구가 상황에 의해 정당하지 않은 것처럼 보일 때(예컨대 사소한 뭔가를 얻으려고 울 때) 서로 도와주지 않으며, 다만 남이 표현하는 요구가 정당해 보일 때 도와준다는 헤파흐 등(Hepach et al., 2013)의 연구 결과도 이런 견해를 뒷받침해 준다(Smith, 1759/1982를 보라). 이번에도 역시 이런 연구 결과는 어린이와 성인이 들어주려고 하는 것은 단순히 다른 사람의 개인적 욕망이 아니라는 것을 시사한다. 물론 그런 욕망을 들어주는 경우도 있지만, 그보다는 주로 도움 받는 이의 안녕에 관심을 기울인다. 정말로 도움이 필요한 사람들에게만 주어지는 온정적 도움은 물론 잠재적인 협동 파트너의 건강을 유지해 주려는 노력의 진화적 논리와 일치한다.

우리의 설명 전반에서 또한 중요한 것은 두 가지 추가적인 연구 결과다. 첫째, 어린이들에게 다른 아이를 도울 기회가 주어지면, 어떤 중립적인 맥락에서가 아니라 협업의 맥락에서 이런 일이 벌어질 때 아이들은 더 쉽게 도와준다(반면 침팬지들은 이런 결과를 보이지 않는다. Hamann et al., 2012; Greenberg et al., 2010). 이런 사실은 친구 이외의 사람들로 인간 이타성이 확대된 것은 애초에 상호주의적 협동이라는 맥락에서 나왔다는 진화 시나리오를 아주 구체적으로 뒷받침한다.

두 번째 연구 결과는 대형 유인원과 달리 인간 유아는 다른 사람이 제3자에게 '피해'를 입지 않았을 때에 비해 피해를 입었을 때 상대를 더 도와주려고 한다는 것이다(Vaish et al., 2009; Liebal et al., 2014). 이런 사실은 질적으로 다른 공감 형태, 즉 단순히 도구적인 문제에 대해 어떤 행위자를 돕는 것을 넘어서 그 사람의 관점을 받아들이고 '그의 입장에서 생각한다'는 의미에서 실제로 그와 감정이입하는 것으로 나아가는 공감 형태의 가능성을 시사한다. 루글리(Roughley, 2015)는 이것을 (Smith, 1759를 따라) '스미스적 감정이입Smithian empathy'이라고 부르면서, 망자나 정신적 능력을 상실한 사람에 대해 만약 자신이 (현재의 의식 상태에서) 그런 상황이 된다면—설령 그들 스스로는 유감스럽게 느끼지 않는다 할지라도—어떻게 느낄지에 근거해서 유감스럽게 느끼는 방식을 사례로 제시한다. 물론 앞에서 인용한 온정적 도움 주기 연구는 이런 식으로 해석될 수도 있다. 즉 나는 상대가 원하는 것이 아니라 지금 내가 아는 한 만약 내가 그의 입장이 된다면 원하게 될 것을 가져다준다는 것이다. 이런 관점 수용perspective taking과 자기투사self-projection는 유인원들은 하지 않는 것이며, 뒤에서 살펴보겠지만, 자타 등가성에 대한 인간 특유의 감각에 근거한다.

그리하여 현대 인류의 도덕으로 가는 도상의 첫 번째 단계의 첫 번째 구성 요소는 친족이나 친구가 아닌 사람에게로 확대된 공감적 관심이다. 이것은 남을 돕는 행동과 어쩌면 질적으로 새로운 스미스적 감정이입으로 이어진다. 이런 감정이입 속에서 개인은 자타 등가성 감각에 근거해 어떤 상황에 처한 상대와 동일시한다. 상호 의존을 감안하면, 타자에 대한 공감과 감정이입은 아마 진화적 수준에서 돕는 이의 번식 적합도에 기여할 것이다. 그러나 거듭 말하지만, 진화된 근접 기제에는 상호 의존 및 번식 적합도와 관련된 어떤 것도 들어 있지 않다. 그것은 오로지 타자에 대한 순수한 공감에 근거하며, 이 공감은 실제 행동 결정 과정에서 이기적인 동기를 비롯한 다양한 다른 동기들과 경쟁할 것이다.

그럼에도 불구하고, 타인의 복지에 대한 관심은 그것이 아무리 순수하고 강력하다 할지라도 그것만으로 인간 도덕의 다른 주요한 기둥, 즉 의무감에 근거한 공정성의 도덕을 설명하기에는 충분하지 않다. 공정성의 도덕은 남을 돕는 것만이 아니라 복잡한 상황에서 상호작용하는 여러 다양한, 때로는 충돌하는 타인의(그리고 자기 자신의) 관심들의 균형을 맞춰야만 성립한다. 이런 새로운 도덕적 태도를 설명하기 위해서는 역시 초기 인류의 필수적인 협동적 먹이 찾기라는 맥락에서 등장한 세 가지 추가적인 심리적 과정을 자세히 논할 필요가 있다.

- 공동 지향성의 인지적 과정
- 2인칭 행위의 사회적 상호작용 과정
- 공동 헌신의 자기규제 과정

다음의 세 절에서 이 과정들을 각각 순서대로 살펴보자.

공동 지향성

찰스 다윈Charles Darwin은 《인간의 유래The Descent of Man》(1871)에서 이렇게 말했다. "부모와 자식 간 애정을 포함해서 뚜렷한 사회적 본능을 갖춘 동물이라면 어떤 것이든 인간만큼, 또는 거의 인간만큼 지적 힘이 잘 발달되기만 하면 불가피하게 도덕 감각이나 양심을 갖게 될 것이다."(p. 176) 당시만 해도 인간과 다른 동물의 인지 기술을 자세하게 비교한 연구가 없었기 때문에 다윈은 인간에게 독특한 어떤 '지적 힘'이 결정적인 것인지를 정확히 알 수 없었다. 그러나—여기서 보고하는 체계적인 비교 연구로 뒷받침되는—이 책의 제안은 이제 우리는 적어도 일반적인 개요는 안다는 것이다. 인간 도덕의 진화를 유발한 인간에게 독특한 인지 능력, 특히 공정성과 정의 감각과 관련된 인지 능력은 모두 **공유 지향성**, 또는 이야기의 첫 단계에서 좀 더 정확히 말하면 협동하는 2인 쌍에 의해 만들어진 **공동 지향성**이라는 일반 항목에 포함되는 개념이다. 이 능력은 그 자체가 도덕적인(또는 공정하거나 정의로운) 것은 아니지만, 그럼에도 불구하고 이 방향으로 나아가는 첫 핵심 단계에 필수적인 토대를 제공한다.

공동 행위의 이중 수준 구조

공동 지향성에 의해 구조화된 협업은 공동성과 개별성의 이중 수준 구조화dual-level structuring of jointness and individuality를 갖는다. 즉 각 개인은 파트너와 함께 (공동으로 주의해서) 공동 목표를 추구하는 '우리'인 동시에 자기 나름의 역할과 관점이 있는 개인이다(Tomasello, 2014). 이런 공동 지향성 활동에 참여하면 파트너들은 독특한 방식으로 서로 심리적으로 연결된다. 이제 그들은 우리가 말하는 이른바 공동 행위자를 형성한다. 그러나 만약 폭풍우가 몰아치는 가운데 두 사람이 각자 비를 피하려고 같은 장소로 달려간다면, 비를 피할 장소를 찾는 일은 그들의 공동 목표가 아니라 각자 따로 추구하는 개별적 목표일 뿐이다(Searle, 1995). 원숭이를 사냥하는 침팬지들도 이와 비슷하다. 그들에게는 원숭이를 잡는다는 공동 목적이 없다. 그보다는 각자 원숭이를 제힘으로 잡으려는 개인적인 목적이 있다(원숭이를 잡은 뒤에 사체를 독점하려는 시도를 한다는 점으로 입증된다). 이와 대조적으로 공동 행위자는 두 개인이 각자 '우리'가 단일한 목표를 향해 공동으로 행동하겠다고 생각하고, 또 둘 다 이것이 자신들이 공히 의도하는 일임을 공통의 기반 위에서 함께 알 때(그들은 자신들이 둘 다 안다는 걸 둘 다 안다) 만들어진다(Bratman, 1992, 2014를 보라).

공동 목표는 상호적인 신뢰 감각에 근거해 형성된다. 최소한 우리 각자가 공동의 성공을 위해 각각 무엇을 하는 것이 개별적으로 합리적인지를 알고, 또 우리가 안다는 사실을 함께 안다는 '전략적 신뢰'의 상호적 감각 말이다(뒤에서 우리는 명시적인 공동 헌신에 근거하여 파트너들을 훨씬 더 강한 '우리'로 결속하는 '규범적 신뢰'라는 더 풍부한 개념을 소개할 것이다). 인간 어린이는 첫돌이 지난 직후에 남들과 공공 목표를 만들 수 있다. 따라서 생후 14~18개월짜리 아이가 성인 파트너와 협력하는데 그가 아무 이유도 없이 상호작용을 중단할 때, 아이는 고갯짓이나 손짓 같은 행동을 함으로써 파트너를 다시 끌어들이려는 적극적인 시도를 한다. 반면 동일한 실험 상황에서 침팬지는 파트너를 다시 끌어들이려는 시도를 전혀 하지 않는다(Warneken et al., 2006). 그리고 이 실험에서 어린이는 개인적인 목적을 위한 '사회적 도구'로서 성인을 다시 움직이려고 하는 것이 아니다. 상호작용이 중단되게 한 어떤 외적인 이유가 있을 때(예를 들어 다른 성인이 파트너를 밖으로 불러냈을 때), 아이는 **설령 혼자서 그 일을 쉽게 할 수 있다 할지라도** 그가 돌아오기를 끈기 있게 기다린다(반면에 만약 성인 파트너가 알 수 없는 이유로 협력을 중단하면 아이는 그를 끌어들이려는 시도를 계속한다. Warneken et al., 2011). 다시 끌어들이려는 시도는 따라서 성인 파트너의 지향적 상태에 민감하다. 만약 그가 다른 사람에게 불려 나가는 것이라면 그는 여전히 공동 목표를 갖고 있을 테지만, 그가 아무 이유도 없이 같이 하던 일을 중단한다면 그는 공동 목표를 상실했을 가능성이 높다. 그리고 어린이는 단순히 재미있는 활동을 다시 시작하려는 것이 아니라 사라진 '우리'를 다시 구성하려는 것이다.

인식론적으로 보면, 두 개인이 공동으로 함께 행동할 때 그들은 자연스럽게 공동 목표와 관련 있는 상황에 공동으로 함께 관심을 기울인다. 따라서 공동 지향성 활동에서 참가자들 사이의 공동 관심은 아주 중요한 구성 요소다. 앞에서 예로 든 비를 피하는 장소를 찾는 경우와 비슷하게, 동시에 동일한 상황에 관심을 기울이는 두 개인만으로는 공동 관심이 성립되기에 충분하지 않다. 두 사람은 함께 그 상황에 관심을 기울이고 있음을 둘 다 안다는 의미에서 함께 그 상황에 관심을 기울여야 한다. 이렇게 정의하면, 대형 유인원은 공동 관심에 관여하지 않는 반면(실험 증거로는 Tomasello and Carpenter, 2005를 보라), 인간 유아는 생후 9개월부터 12개월까지 공동으로 관심을 갖는 일을 통해 타인과 함께 관여하며, 이런 상호작용이 협업에서 지향적 소통과 언어 습득에 이르는 모든 과정의 토대가 된다(Tomasello, 1995). 두 개인이 공동으로 관심을 가지면서 어떤 일을 함께 경험하면, 이 공유된 경험은 예컨대 우리 둘 다 꿀을 모으려면 무엇을 해야 하는지를 함께 아는 각자의 개인적 공통 기반의 일부가 된다. 개인적인 공통 기반은 사회적 관계를 규정하는 것의 일부이며, 개인들은 많은 중대한 사회적 결정을 내리기 위해 타인과의 개인적 공통 기반에 광범위하게 의존한다(Moll et al., 2008; Tomasello, 2008).

어떤 공동 지향성 활동에 '우리'의 일원으로서 참여하는 개인들은 그 때문에 자신의 개별성을 잃지는 않는다. 행동의 차원에서 볼 때, 각자는 자기 나름의 개별적인 역할이 있고, 통상적인 경우에 그들은 각자 두 역할을 알고 있다. 따라서 최근 연구를 보면, 3세 아동들은 협업에서 먼저 한 역할을 하고 나서 어쩔 수 없이 나머지 역할을 했다. 아이들의 행동을 보면, 그들이 이런 다른 역할에 관해 이미 많이 알고 있었음이 드러난다. 경험 없는 아이들보다 훨씬 솜씨가 좋았기 때문이다. 그러나 침팬지는 이처럼 상대편의 역할을 수행함으로써 '부가가치'를 얻지 못하며, 따라서 그들은 인간에 비해 개인주의적인 방식으로 파트너와 함께 관여한다고 생각할 수 있다(Fletcher et al., 2012). 무엇보다도 아주 어린 아이들조차 파트너의 역할을 흉내 낼 때 자신이 파트너와 역할을 바꾸고서도 공동 성공을 달성할 수 있다는 사실을 이해하는데(Carpenter et al., 2005), 이번에도 역시 침팬지는 그렇지 못하다(Tomasello and Carpenter, 2005). 역할을 서로 바꿀 수 있다는 사실에 대한 이해는 참여하는 개인들이 '조감적 시각bird's eye view'에서 협업을 전체적으로 개념화하며, 자신과 파트너의 관점과 역할이 공히 동일한 방식으로 재현된다는 것을 시사한다.

인식론적 차원에서 보면, 공동 관심 행위에 참여하는 각 파트너는 또한 자기 나름의 개인적 관점을 가지며, 파트너의 관점에 관해서도 어느 정도 안다. 실제로 공동 관심을 통한 관여가 애초에 관점이라는 개념 자체를 만드는 것이라고 주장할 수 있다. 우리가 공통된 어떤 것에 초점을 맞추어야만 그에 대한 서로 다른 관점이라는 개념이 생길 수 있는 것이다(Moll and Tomasello, 2007a). 이런 해석을 확실하게 뒷받침하는 증거는 유아들이 멀리 떨어진 곳에서 다른 사람이 행동하는 것을 그냥 지켜볼 때는 그가 경험하는 것을 명심하지 않는다는 사실에서 나온다. 유아들은 다른 사람과 공동으로 함께 상호작용할 때에만 상대의 관점을 고려한다(Moll and Tomasello, 2007b). 아마 이런 관점 수용 덕분에 공동 활동에 참여하는 각 파트너들은 상대방의 역할을 관찰할 수 있을 것이다(또한 상대방도 그를 관찰할 수 있다).

공동 지향성 활동에서 서로 다른 관점, 더 나아가 다른 역할을 능숙하게 조정하려면, 모종의 의사소통이 필요하다. 토마셀로(Tomasello, 2008)는 실제로 공동 지향성 활동이 인간에게 독특한 형태의 협력적 의사소통의 탄생지였고, 그 시작은 손짓과 몸짓 같은 자연스러운 제스처였다고 주장하면서 그 증거를 제시한다. 협력적 의사소통은 소통자가 유용하거나 도움이 되는 어떤 것을 받는 수혜자에게 정보를 주며, 수혜자는 상호주의적인 협업의 맥락 안에서 의사소통이 이루어지기 때문에 이 정보를 신뢰한다. 이러한 사실 때문에 대형 유인원의 의사소통 일반과 구별된다. 현재 논의하는 맥락에서 중요한 점으로, 어떤 것이 명시적으로 소통될 때 그것은 상호작용하는 사람들의 공동 관심과 공통 기반 속에서 '공공연하게 드러난다.' 결국 이 정보를 알지 못할 가능성은 전혀 없으며, 따라서 개인 간에 어떤 결과가 생긴다면 알지 못했다고 주장하면서 그 결과에서 숨을 수도 없다. 그리하여 만약 내가 당신이 이해하는 공통 기반 위에서 우리 둘 다 아는 의사소통 수단을 이용해 당신에게 명시적으로 도움을 요청한다면, 당신은 내가 도움을 필요로 한다는 것을 알지 못하는 것처럼 행동할 수 없다. 이런 '공개성'은 협력 행위에서 개인 간에 '해야 한다'는 느낌(규범적 신뢰와 2인칭 책임)을 낳는 공동 헌신의 탄생에 관한 우리의 설명에서 결정적인 역할을 할 것이다. 일반적으로, 어떤 상황에 대한 공통 기반 이해는 그것이 가질 수 있는 모든 규범적 차원의 필수적인 일부이며, 공공연한 의사소통은 이런 공통 기반 이해를 창출하는 가장 강력한 길이다.

이 모든 것이 낳은 결정적인 결과는 공동 지향성의 이중 수준 인지 구조dual-level cognitive structure of joint intentionality가 초기 인류에게서 우정을 넘어선 새로운 유형의 사회적 관계를 창조했다는 것이다. 협동 파트너인 '내'가 나의 협동적인 제2의 자아인 '당신'과 공동 목표를 향해, 우리의 개인적인 공통 기반이라는 맥락 안에서, 현재 움직이는 공동 행위자인 '우리'라는 맥락에서 갖는 관계가 그것이다(물론 '나'와 '당신'은 관점적으로 정의된다). 그리하여 개인들이 공동 지향성 행위에서 성공을 거두고자 한다면 관심을 기울여야만 하는 새로운 유형의 인물들이 탄생했다. '나', '당신', '우리'는 공정성이라는 인간 도덕이 탄생하기 위해 필수적인 삼각관계다.

협동적 역할 이상

초기 인류 파트너들이 서로 거듭해서 협동함에 따라 특정한 먹이 찾기 활동에서 각자의 역할을 어떤 식으로 하는 것이 이상적인지에 관한 공통 기반의 이해가 생겨났다. 예를 들어, 2인 쌍을 이룬 두 명이 이를테면 영양 사냥에서 반복적으로 상호작용을 함에 따라 그들은 예컨대 무엇이 추적자 역할의 이상적인 수행인지에 관한 공통 기반의 이해를 발전시켰다. 이런 이상은 특정한 협업에 관련된 특정한 2인 쌍의 공통 기반 안에서만 존재했기 때문에, 우리는 이것을 역할에 특유한 이상role-specific ideal이라고 부를 수 있다. 이는 누가 이 역할을 할 것인지에 관한 우리의 하위 목표다. 그리고 물론 모종의 추상 작용을 거치면서 최선의 노력이나 전리품 분배, 사소한 불화로 협동을 포기하지 않는 것과 같이 모든 역할에 다 같이 적용되는 좀 더 일반적인 이상이 발전될 수 있었다. 이런 공통 기반의 일부인 파트너들은 물론 어느 한쪽이 제 역할을 이상적인 방식으로 수행하지 않으면 공동 실패를 겪게 될 것임을 알았다. 그리하여 성공으로 나아가도록 각 파트너에게 가해지는 적극적인 도구적 압력과 실패하지 않도록 각 파트너에게 가해지는 소극적인 도구적 압력이 둘 다 존재했고, 이런 상이한 결과는 양쪽 모두에게 다소 균등하게 영향을 미쳤다. 그리고 결국 복수의 행위자인 '우리'에게도 지속적인 파트너십 일반이라는 의미에서 효과를 미쳤다.

우리는 이상적인 역할 수행에 관한 이런 공통 기반 이해가 사회적으로 공유된 규범적 기준의 전략적 뿌리를 구성한다고 생각할 수 있다. 물론 이런 원초적인 역할 이상은 아직 도덕철학자들이 최우선적으로 중요성을 부여하는 종류의 규범적 기준이 되지 못한다. 이 이상은 여전히 기본적으로 도구적이고 국지적이다. 그것은 다른 대형 유인원들의 개인 지향성에 존재하는 모든 것을 훌쩍 넘어서는 세 가지 중요한 특징에서 볼 때, 오히려 일종의 개인적 도구성의 사회화다. 첫째, 역할 이상은 단순히 개별 행위자가 추구하는 목표가 아니라 공동 행위자인 '우리'가 추구하는 하위 목표다. 조정된 역할을 갖춘 공동 목표라는 맥락에서만 의미가 있기 때문이다(예를 들어 영양을 쫓는 일은 앞에서 창으로 찌르려고 기다리는 사람이 있을 때에만 의미가 있다). 둘째, 어떤 역할 이상을 충족시키는 데 성공하는지 여부가 그 역할을 수행하는 개인뿐 아니라 소중한 파트너('당신')에게도, 그리고 더욱 장기적인 파트너십('우리')에도 영향을 미친다는 것은 파트너들이 공통 기반으로 알고 있는 사실이며, 이 때문에 각 파트너에 대한 도구적 압력에 사회적 차원이 더해진다. 셋째, 역할 이상은 어떤 역할을 하는 행위자가 공동 행위자의 성공에 기여하기 위해 무엇을 해야 하는지를 명시하지만, 또한 동시에 파트너와는 무관하다. 역할 이상은 어떤 개인적 특징 그리고/또는 사회적 관계와 상관없이 누구에게나, 모든 사람에게 똑같이 적용된다. 따라서 우리는 일반적으로 대형 유인원의 '개별적인 도구적 합리성individual instrumental rationality'이 공동 행위자로 행동하는 초기 인류 쌍의 공동의 '도구적 합리성joint instrumental rationality'으로 사회화되었다고 말할 수 있다.

전반적으로, 협업에서 나타난 공통 기반 역할 이상 이외에 사회적으로 공유된 규범적 기준의 기원을 상상하기는 쉽지 않다. 다른 기원이라면, 개인은 어쨌든 다수의 타인(또는 특별히 강한 한 타인)에 의해 일정한 방식으로 행동하도록 압박을 느낀다는 것이다(예를 들어, von Rohr et al., 2011). 그러나 이 기준은 '그들의' 기준이며, 내가 그것을 고수하는 것은 순전히 외적인 제약과 관련된 개인적 도구성이나 전략의 문제다. 이와 대조적으로, 공동 지향성 활동의 공통 기반 역할 이상은 이런 개별성을 넘어선다. 왜냐하면 그 이상은 역할 수행자 자신이 지지하는 사회적으로 공유된 기준이며, 그것을 지지하는 행동은 해당 개인 자신만이 아니라 그의 소중한 파트너와 파트너십에게도 성공을 촉진하기 때문이다.

자타 등가성

공동 지향성 활동에 참여하는 파트너들이 자신들이 하는 행동을 어떻게 이해하는지가 대단히 중요하다. 우리는 공동 지향성 활동에 참여하는 개인은 자신이 하는 일을 일종의 '조감적 시각'으로 이해한다고 주장한 바 있다. 이 개인은 자신의 역할과 관점 내부에서 파트너와 그가 하는 행동의 외부로 관찰하는 것이 아니다. 지금 협동하고 있는 개인은 한편으로 자신이 파트너의 역할과 관점에 서 있다고 상상하며, 다른 한편으로는 또한 파트너가 자신의 역할과 관점을 어떻게 상상하는지를 상상한다. 이 개인은 누가 어느 쪽 역할을 하든(일명 역할 바꾸기) 상상할 수 있다. 방금 전에 우리가 주장했듯이, 개인은 각 역할의 도구적 요구가 파트너와 무관하다는 사실을 이해하기 때문이다. 이 일을 하는 과정에서 모든 사람은 대등하다. (그렇다고 어떤 역할을 얼마나 잘 수행하는지 개인적인 차이가 전혀 없다는 말은 아니다. 단지 성공은 누가 됐든 간에 그 역할을 이상적인 방식으로 수행하는 개인에게서 나온다는 말이다.) 따라서 이러한 협업의 조감적 시각은 중요한 의미에서 공평하다. 당신이 내 친구나 자식, 배우자나 전문가인지는 중요하지 않다. 중요한 것은 그 역할을 수행하는 이들의 개인적 특성이 아니라 파트너와 무관한 역할, 그리고 그 역할의 성공적인 실행이다.

개인들 사이의 관계에 관한 일들을 이런 식으로 바라보는 것의 효과는 중대하다. 토머스 네이글Thomas Nagel(Nagel, 1970)은 타인을 자신과 똑같이 현실적인 행위자나 사람으로 인정하면, 따라서 자기 자신을 많은 이들 중 단지 한 명의 행위자나 사람으로 생각하면 그들의 관심사를 자신의 것과 대등한 것으로 간주할 이유가 생긴다고 주장한다. 우리가 말하는 '조감적 시각'과 역할의 바꿈 또는 교환 가능성에 관한 그의 설명은 이런 식이다. "당신은 현 상황을 인물들이 교환될 수 있는 일반적인 도표의 한 실례로 생각한다."(p. 83) 이런 구도는 네이

글이 생각하는, 피해자가 가해자에게 제기할 수 있는 가장 기본적인 주장을 위한 토대를 형성한다. "만약 누군가 당신에게 그런 행동을 한다면 당신은 기분이 어떻겠는가?"(즉 역할이 바뀐다면 어떻겠는가? p. 82) 여기서 우리가 주장하는 것은 간단히 말해 자타 등가성의 인정은 역할 이상과 결부된, 공동 목표와 개별 역할의 이중 수준 구조를 갖춘 협업의 도구적 논리에 대한 통찰로서 인간 진화에서 발생했다는 것이다.

그러나 무엇보다도 중요한 점은—이것이 네이글의 가장 심오한 철학적 논점인데—자타 등가성의 인정은 그 자체로 도덕적 관념이나 동기가 **아니라는** 것이다. 그것은 단순히 인간의 조건을 특징짓는 피할 수 없는 사실의 인정일 뿐이다. 나는 실제적인 행동의 결정에서 이런 통찰을 무시할 수 있고, 실제로 그것이 사실이 아니기를 바랄 수도 있다. 그것은 중요하지 않다. 사실은 사실이다. 따라서 자타 등가성을 인정하는 것으로는 어쨌든 자신과 타인의 개인 간 관계에서 공정하거나 정의로운 결정을 내리는 데 충분하지 않다. 그것은 단지 인간들이 자기가 사는 사회 세계를 이해하는 방식의 구조일 뿐이다. 그러나 자기 자신과 타인을 어떤 의미에서 대등하게 보는 것은, 비록 공정하고 정의로운 행동을 자극하는 데 충분하지 않다 할지라도 아리스토텔레스 이래로 누구나 인정하는 것처럼 필수적이다.

그렇다면 현재의 설명에서 자타 등가성을 인정하는 것은 그 자체로 어떤 종류의 도덕적 행동이나 판단이 되지 않는다. 그보다는 다양한 실제 행위와 판단을 전략적인 토대나 타산적인 계약론적 토대—

오직 내게 예상되는 미래의 이익 때문에 남과 음식을 공유하는 행동—로부터 좀 더 도덕적인 토대나 규범적인 계약론적 토대로 변형시키는 데 기여한다. 후자의 토대에서는 개인들이 자신과 타인을 기본적으로 평등한 지평에 놓고 적어도 어느 정도는 공평하게 결정과 판단을 내린다. 자타 등가성을 인정하는 것은 초기 인류 개인들이 자신의 협동 파트너를 새로운 방식으로 대하고 또 그 파트너도 자신을 그렇게 대접할 것으로 기대한다는 사실에 가장 직접적인 영향을 미쳤다. 특히 파트너 선택의 맥락에서 자신과 타인의 대등성을 인정함으로써 협동자나 잠재적 협동자는 똑같이 자격이 있는 파트너로서 상호 존중하며 대하게 되었다. 이처럼 파트너와 잠재적 파트너를 대하는 새로운 방식은 우리가 말하는 이른바 2인칭 행위를 이루었다(다음 절을 보라). 이것은 초기 인류 개인들에게 공동 헌신의 형태로 서로 실제적인 사회계약을 이룰 수 있는 도구를 부여했다(다음다음 절을 보라).

요약

초기 인류는 협력적으로 상호작용하는 2인 쌍들 안에서 두 층위에서 동시에 존재하는 새로운 사회질서를 창조했다. 한 층위는 (전략적인 신뢰에 근거해) 공동 행위자로 행동할 수 있는 파트너 상호 의존에 대한 상호 인정에서 만들어진 '우리'였고, 다른 한 층위는 이 '우리'(각자는 상대를 '너'로 관점에 넣는다)를 구성하는 두 명의 '나'였다. 두 명의 '나'는 역할에 특유한 이상에 순응하라는 도구적 압력을 받는 행위자로서 협업에서 서로의 등가성을 상호 인정했다. 따라서 이렇게 구성된 공동 행위자는 자기 나름의 새로운 형태의 도구적 합리성을 갖고 있어서 각 파트너는 상대를 도와주고 자원을 공유해야 하는 동기가 있었다. 일단 초기 인류 개인들이 자기 자신과 자신의 동등한 파트너를 공동 행위자 '우리'로 개념화하기 시작하자, 그리고 '우리'가 '당신'과 '나' 둘 다와 어떻게 관련되는지를 걱정하기 시작하자 공정성의 도덕을 해법으로 하는 기본적인 문제가 정해졌다.

2인칭 행위

초기 인류의 공동 지향성 활동은 새로운 사회적 방식에서 도구적 합리성을 갖고 있었다. 이런 활동에는 공감을 넘어서는 특별히 도덕적인 것은 전혀 없었지만, 파트너와 무관한 역할 이상에 대한 공통 기반의 이해(사회적으로 공유된 규범적 기준의 선구자로서)와 자타 등가성(공평성의 선구자로서)은 조만간 도덕의 열매를 맺게 될 협력의 씨앗이었다. 하지만 이런 도덕의 결실이 현실화되려면 필수적인 협동적 먹이 찾기, 특히 넓은 잠재적 협동자 풀 안에서 파트너를 선택해야 하는 과제에 더욱 철저하게 적응된 개인들이 필요했다. 무엇보다도 초기 인류 개인들은 좋은 협동 파트너를 평가하여 선택하고, 남들의 평가를 예상해 자기도 파트너로 선택받을 수 있게 행동하고, 일반적으로 만족스러운 방향으로 지속적인 파트너십을 관리하고 통제함으로써 유익한 파트너십을 창출하는 것을 배워야 했다.

파트너 선택과 상호 존중

파트너 선택은 여럿 가운데 한 개인을 협동 파트너로 고르는 것을 의미한다. 대개 가장 유능하고(예를 들어, 지적·신체적으로 능숙하고) 협력적인(예를 들어, 제 몫의 일을 하고 제 몫의 전리품만을 받으려고 하는) 사람을 선택할 것이다. 필수적인 협동적 먹이 찾기라는 맥락에서 어떤 파트너에게도 선택받지 못한다면 물론 치명적일 것이다.

파트너 선택 시장에서 기본적인 '적극적' 기술은 좋은 협력 파트너를 확인하는 것이다. 흥미롭게도, 대형 유인원과 아주 어린 인간 유아 모두 이미 협력적 개인을 선호한다. 예를 들어, 최근 한 쌍으로 진행된 연구에서 침팬지와 오랑우탄은 반사회적 행동을 한 사람보다는 자신에게나 제3자에게나 친사회적 행동을 한 사람에게 다가가서 먹이를 달라고 하는 쪽을 선택했다(Herrmann et al., 2013). 같은 맥락에서 인간 유아도 비슷한 사회적 선호를 보여준다. 예를 들어, 생후 12개월 이하의 어린 유아들은 이미 '훼방꾼'보다는 '도우미'인 사람들과 상호작용하는 쪽을 선호한다(예를 들어 Kuhlmeier et al., 2003; Hamlin et al., 2007). 이와 동일한 과정의 '소극적' 형태는 무능한 파트너를 피하는 것이다. 침팬지는 함께 협동 작업을 할 때 실패로 끝난 경험이 있는 파트너를 체계적으로 회피하며(Melis et al., 2006a), 인간 아동은 어쨌든 다른 사람에 비해 '뒤떨어진다'고 생각하는 개인이 제시하는 도움이나 자원을 선별적으로 받아들이지 않는다(Vaish et al., 2010).

이처럼 초기 인류는 다른 개인들의 협력 행동을 평가하는 태도를 형성했다. 그러나 영장류 가운데 독특하게도 초기 인류는 또한 다른 사람들이 자신에 대해 평가하는 태도를 형성하고 있음을 알았고, 그리하여 그 과정에 영향을 미치려고 했다. 따라서 최근 한 실험에서는 5세 어린이에게 다른 가공의 어린이를 도와주거나 그의 물건을 몰래 가질 수 있는 기회를 주었다. 일부 사례에서는 또래 어린이가 지켜보는 가운데 실험했고, 다른 사례에서는 방 안에 혼자만 두고 실험했다. 예상한 대로, 아이들은 혼자 있을 때에 비해 또래 아이가 보고 있을 때 다른 아이를 더 많이 도와주고, 그 아이의 물건은 덜 가져갔다. 같은 상황에서 침팬지는 다른 개체가 보든 말든 별로 신경 쓰지 않았다(Engelmann et al., 2012). 초기 인류가 직면한 상황과 비슷한 구조로 설계된 다른 실험 상황에서 개인들은 실제로 더 많이 도와주고 관대해지려고 서로 경쟁했다. 그래야 지켜보는 이가 자기를 더 좋은 협력자로 간주하고 상호주의적 협동을 위해 자신을 파트너로 선택할 것이었기 때문이다(Sylwester and Roberts, 2010). 그렇다면 지금 우리가 묘사하는 초기 인류는 파트너 선택 과정에서 남들에 대해 평가하는 태도를 형성했을 뿐 아니라 남들도 똑같이 자신을 평가하는 태도를 형성하고 있음을 알았으며, 따라서 적극적이고 전략적인 인상 관리 과정에 관여했다(Goffman, 1959).[9]

9 일반적으로 이 장에서 우리는 3세나 그 이하 어린이에 관한 연구만을 인용한다. 그러나 5세 미만 어린이를 대상으로 인상 관리 연구가 수행된 적이 없기 때문에 이 경우에만 규칙을 어겼다. 그렇지만 생후 12개월 유아도 언제 남이 자기를 지켜보는지를 알고 다르게 행동하는데, 특히 행동을 억제하거나 수줍음을 나타내는 식으로 행동한다. 다른 유인원들은 그런 행동을 하지 않는다(Rochat, 2009).

그 결과, 초기 인류는 행위자이자 수혜자로서 자신이 특정한 파트너를 상대로 경험한 협력적 행위와 비협력적 행위를 계속 주시하기 시작했을 것이다. 물론 누구나 가장 유능하고 협력적인 파트너와 함께 일하는 쪽을 선호했다. 그리하여 일부 개인들은 파트너로서 높은 수요를 누리면서 이런 인기를 더 좋은 거래를 얻기 위한 교섭력으로 활용할 기회를 잡았다. 니콜라 보마르Nicolas Baumard 등(Baumard et al., 2013)이 가장 체계적으로 개요를 서술한 것처럼, (정보가 충분하고) 완전히 열려 있는 파트너 선택 시장에서는 가장 유능하고 협력적인 파트너, 즉 함께하면 성공할 가능성이 가장 높은 사람이 수요가 가장 많을 것이다. 따라서 이런 사람은 파트너 후보자에게 전리품의 절반 이상이나 가장 쉬운 역할 등 내키는 대로 요구할 수 있다. 왜냐하면 '약한' 파트너가 '강한' 상대에게 다음번에도 자기와 협동하자고 할 확률이 반대의 경우보다 높기 때문이다. 이렇게 보면 이 시장은 아주 경쟁이 심했다.

그러나 상이한 조건에서는 다른 종류의 시장이 존재한다. 예를 들어, 비범한 파트너가 필요하지 않은(아무나 해도 된다) 좋은 먹이 찾기 대안이 많이 있거나 대개 적절한 기회가 되면 근처에 있는 아무나하고 함께 협동적 먹이 찾기를 하기 때문에 파트너 선택에 심각한 제한이 없는 경우에는 경쟁이 그렇게 극심하지 않을 것이다. 그렇지만 지금 이야기하는 맥락에서 가장 중요한 것은, 만약 파트너들에 관한 정보가 상이한 파트너들과의 직접적인 개인적 경험에 국한되고 뒷소문에 근거한 공적 평판이라고 할 만한 것이 아무것도 없다면 완전히 열린 시장은 작동하지 않는다는 점이다. 그런 경우에는 모든 사람이 평판 관련 상황을 각기 다르게 인식하기 때문에 한 개인이 다른 사람들에 대해 커다란 교섭력을 발휘하기가 무척 어려울 것이다. 이 마지막 논점과 관련하여 토마셀로(Tomasello, 2008)는 이 시기의 초기 인류는 관습적인 언어가 없고 (앞에서 언급했듯이) 손짓이나 몸짓 같은 자연스러운 제스처만 있었는데, 이런 제스처로는 파트너의 과거 행동에 관한 복잡한 서술적 정보를 소통하기가 무척 어려웠을 것이라고 주장하고 증거를 제시했다. 이 모든 것에 덧붙여, 만약 초기 인류가 지금 우리가 그들을 묘사하는 것만큼 자기 파트너의 운명에 관심이 있었다면, 한 개인이 좋은 파트너에 대한 교섭력을 발휘해 파트너에게 손해를 주려고 하지 않았을 것이다. 그렇다면 대체로 이렇게 제한된 시장에 참여하는 모든 개인은 자신이 가진 기술이 무엇이건 간에 자신이 의지하는 다양한 파트너들의 교섭력과 대체로 비슷하게 자신도 교섭력이 있음을 알았을 것이다.

그렇다면 지금 우리가 상상하는 것처럼 정보가 더 빈약하고 평등주의적인 시장에서 중요한 것은 단순히 함께하면 성공을 기대할 수 있는 파트너를 찾는 일이었고, 어느 정도 동등한 교섭력을 가진 파트너들이 꽤 많았다. 개인들이 협동 파트너를 어떤 의미에서 자신과 대등하다고 볼 수밖에 없었던 점을 감안하면, 그 심리적 결과는 파트너에 대한 존중과 실제로 파트너들 사이의 **상호 존중**이었다(스티븐 다월 Stephen Darwall〔Darwall, 1997〕은 이것을 '인정 존중recognition respect'이라고 부른다). 따라서 이런 상호 존중에는 전략적 구성 요소가 있었을 테지만

(각 파트너는 상대방의 동등한 교섭력을 인정했다), 모든 개인이 공동 지향성 활동에 참여하고 적응하면서 인지하게 된 파트너(자타) 등가성이라는 진정한 감각에 근거한 비전략적인 구성 요소도 있었을 것이다. 이 두 구성 요소가 합쳐져서 "상호 책임지는 사람들 사이의 상호 존중"으로 이어졌다(Darwall, 2006, p. 36). 그리하여 협업 자체(파트너와 무관한 역할 이상은 자타 등가성 감각으로 이어졌다)와 (둘 다 동등한 교섭력을 가진) 더 넓은 파트너 선택 시장 양쪽 모두에 참여한다는 점에서 서로의 동등한 지위를 존중하는 2인칭의 협력적 행위자가 탄생했다.

파트너 통제와 상호 자격

파트너 선택에서 사람들은 좋은 파트너를 찾아 그를 끌어들이려고 한다. 파트너 통제에서는, 예컨대 응징을 비롯한 수단을 이용해 덜 협력적인 파트너의 행동을 개선하려고 한다. 제한된 잠재적 파트너 풀 안에서 나쁜 파트너를 좋은 파트너로 바꿀 수 있는 능력은 분명한 적응적 이점이 있었을 것이다.

초기 인류의 협동적 먹이 찾기에서 파트너 통제에 특히 중요한 상황은 무임승차자를 통제하려는 시도였을 것이다. 그리고 이런 상황은 기정사실이 아니다. 침팬지의 원숭이 집단 사냥에서는 무임승차가 널리 퍼져 있으며(집단 사냥에 아무것도 기여하지 않는 참가자들이 그래도 고기를 얻는다), 참가자들은 무임승차를 통제하려고 하지 않는다. 보시(Boesch, 1994)는 침팬지 개체들은 방관자일 때보다 사냥에 실제로 참여할 때 더 많은 고기를 얻지만, 방관자들도 많은 고기를 얻는다고 보고한다. 이런 분배는 참여에 대한 보상이라기보다는, 단순히 원숭이를 잡은 순간 사냥꾼들은 그 사냥에 성공한 개체에 가까이 있어서 먹이를 먹는 일에 빠르게 가담한 반면, 나중에 온 방관자들은 고기를 에워싸고 먹고 있는 무리를 뚫고 한 점이라도 얻으려면 사냥꾼들에게 애원하고 괴롭혀야 한다는 공간적 이유 때문일 가능성이 크다. 바로 이런 상황과 똑같이 설계된 최근의 한 실험은 이런 해석을 뒷받침한다. 실험 결과를 보면, '죽이는 현장'에서 개체들이 얼마나 가깝거나 멀리 있는지를 실험적으로 통제한 경우에 협동의 전리품을 잡은 '포획자' 침팬지는 아무 기여도 하지 않은 이들에 비해 다른 협동 기여자들과 더 많은 몫을 나누지 않았다(Melis et al., 2011a). 이와 대조적으로, 비슷한 상황에서 '포획자'가 된 인간 아동은 포획 순간에 다른 이들이 얼마나 가깝거나 멀리 있는지와 상관없이 아무 기여도 하지 않은 이들에 비해 협동 기여자들과 더 많은 몫을 나누었다. 인간 아동은 무임승차자를 적극적으로 배제했다(Melis et al., 2013).

여기서 우리가 묘사하는 초기 인류에게서 무임승차가 처음부터 문제가 된 것은 아니었다. 동원 가능한 개인의 수가 먹이 찾기에 성공하는 데 필요한 수(2명)와 같고, 따라서 게으름을 부리는 것은 자멸적인 일이었기 때문이다. 만약 내가 맡은 일을 하지 않으면 나나 파트너나 먹이를 구하지 못하는 것이다. 그러나 다른 이들도 이 사냥감에 다가올 수 있고, 그들은 본질적으로 (이 협동의 외부에서 나타난) 경쟁자이기 때문에 어느 순간 인간들은 무임승차자에게 전리품의 몫을 나눠 주지 않음으로써 무임승차자를 억제하고 통제하려는 경향을 진화시켰다. 우리는 이런 무임승차자 배제 시도가 최초의 응보 행위였다고 상상할 수 있다. 당신은 협동에 참여하지 않았기 때문에 전리품의 몫을 받을 수 없다는 것이다. 이 경우에 기여하는 모든 파트너들은 대등하거나 동등하다고 여겨지지만, 협동에 기여하지 않은 이들은 그렇지 않다.

무임승차자를 배제하는 과정은 모종의 자격에 근거한 자원 분배의 문을 연다. 가장 단순한 자원 배분 방식은 참가자들이 어느 정도 동등한 몫을 받고 비참가자들은 아무것도 받지 않는 것인데, 실제로 어린이들은 협동의 전리품을 동등하게 나누려는 경향을 아주 강하게 갖는다(Warneken et al., 2011; Hamann et al., 2011; Ulber et al., submitted). 그러나 극단적인 사례들을 보면, 참가의 등급 또한 고려될 수 있다. 예를 들어, 늦게 도착해서 협동의 마지막 부분에만—그렇지만 결정적으로 중요한 방식으로—가세한 개인은 전리품의 일부를 받을 공로가 있다. 그리고 어린이들은 다소 극단적인 사례에서는 노력 투입과 기여에 근거하여 협동 파트너들 사이에 자원을 분배할 것이다(Hamann et al., 2014; Kanngiesser and Warneken, 2012). 지금 이야기하는 진화 가설에서 전리품(또는 전리품의 일부)에서 배제되는 것은 처음에 지각자와 무임승차자에게 직접적으로 주어지는 유일한 징벌이었을 테고, 확실히 이런 배제 과정이 전략적인 것이었다고 말할 수 있다. 그러나 지금까지 우리가 강조했듯이, 이 시점에서 초기 인류는 또한 무엇보다도 자신과 타인을 포함하여 파트너가 대등하거나 동등하다는 점에 대한 비전략적인 인식이 있었다. 그렇다면 우리는 다시 한 번 전략적 고려와 비전략적 고려—무임승차자에 대한 전략적 배제와 파트너(자신과 타인)의 등가성에 대한 진정한 인식—가 결합되어 먹이 찾기 활동에 대한 참여나 불참에 근거해 전리품을 나누는 데서 각 개인의 상대적 **자격**deservingness에 대한 감각이 등장하는 결과로 이어지는 그림을 그려 볼 수 있다. 기여하지 않은 개인은 전리품을 조금이라도 받을 자격이 없고, 기여한 개인은 전리품의 몫을 동등하게 받을 자격이 있다(등급이 나뉠 여지는 어느 정도 있겠지만).

협력적 정체성

지금까지의 설명에서 우리는 관련되지만 구별되는 두 개의 사회적 영역을 언급했다. 한편으로, 초기 인류 개인들이 협동 파트너와 수행한 2인 쌍의 상호작용이 있다. '나'는 '우리'의 일부로서 '당신'과 관계를 맺는 것이다. 다른 한편으로, 파트너 선택 상황에서 보면 사회집단 전체 안에 잠재적 파트너들이라는 더 큰 풀이 존재한다. 이처럼 더 넓은 사회적 풀에서 개인에게 필요한 것은 유능한 협동 파트너로 인식되는 것, 즉 (완전히 공적인 평판이 부재하는 가운데) 복수의 개인들과 좋은 먹이 찾기 파트너십을 갖는 것이었다. 달리 말해, 이 개인은 다른 자격 있는 파트너에 대해 동등한 존중을 보이는 유능한 협동 파트너(유능한 2인칭 행위자)라는 사회적 정체성이 필요했다.

초기 인류 개인들은 사회적 정체성을 만들어 냄과 동시에 개인적인 정체성 감각을 만들어 냈다. 초기 인류는 역할 바꾸기와 교환 가능성에 대한 이해를 독특하게 적용하면서, 평가 과정에서의 두 역할과 이 둘이 서로 어떻게 밀접하게 관련되는지를 이해했다. 그들은 파트너를 평가했으며, 자기도 비슷하게 평가받는다는 것을 알았다. 그 결과 개인은 상대를 평가하면서 그의 자리에 자기를 놓아 볼 수 있었고, 또는 거꾸로 상대가 자기를 평가할 때 자기를 상대의 자리에 놓아 볼 수 있었다. 그리하여 각 파트너가 무임승차자는 전리품을 조금이라도 받을 자격이 없다고 느끼게 된 것처럼, 이 개인은 어떤 상황에서는 자신이 전리품을 조금도 받을 자격이 없다고 판단할 수 있었다. 이처럼 파트너들의 평가에서 서로 역할을 교환할 수 있는 가능성은 유능한 협동 파트너로서 집단 안에서 한 사람이 갖는 사회적 정체성을 자신의 개인적 정체성 감각과 연결시켰다. 그리하여 초기 인류의 개인적 정체성 감각은 자신을 타인보다 선호하지 않는, 본질적으로 공평한 판단에 근거했다. 내가 나 자신과 타인을 기본적으로 대등하게 보고 또 타인들뿐만 아니라 나 자신도 포함되는 나의 모든 판단에서 자연스럽게 역할을 바꾼다고 가정하면, 나는 어쩔 수 없이 타인을 판단하는 것처럼 나 자신을 판단한다.

초기 인류가 협력적 정체성을 창조하는 과정은 이미 초기 아동기부터 시작되었다. 어린이들은 힘세고 유능한 어른들이 어렵고 흥미로운 일을 하는 모습을 경외감을 갖고 바라보는 것으로 시작했다. 이 어린이는 거기에 참여하는 데 필요한 능력이 아무것도 없었고, 그 사실을 알았다. 아이는 자라면서 특정한 협업에 수반되는 능력과 지식을 획득했다. 아이는 암묵적으로 참여를 시도함으로써 어른들에게 자기도 끼워 주고 인정해 달라고 간청했다(Honneth, 1995). 그리고 아이는 자기가 간청하고 있는 어른들만이 이런 인정을 해줄 수 있음을 알았다. 중요한 것은 오직 그 어른들의 판단뿐이었기 때문이다(만약 누군가 유능한 체스 선수로 받아들여지기를 원한다면, 자기 어머니에게 인정받는 것은 별로 중요하지 않다). 이 어린이는 자라면서 유능한 협동 파트너로서(상호 존중을 받을 자격이 있는 2인칭 행위자로서) 존중과 인정을 받고자 했고, 이렇게 존중과 인정을 받았을 때 그것은 그의 협력적 정체성, 따라서 개인적 정체성의 필수적인 일부가 될 것이었다(우리는 **도덕적 정체성**moral identity이라는 용어를—단지 느슨하게 구조화된 사회집단이 아니라—개인의 삶의 모든 면을 다스리는 도덕 공동체라는 맥락에서 다음 진화 단계에서 사용할 것이다). 이 개인은 남들과 협동하지 않으면 굶주려야 했기 때문에 남들이 그를 어떻게 바라보는지가, 그리고 그 결과로 그가 갖는 개인적인 협력적 정체성 감각이 생과 사를 가르는 문제였다.

개인들이 2인칭 행위자가 되고 파트너에게 선택받을 필요가 있게 되자 남들에게 자신의 협력적 정체성, 그리고 그들의 협력적 정체성을 인정한다는 사실을 알리는 게 중요했다. 이렇게 알리는 주된 방식은 이른바 2인칭 말 걸기second-personal address를 통한 협력적 의사소통이었다. 그리하여 사람들은 존중하고 인정하면서 상대에게 말을 건넴으로써 협력적 의사소통의 통로를 열었고, 이런 말 걸기는 동시에 상대에게도 똑같은 존중과 인정을 요구했다. 이런 2인칭 말 걸기와 그에 대한 승인을 감안하면, 의사소통자와 상대방은 보통 서로를 신뢰했다. 만약 상대방이 2인칭 말 걸기를 인지하고도 퇴짜를 놓으면, 그런 행위는 협력과 존중, 신뢰라는 상호 가정을 심각하게 위반하는 것이었다. 그러므로 2인칭 말 걸기는 초기 인류에게 유능한 협동 파트너가 된다는 것이 무엇인지 추정할 수 있게 했을 뿐 아니라 그렇게 되도록 돕기도 했다. 이런 말 걸기는 또한 공동 헌신이라고 알려진 유형의 국지적이고 일시적인 2인 계약의 형성을 가능케 했다.

공동 헌신

지금까지 설명한 종류의 협업은 오로지 전략적 신뢰에만 근거했기 때문에 본래적으로 위험했다. 나는 당신의 동기를 안다고 생각하고 그런 지식에 의존하지만, 종종 내가 잘못 생각했을 수 있다. 아마 당신은 내가 생각한 것보다 최근에 더 많이 먹어서 별로 사냥에 나설 동기가 없거나, 내가 생각한 것보다 사냥이 더 어려울 것이라고 판단해서 반대를 하거나, 사냥 중에 예상치 못한 더 좋은 일이 생겨서 정신이 팔릴지도 모른다. 그렇다면 위험을 감수하기 위해 우리에게 필요한 것은 우리 각자가 더 헌신적인 방식으로 서로를 더 깊이 신뢰하는 일이다. 우리에게 필요한 것은 우리 각자가 정말로 협동을 끝까지 완수**해야 한다**고, 즉 우리가 정말로 서로에게 협동의 **빚을 진다**고 느끼는 것이다.

가장 통찰력 있는 사회이론가인 장자크 루소는 이처럼 진심에서 우러난 '해야 한다'는 개인적 감각을 유일하게 창출할 수 있는 원천은

나 자신을 일부로 포함하는 커다란(심지어 이상화된) 사회체와의 동일시, 그리고 이에 대한 경의라는 것을 통찰했다(훗날 칸트와 독일 관념론자들은 이 통찰을 수정했다). 나는 '우리'라는 초개인적 실체에 '나'에 대한 권위—정당한 권위—를 자유롭게 부여하며, 실제로 나는 만약 당신이 이상적이지 못한 행동을 한다고 나를 비난하면 나 역시 그런 비난을 받아 마땅하다고 판단하면서 (공공연하게 또는 개인적인 죄책감 속에서) 그 비난에 가세할 정도로 그런 '우리'를 따를 것이다. 나는 이 상황에서 '나'보다 초개인적인 '우리'와 가장 깊이 동일시하는 쪽을 선택한다. 왜냐하면 다른 선택을 하면 나의 협력적 정체성을, 따라서 내 개인적 정체성을 포기하는 셈이 될 것이기 때문이다(Korsgaard, 1996a를 보라).

초기 인류가 창조할 수 있었던 원초적인 초개인적 실체original supraindividual entity는 두 협동 파트너의 공동 헌신에 의해 확립된 '우리'였다. 공동 헌신이 공동 목표와 지향에 의해 구조화된 공동 협업에 부가된 어떤 것인지(Bratman, 1992, 2014), 아니면 공동 목표라는 개념은 현존하는 공동 헌신의 일부로서만 유의미한지(Gilbert, 2003, 2014)에 관해서는 이론적 논쟁이 진행 중이다. 우리는 공동 지향성 활동이 존재할 수 있고, 두 개인이 단순히 이런 활동에 '빠져들어서' 공통 이익과, 각자가 자기에게 최선의 이익을 위해 행동하는 공통 기반의 전략적 신뢰를 바탕으로 공동 목표를 형성한다고 생각한다(앞에서 자세히 설명한 바 있다). 이와 대조적으로 공동 헌신으로 시작되는 협업은 특별한 사례, 즉 우리가 상호 존중하는 2인칭 행위자로서 서로에 대한 헌신을 공공연하고 공개적으로 표현하고 그리하여 '규범적 신뢰'의 유대를 형성하는 사례로 나타난다. 명백하고 공공연한 협력적 의사소통 행위를 통해 협업을 시작하는 것은 모든 것을 겉으로 드러내며, 따라서 그 결과로 생겨나는 공동 헌신은 서명자들의 협력적 정체성에 의해 동의와 지지를 받는다. 이런 공동 자기규제는 이른바 '우리〉나' 식의 통제를 나타내는데, 이것이 내면화되면 자신의 협동 파트너에 대한 2인칭 책임의 감각이 된다.

원초적 협정

협업은 각기 다른 여러 가지 방식으로 시작된다. 침팬지들은 대개 지도자-추종자 전략에 의존한다. 예를 들어, 원숭이를 사냥할 때는 대체로 한 개체가 추격을 시작하고 다른 개체들이 가세한다(이런 방식은 또한 대부분의 연합적 대결에 특유한데, 이런 대결에서는 종종 한 개체가 이미 싸우고 있고 그 친구들이 편을 들어 가세한다). 실험적으로 구성된 사슴 사냥 게임에서, 사실상 모든 침팬지 쌍이 이런 지도자-추종자 전략을 취했다(Bullinger et al., 2011b). 그러나 이 전략은 지도자에게 위험하다. 왜냐하면 지도자는 남들이 자기를 따를 것이라고 믿어야 하기 때문이다. 실제로 집단 사냥에서 지도자로 나서는 것은 대개 우발적 상황을 알지 못하거나 특히 충동적이기 쉬운 젊은 개체(Boesch, 1994)와 특히 충동적이거나 위험을 추구하거나 자신만만한 개체인 '좌충우돌 사냥꾼impact hunter'들이다.

개체들이 사슴 사냥 상황에서 위험도를 낮추는 주된 방법은 토끼를 포기하기 전에 파트너와 의사소통하는 것이다. 위험도가 높게 실험적으로 구성된 상황에서 침팬지들은 기본적으로 절대 이런 의사소통을 하지 않는 반면, 인간 아동은 매우 자주 그렇게 한다(대체로 사슴이 왔다고 알리기 위해 주의를 끌려는 제스처와 정보를 알리는 발화를 한다. Duguid et al., 2014). 그러므로 양 파트너가 모두 위험도를 줄이려고 시도하는 사슴 사냥 상황과 초기의 몇몇 협력적 의사소통 기술을 감안하면, 초기 인류가 토끼를 포기하기 전에 행동을 조정하기 위해 주의를 끌려는 모종의 제스처나 발성을 활용하기 시작했다고 상상할 수 있다. 자신의 행동 계획을 나타내 보이거나 파트너나 2인 쌍을 위한 행동 계획을 제안하는 식으로 말이다. 이런 식의 의사소통 행위는 행동을 시작하는 데 큰 도움이 되었을 테지만, 파트너로부터 의사소통 응답—어쩌면 심지어 헌신—을 받으면 한층 더 좋았을 것이다. 각 파트너는 아주 똑같이 위험한 상황에 처해 있기 때문에 각자에게 최선의 선택지는 상대방으로부터 그런 헌신을 얻어 내는 것이고, 그 결과는 공동 헌신이다.

규범성에 초점을 맞추는 사회이론가들에게 공동 헌신은 다름 아니라 인간에게 독특한 사회적 상호작용의 '사회적 원자들social atoms'을 나타낸다(Gilbert, 2003, 2014). 공동 헌신은 예상되는 협업에서 우리의 상호 의존을 명시적으로 인정하고 그것을 관리하고자 하기 때문에 기본적이며 동시에 필수적이다. 공동 헌신은 각 당사자가 자신의 역할에 특유한 이상에 부합할 것이라고 필수적인 방식으로 신뢰를 받을 수 있는, 협력적 정체성을 가진 2인칭 행위자라고 가정한다. 어떤 개인이 필수적인 방식으로 신뢰(앞으로 우리는 이것을 규범적 신뢰라고 부를 것이다)를 받기 위해서는 일정한 인지적·신체적 능력을 가져야 할 뿐 아니라 다른 2인칭 행위자를 상호 존중하고, 자신을 포함한 개인들을 보상과 징벌을 받을 자격으로 판단하는 결과로 얻어지는 협력적 정체성도 있어야 한다. 그리고 이런 협력적 정체성을 기꺼이 솔직하게 밝혀야 한다.

우선 공동 헌신은 한 개인이 상대에게 '우리'가 X를 하자고 모종의 명시적인 소통적 제안을 하고, 상대가 (소통된 제안을 이해한 바탕 위에서) 협력적인 소통 행위를 통해 명시적으로 또는 자신의 역할을 그냥 시작하는 식으로 암묵적으로 제안을 받아들이면 성립된다. 어떤 공동 활동을 하자는 권유를 개시하고 받아들이려면 2인칭 말 걸기가 필요한데, 이 과정에서 양자는 상호적인 협력의 태도를 가정하고 또한 양자가 각자의 역할에 특유한 이상에 관한 공통 기반 가정을 완전히 공공연하고 공개적으로 밝힌다. 각 개인은 자기가 X라는 일을 할 것이라는 사실을 중심으로 상대에게 아무리 위험한 계획일지라도 계획을 세우라고 목적의식적으로 권유한다. 자신이 두 사람 다 결과에 만족할 때까지 피로와 외부의 유혹을 무시하면서 계속 X라는 일을 추구할 것임을 신뢰하고(Friedrich and Southwood, 2011), 자기는 상대의 게으름이나 태만 때문에 실패할 것을 두려워하지 않고 계속할 것임을 믿고(Scanlon, 1990), 일반적으로 자신에게 의지하라고 권유하는 것이다.[10] 그리고 결정적으로 공동 헌신은 오직 모종의 공동 합의에 의해서만 종료될 수 있다. 파트너 한쪽이 자신은 이제 더는 헌신하지 않겠다고 결정할 수 없다. 상대방에게 헌신을 끝내자고 물어보고, 상대가 그것을 받아들여야만 한다(Gilbert, 2011). 공동 헌신은 끝까지 공동으로 이루어진다.

언어를 사용하는 생물의 경우에 전형적인 과정은 'X라는 일을 하자'와 같은 제안과 '그래'라는 수용으로 시작된다(그리고 '미안한데, 나는 이제 X라는 일을 해야 해. 괜찮지?'와 '그래' 같은 식으로 끝난다). 그러나 언어는 필수적이지 않다. 필요한 것은 모종의 협력적인 의사소통 행위뿐이다. 그리하여 워르네켄 등(Warneken et al., 2006, 2007)이 생후 14~18개월 유아들에게 협업을 하게 했다가 갑자기 상호작용을 중단시켰을 때, 유아들은 흔히 모종의 손짓이나 고갯짓 등의 의사소통 시도를 통해 파트너와 다시 협업을 하려고 했다. 다시 말해, 아이들은 파트너에게 2인칭으로 말을 걸면서 암묵적으로 '~를 하자'고 제안하고, 모종의 응답을 요구하지는 않더라도 기대했다. 마리아 그래펜하인Maria Gräfenhain 등(Gräfenhain et al., 2009 study 1)은 이런 해석을 뒷받침하는 증거로 성인 한 명이 3세 어린이들과 공동 헌신을 형성하고(성인이 'X라는 일을 하자'고 제안하고 아이는 공공연하게 수용했다), 다른 아이들과는 단순히 아이의 활동을 따라 하는 식으로 협력적 상호작용을 시작하게 했다. 그리고 이 성인은 갑자기 상호작용을 중단했다. 공동

10 여기서는 **약속**promise이라는 단어를 의도적으로 피한다(그런데 T. M. 스캔런T. M. Scanlon(Scanlon, 1990)이 실제로 목표로 삼는 것은 바로 이것이다). 약속은 공적인 언어로 이루어지는 좀 더 공적인 헌신이기 때문이다. 따라서 약속에 관해서는 4장에서 다룰 것이다.

헌신에 참여하는 아이들이 다른 아이들에 비해 미적지근한 파트너를 다시 끌어들이려고 시도할 가능성이 훨씬 높았다. 이 아이들은 언뜻 보기에 이런 식으로 추론했다. 만약 '우리'가 공동 헌신을 하는 것이라면, '당신'은 필요할 때까지 계속 해야 한다고 말이다.

그리고 아이들은 공동 헌신이 협동 파트너와 함께 자기가 하는 행동에 어떤 의미인지 역시 알고 있다. 그리하여 최근의 한 실험에서는 3세 아동들이 공동 작업에 몰두하지만 예상치 못하게 한 아이가 일찍 보상을 받게 했다. 파트너 역시 이익을 얻으려면 이 아이는 앞으로 자기가 받을 보상이 없는데도 계속 협동을 해야 했다. 그럼에도 불구하고 대부분의 아이들은 불운한 파트너를 열심히 도와주었고, 결국 둘 다 보상을 받았다. 그리고 상황은 비슷하지만 협동이나 헌신과는 무관하게 파트너가 그냥 도움을 요청했을 때보다도 더 자주 이렇게 행동했다(Hamann et al., 2012). (이와 대조적으로, 똑같은 상황에서 침팬지를 둘씩 짝지어 실험했을 때는 한쪽이 보상을 받자마자 상대를 버리고 혼자서 보상으로 받은 먹이를 먹으러 가버렸다(Greenberg et al., 2010).) 후속 연구에서 그래펜하인 등(Gräfenhain et al., 2013)은 짝을 이루어 함께 퍼즐을 푸는 데 몰두하는 3세 아동들은 파트너 때문에 늦어질 때 상대를 기다리고, 파트너가 망친 부분을 복구하고, 파트너에 대해 고자질하는 것을 삼가고, 파트너가 제 역할을 하지 못할 때 대신 역할을 수행하는 등의 행동을 한다는 사실을 발견했다(즉 동일한 시간 동안 그냥 짝을 지어 나란히 노는 아이들보다 이런 행동을 더 많이 한다). 어린아이들은 또래와 공동 헌신을 할 때 그냥 함께 노는 경우에 비해 훨씬 더 열심히 파트너를 도와주고 지원한다.

2인칭 항의

따라서 공동 헌신의 내용은 둘 다 이익을 얻을 때까지 각 파트너가 자신의 협동적 역할을 부지런하면서도 이상적인 방식으로 수행하는 것이다. 그런데 한 파트너가 그렇게 하지 않으면 어떻게 될까? 그 답은 그가 제재를 받는다는 것인데, 무엇보다 중요한 점은 이 제재가 '우리'로부터 나온다는 것이다. 다시 말해, 공동 헌신에서는 어느 한쪽이든 자신의 역할에 특유한 이상을 이행하지 못하는 경우에 '우리'가 제재하기로 동의하는 것이 절대적으로 중요하다. 이런 동의는 제재에 정당하고 사회적으로 규범적인 힘을 부여하며, 이 힘은 개인적인 유혹과 다른 외부의 위협에도 불구하고 공동 활동을 순조롭게 진행시키기 위한 자기규제 장치로 작용한다. 따라서 공동 헌신의 규범적 힘은 각 파트너가 상대에 대해 느끼는 동등한 존중—내가 존중하는 파트너는 나의 부지런한 노력을 누릴 자격이 있다—의 긍정적 힘인 동시에 약속을 어긴 데 대한 정당한 제재, 즉 자격 있는 제재의 부정적 힘이다. 그리하여 **공동 헌신을 하는 각 파트너는** 위험도를 줄이기 위해 **공동 헌신을 통해 명백해진 공통 기반 기준에 따라 제재를 가하는 것이 마땅할 때 제재를 시작할 수 있는 권한을 상대에게 준다**. 여기서는 평가 판단에서 역할 바꾸기가 핵심이다. 무책임한 파트너 역시 자신이 분한 감정과 제재를 받아 마땅한지를 판단하기 때문이다. 따라서 공동 헌신의 각 당사자는 상대에게 다월(Darwall, 2013)이 말한 이른바 '대표권representative authority(우리의 '우리'를 대표하는 권한)'을 부여한다. 그래야만 공통 기반 역할 이상에서 벗어나는 행동에 대해 상대에게 책임을 물을 수 있기 때문이다.

초기 인류는 이런 공동 자기규제 과정의 일부로서 파트너 선택과 통제(이 역시 협력적 의사소통을 활용한다)의 창의적인 종합을 구축했다. 우리는 이 종합을 2인칭 항의second-personal protest라고 부를 수 있다(다월〔Darwall, 2006〕과 앤절라 M. 스미스Angela M. Smith〔Smith, 2013〕는 이것을 각각 '정당한 항의legitimate protest'와 '도덕적 항의moral protest'라고 부른다). 이것을 설명하기 위해 두 개체가 한가운데에 먹이가 한 무더기 쌓여 있는 널빤지를 협동해서 잡아당기는 실험 상황으로 돌아가 보자. 침팬지들은 이 상황을 주로 우위에 근거해서 다루었다. 만약 서열 낮은 개체가 먹이를 차지하려고 하면 서열 높은 개체가 공격을 하고, 반면 서열 높은 개체가 먹이를 차지하려고 하면 서열 낮은 개체는 그냥 내버려 두었다(Melis et al., 2006b). 이와 대조적으로, 3세 아동은 둘 중 어떤 행동이든 충분히 할 수 있지만 대체로 어느 쪽도 하지 않았다. 그 대신 가장 자주 벌어진 일을 보면, 욕심 많은 아이가 사탕을 전부 차지하려고 하면 항의를 받았다(Warneken et al., 2011). 기분이 상한 아이는 욕심 많은 아이에게 시끄럽게 깍깍거리거나 '야!'나 '케이티!'라고 말하는 등 상대의 행동에 분개를 드러냈다. 무엇보다, 만약 어느 쪽도 사탕을 절반 이상 차지하지 않으면 그런 항의는 전혀 없었고, 불평등하게 차지한 데 대해 항의를 받으면 욕심 많은 아이는 거의 언제나 마음이 약해졌다.

그러므로 침팬지와 달리, 어린아이들은 대개 2인칭 말 걸기를 통해 시작된 협력적 의사소통 행위로 협동 이후에 욕심을 부리는 행동에 대응한다. 분함을 나타내는 것이다. 그런데 항의하는 아이는 정확히 무엇에 대해 분한 걸까? 이후의 행동을 보면, 항의하는 아이는 먹을거리를 더 많이 차지하는 것이 아니라 동등한 양을 차지하는 데 집중하는 것이 분명하며(아이는 사탕을 불평등하게 나눌 때만 항의했다), 욕심 많은 아이도 이런 식으로 상황을 이해했다. 따라서 항의는 협동 파트너들이 전리품을 나누는 이상적인 행동에 대한 아이들의 공통 기반 이해(평등)에 전제를 두었다. 욕심 많은 아이는 바로 이런 전제를 위반한 것이었다. 그리하여 문제는 먹을거리를 더 많이 차지하는 것이 아니었다. 이런 경우라면 아이는 자기가 100퍼센트를 차지하지 않으면 어쨌든 항의를 해야 한다. 문제는 개인이 자기가 받을 자격이 있는 것을 차지하는 것이었다. 애덤 스미스Adam Smith(Smith, 1759/1982, pp. 95~96)의 말을 빌리면, 분노의 항의는 "그가 해악을 가한 그 사람이 그와 같은 식으로 대접을 받아서는 안 되는 사람이라는 사실을 깨닫게 하는" 것이 목적이었다. 이처럼 2인칭 항의는 도발자의 존중 없는 행동에 대한 협력적이고 존중하는 반응이다. 항의하는 사람은 파트너를 직접 징벌하려고 하지 않으며, 다만 상대에게 자신의 분함을 알리고자 한다. 상대도 이렇게 행동할 만큼(즉 타인을 동등한 존재 이하로 대접할 만큼) 어리석지 않다고 가정하기 때문이다. 감정이 상한 아이는 따라서 2인칭 요구를 한다. 너는 내가 동등한 존재 이하로 대접받아서는 안 된다는 사실을 인정해야 한다고.

그런데 도발을 한 아이는 왜 이 주장을 존중해야 할까? 그 이유는 이 주장이 협력의 가정과 더불어 그에게 2인칭으로 제기된다는 것이며, 만약 이 아이가 정말로 협력적이고 계속 그런 태도를 견지하고자 한다면 적절하게 반응을 보일 필요가 있다(Darwall, 2006, 2013). 따라서 2인칭 항의는 예상에 따른 행동이다. 이 항의는 도발자를 유능한 협력 파트너로 존중하는 태도로 대우하며, 만약 도발자가 이 주장을 존중함으로써 기대에 부응한다면 그는 이런 정체성을 계속 지킬 수 있다. 그리고 반대의 경우라면 그는 협력적 정체성을 상실할 위험에 처한다. 따라서 2인칭 항의로 대표되는 파트너 통제 시도는—도발자가 항의를 묵살함으로써 상대를 더욱 무시하는 경우에—파트너 선택을 통해 배제하겠다는 위협이 암묵적으로 뒷받침한다. 만약 당신이 태도를 개선하지 않으면 '나'는 손을 떼겠다는 것이다. 그러나 그렇게까지 되는 일은 좀처럼 없다. 무엇보다도 도발자는 항의를 어떤 면에서 정당하거나, 받아 마땅한 것으로 볼 수밖에 없기 때문이다. 자기가 먹을거리를 빼앗고 무시한 파트너는 자기와 동등하게 전리품을 산출하는 데 기여한, 자기와 대등하고 똑같은 개인이며, 따라서 파트너는 전리품의 동등한 몫을 받을 자격이 있다. 그리고 이에 더해 두 번째로, 두 파트너 모두 자신들의 협력적 정체성을 공개적으로 분명히 밝히는 공동 헌신이 존재한다(몰랐다고 변명할 수가 없다). 만약 내가 좋지 않게 행동한다면, 나 자신에 관한 역할 바꾸기 판정을 해서 당신의 비난을 받아 마땅한 것이라고 확인할 것이다.

의사소통 행위로서의 2인칭 항의에 지시적 의미가 전혀 없다는 점은 인상적이다. 그냥 '야!' 하고 외치거나 깍깍거리는 소리를 내면 충분하다. 이런 식으로 존중받지 못해서는 안 된다는 것이 파트너들의 공통 기반 이해이기 때문에 복잡한 언어는 필요하지 않으며, 따라서 필요한 것은 분함을 표현하는 2인칭 말 걸기뿐이다. 그리하여 이런 실험에 참여한 어린이들은 종종 '나도 하나밖에 없어' 같은 말을 한다. 이 말은 원래는 그렇지 않아야 한다는 것을 공통 기반 지식으로 가정하며, 이 맥락에서 우리는 둘 다 원래 어떠해야 하는지를 안다. 2인칭 말 걸기의 협력적인 전제는 내가 지금 소통하는 이유, 즉 이 경우에 내 분함을 표현하기 위함이라는 사실을 당신은 알고 싶어 하고, 내 분노가 커지기 전에 당신은 무언가를 하려고 할 것이라는 사실이다. 나는 당신이 무엇을 해야 하는지를 구체적으로 말하지 않고 다만 항의를 제기함으로써 당신을 협력적 행위자로 대접하는 것이다. 협력적 행위자라면 이미 어떻게 해야 하는지 알고 있을 사실을 당신에게 상기시키기만 하면 되기 때문이다.

동등한 대우에 대한 요구를 감안하면, 2인칭 항의는 모든 협력적 파트너를 동등한 자격이 있는 개인으로, 즉 공동 헌신에 참여하는데 필요한 지위를 가진 2인칭 행위자로 인정한다는 가장 분명한 행위로 볼 수 있다. 2인칭 항의는 감정이 상한(아마 가장 자연스러운 일일 것이다) 파트너가 하는 행동이지만, 이 파트너는 감정을 상하게 만든 이도 자기 자유의지로 이 주장의 타당성을 인정하고 상황을 바로잡을 것이라고 가정한다. 그리고 실제로 바로 이것이야말로 다월(Darwall, 2013)이 인간 도덕에 관한 고전적인 설명들(그는 흄에 초점을 맞춘다)이

간과했다고 생각하는 가장 일반적인 지점이다. 고전적인 설명들은 공정성과 정의에 관한 인간 감각의 대인 관계적interpersonal 본성을 파악하지 못한다. 많은 고전적 설명에서 개인은 결국 해를 입게 되는 이들에 대한 공감(또는 집단과 집단의 기능에 대한 공감)에 근거해서 (아마 '일반적인 관점'에서) 타인의 행동을 승인하거나 승인하지 않는다. 그러나 2인칭 항의의 구조를 보면, 적어도 많은 경우에 피해자에 대한 공감이 아니라 오히려 무시에 대한 분함, 즉 동등하지 않은 존재로 대접받는 데 대한 분함이 시발점임을 알 수 있다. 나는—존중을 요구하는, 분한 2인칭 말 걸기로—당신에게 직접 항의하며, 당신이 내 주장이 정당함을 인정하고 적절하게 대응하기를 기대한다. 따라서 이 구조는 절대로 사적인 판결이 아니라(그런 면이 없다고는 할 수 없지만) 상호 존중하는 파트너들로서 우리의 개인 간 상호작용을 구성하는 대화의 한 면으로 이루어져 있다.

전리품을 공정하게 나누기

공동 헌신에 의해 구조화된 협업의 전리품을 나누는 일은 어떨까? 앞에서 입증했듯이, 걸음마를 배우는 아주 어린 아이들도 자원을 산출하는 데 협동했을 때는 아낌없이 자원을 나누며, 이런 공유는 거의 언제나 파트너들 사이의 평등으로 귀결된다(예를 들어 Warneken et al., 2011). 그러나 이 연구들에서 아이들은 자기가 가진 것을 전혀 포기할 필요가 없었고, 다만 자기 소유가 아닌 자원을 욕심껏 차지하는 일만 삼가면 되었다. 아마 단지 파트너와 충돌할 것을 두려워하는 마음에서 이렇게 했을 것이다.

카타리나 하만Katharina Hamann 등(Hamann et al., 2011)은 아이들을 좀 더 어려운 상황에 놓아 보았다. 이 연구에서 짝을 이룬 3세 아동들은 언제나 결국 둘 중 한 명(운 좋은 아이)이 보상 세 개를 받고, 다른 한 명(운 나쁜 아이)은 한 개만을 받는 상황에 놓였다. 따라서 평등하게 분배하려면 운 좋은 아이가 희생해야 했다. 세 실험 조건에서 다른 점은 무엇이 비대칭적인 분배로 이어졌는가 하는 것이었다. 한 조건에서 불평등한 분배는 참가자들이 단순히 방에 들어와서 널빤지의 양쪽 끝에 세 개와 한 개가 있는 것을 발견했기 때문이었다. 이 조건에서는 아이들이 이기적이었다. 운 좋은 아이는 거의 항상 파트너와 보상을 나누지 않았다. 두 번째 조건에서는 각 아이가 자기 앞에 놓인 줄을 잡아당겼는데, 이 때문에 앞서와 똑같이 비대칭적인 보상이 주어졌다. 이 조건에서는 운 좋은 아이가 간혹 보상을 나누었다. 그러나 마지막 조건에서는 두 아이가 함께 줄을 잡아당기는 동등한 협동을 한 결과로 비대칭적인 보상이 주어졌다. 이 경우에 운 좋은 아이는 거의 언제나 운 나쁜 아이와 보상을 나누었다(2:2로 동등하게 나눠 가졌다)! 아마 아이들은 둘이 동등하게 일을 해서 보상을 산출했다면 그 결과물을 가질 자격도 동등하다고 느꼈을 것이다. (주목할 만한 점으로, 침팬지를 대상으로 같은 실험을 했을 때는 심지어 파트너가 추가 보상물에 접근하는 것을 막지 않기만 하면 되는데도 그들은 보상을 전혀 나누지 않았다. 조건에 따라 달라지지도 않았다.) 3세 아동은 실제로 협동 파트너와 균형을 맞추기 위해(적극적인 불공평에 대한 반감을 나타내기 위해) 자원을 포기하기도 한다. 물론 협동 파트너에 대해서만 그러하다.

분명한 해석은 공동 지향성 활동의 맥락에서 어린아이들은 자신과 파트너 모두 전리품의 동등한 몫을 받을 **자격이 있다**고 느낀다는 것이다. (이 아이들이 부모에게서 배운 분배 규칙을 맹목적으로 따를 뿐이라는 주장이 있을 수 있다. 그러나 이 경우라면 아이들은 세 조건 모두에서 동등하게 보상을 나눴어야 했다. 협동을 한 다음에만 자원을 나누는 것이 규칙이 아닌 한 말이다.) 그렇다면 어린아이들이 파트너와 평등해지기 위해 이미 가진 자원을 기꺼이 포기할 정도로 협동이 극적인 효과를 발휘하는 이유는 무엇일까? 아마 일단 아이들이 협업에 참여하면 적절한 행동 이상behavioral ideal에 몰두하게 된 것 같다. 일부 아이들은 실제로 함께 줄을 당기기 전에 공동 헌신 비슷한 행동을 한 반면, 다른 아이들은 시작하기 전에 그냥 서로를 바라보면서 눈 맞추기를 기다렸다. 이런 눈 맞추기는 이 기구가 어떻게 작동하는지에 관해 공통 기반 지식을 갖고 있음을 감안하면, 일종의 암묵적인 공동 헌신으로 볼 수 있다. 어쨌든 협동과 관련된 무언가가 '우리'를 만들어 냈고, 그 '우리'가 어린아이들로 하여금 자기 파트너에게는 전리품을 가질 동등한 자격이 있다고 여기게 만든 것 같다. 우리는3세 아동으로 하여금 다른 경우와 달리 이미 자기가 소유한 자원을 기꺼이 넘겨주도록 추동한 것은 이와 같은 동등한 자격의 감각이었다고 주장한다.

이 연구 결과로 나온, 아이들이—이를테면 단순한 선호와는 반대의 의미로—자격 감각을 갖고 있다는 주장은 아이들의 도덕에 관한 모든 주장에서 대단히 중요하다. 무엇보다도 전리품을 나누는 것이 관련된 자원에 관한 문제처럼 보이겠지만, 실험에서 아이들이 보이는 행동은 사실 다른 무언가, 좀 더 개인 간의 문제임을 보여준다. 핵심적인 관찰 결과는 사람들이 자원 분배에서 느끼는 만족은 그들이 받은 것의 절대적인 가치가 아니라 다른 개인들과 관련한 상대적 가치에 좌우된다는 것이다(Mussweiler, 2003). 그리하여 워르네켄 등(Warneken et al., 2011)과 하만 등(Hamann et al., 2011), 그 밖의 다른 연구자들이 한 여러 실험에서 평등을 창조하기 위해 적어도 한 아이는 자기가 차지하는 것과 파트너가 차지하는 것을 사회적으로 비교해야 했다. 불만족, 그리고 실제로 많은 사례에서 2인칭 항의로 표현된 분함을 낳은 결과는 그가 받은 절대량이 아니라 파트너와 비교해서 받은 양이었다. 파트너들이 느끼는 만족은 기본적으로 사회적 비교에 근거를 두었다.

악셀 호네트Axel Honneth(Honneth, 1995)를 따라, 그리하여 우리는 이런 상황에서 내가 느끼는 분함은 내가 받는 자원의 절대량—다른 상황이라면 만족했을 것이다—이 아니라 당신이 나보다 더 많이 차지함으로써, 즉 나를 당신만큼 받을 자격이 없다고 간주함으로써 내게 보여주는 무시에 관한 것이라고 말하고자 한다. 그건 공정하지 않다. 실제로 나는 내가 당신보다 더 많이 받는 경우도 공정하다고 생각하지 않는다. 나는 정말로 당신이 나와 동등한 자격이 있는 개인이라고 생각하고, 게다가 나는 동등한 2인칭 행위자로서 내 파트너를 존중하겠다는 공동 헌신을 했기 때문이다. 전리품을 공정하게 나누는 것은 따라서 '물질'의 평등에 관한 문제가 아니다. 그것은 존중의 평등에 관한 문제다. 그렇기 때문에 나는 당신보다 덜 받아서 단순히 실망한 것이 아니라, 적극적으로 분함을 느끼는 것이다. 따라서 공동 헌신은 우리의 협동적 노력의 전리품을 나눌 때가 되면 판을 키운다. 공동 헌신을 한 파트너들은 단순히 우리가 동등하게 나누는 것을 선호하는 것이 아니다. 동등하게 나누는 것이 서로에 대한 책임이라고 느끼는 것이다.

2인칭 책임과 죄의식

앞에서 우리는 역할에 특유한 이상이 최초로 사회적으로 구성된 규범적 기준이라고 주장했다. 그리고 이제 초기 인류 개인들은 서로 공동 헌신을 한 결과, 파트너와 공유하는 기준에 부합해야 한다는 책임을 느꼈다. (주의: 초기 인류는 오직 공동 헌신에 참여하는 파트너에게만 책임을 느꼈기 때문에 우리는 그들이 파트너에 대한 2인칭 책임 감각을 느꼈다고 말할 것이다. **의무**라는 용어는 더 넓은 도덕 공동체를 수반하는 우리 이야기의 다음 단계를 위해 남겨 두고자 한다.)

전략적으로 보면, 초기 인류 개인은 잠재적 협동자들, 즉 공동 헌신을 유지하리라고 믿을 수 있는 사람들의 풀 안에서 협력적 정체성을 창조하고 유지하기 위해 가능하면 언제나 협력적으로 행동했다. 그리하여 타인을 협력적으로 대하는 일이 긴급한 요구가 되었다. 하지만 긴급함이 '해야 함', 또는 적어도 도덕적인 '해야 함'은 아니다. 긴급함을 위해 우리는 두 가지 새로운 태도가 필요하다. 첫째, 나는 타인을 협력적으로 대한다. 왜냐하면 그는 그런 대접을 받을 자격이 있기 때문이다. 나는 내 파트너를 동등하게 자격이 있는 개인으로 대한다. 왜냐하면…… 글쎄…… 그는 그런 사람이기 때문이다. 둘째, 나는 자신을 우리의 공동 행위자인 '우리'와 동일시하며, 자격 있음을 판단하는 것은 실제로 이 '우리'다. 따라서 이런 판단은 '**그들**'이 나에 관해 생각하는 바가 아니라 '**우리**'가 나에 관해 생각하는 바를 나타낸다. 나는 우리의 공동 행위자인 '우리'가 나를 어떻게 판단하는지에 근거해서 개인적 정체성 감각을 발전시킨다. 우리의 '우리' 대표자인 나는 타인을 판단하는 것과 같은 방식으로 나 자신을 판단하기 때문에 내가 내리는 모든 판단은 공평성을 갖고 있는데, 이런 공평성은 나의 판단이 분명히 이기적인 동기를 대변하지 않는다는 의미에서 내 판단에 한층 더 정당성을 부여한다. 초기 인류의 2인칭 책임 감각(자기 파트너를 협력적으로 대'해야 한다'는 느낌)은 따라서 전략적인 평판 관리가 아니라 일종의 사회적으로 규범적인 자기규제였다.

죄의식은 본질적으로 자신이 완수한 행동을 판단하기 위해 이와 같은 사회적으로 규범적인 자기규제 과정을 활용하는 것이다. (주의: 초기 인류는 파트너와의 공동 헌신의 경계 안에서만 죄책감을 느꼈기 때문에 우리는 그들이 일종의 2인칭 죄의식을 느꼈다고 말할 것이다.) 죄의식은 단순히 자기를 벌하는 것이 아니다. 물론 그런 요소가 있기는 하지만 말이다. 죄의식은 '나는 그렇게 하지 말았어야 했다'고 판단하는 것이다. 이번에도 역시 '해야 함'은 이 판단이 내가 동일시하며, 따라서 그 정당성을 신뢰하는 더 큰 어떤 것—특히 우리의 '우리'—에서 나온다는 것을 의미한다. 비협력적으로 행동하고 나서 남들이 그 사실을 발견하고 자기를 응징할 것이라는 두려움에서만 후회를 느끼는 이들은 정말로 죄책감을 느끼는 것이 아니다. 죄책감을 느낀다는 것은 내가 공동 헌신을 통해 파트너와 형성한 '우리'의 대표자로서 나의 현재 자아가 나의 비협력적 행위가 비난받아 마땅하다고 생각하는 것을 의미한다. 그리고 추가적인 정당성 감각은 내가 비협력적인 행위에 대해 타인을 판단하는 것과 똑같은 방식으로 나 자신을 공평하게 판단한다는 사실에서 나온다. 나는 나 자신을 포함해서 그런 식으로 행동하는 사람은 누구라도 비난하는 것이다.

죄의식의 규범적인(그저 전략적이지 않은) 힘은 개인들로 하여금 자신들이 가한 피해를 복구하게 만든다는 점에서 명백하게 드러난다. 예를 들어, 최근의 한 실험에서 3세 아동들은 장난감이 망가진 다른 아이에게 공감을 느끼면서도 그것을 고쳐 주려고 시도하는 경우는 많지 않았다(상대가 고맙게 생각했을 텐데도 말이다). 그러나 자기가 부주의하게 다른 아이의 장난감을 망가뜨렸을 때는 그것을 고치려고 아주 많은 노력을 기울였다(장난감을 망가뜨린 것이 아무에게도 해를 끼치지 않을 때보다 훨씬 더 애를 썼다. Vaish et al., in press). 죄의식은, 심지어 2인칭 변형 죄의식이라 할지라도, 죄의식을 유발하는 행위를 포기하고 보상 시도를 하도록 부추긴다.

따라서 초기 인류의 2인칭 책임 감각은 협동적·개인적 정체성에 부합하려는 적극적인 동기부여—그래야 나는 2인칭 행위자로서 존중하는 대우를 받을 자격이 있는 사람으로 나 자신을 판정할 수 있다—뿐만 아니라 내 파트너와 나 자신에 대한 정당한 응징을 피하려는 일종의 예방적인 시도로부터도 유래했다. 일례를 보면, 그래펜하인 등(Gräfenhain et al., 2009, study 2)은 최근의 한 실험에서 아이 하나와 성인 하나가 함께 놀이하는 공동 헌신을 하도록 했다. 그리고 다른 성인이 등장해서 자기하고 더 재미있는 새로운 놀이를 하자고 아이를 유혹했다. 그러자 2세 아이들은 모든 것을 내팽개치고 새로운 놀이를 하러 갔다. 그러나 3세 아이들은 두 사람의 공동 헌신을 이해하고 책임감 있게 행동했다. 3세 아이들은 자리를 떠나기 전에(실제로 자리를 떠난 경우에도) 주저하면서 어른을 쳐다보았고, 종종 '작별을 고하기' 위해 공공연한 행동을 했다. 즉 놀이에서 사용하던 도구를 어른에게 건네거나 말로 사과를 했다(똑같은 상황에서 앞서 공동 헌신을 전혀 하지 않은 경우보다 훨씬 더 많이 이런 행동을 했다). 아이들은 자신들이 공동 헌신을 하고 있음을 인식했으며, 공동 헌신을 깨뜨리는 것은 파트너에게 피해를 주고 무시하는 일이었기 때문에 아이들은 상대에게 자기가 그것을 깨뜨리고 있고 유감스럽게 생각한다는 점을 인정할 책임이 있었다. 비슷한 상황에서 성인들은 공동 헌신을 깨뜨리기 위해서는 허락을 구하고 파트너가 허락을 해야만 한다는 사실을 알기 때문에 언제나 '작별을 고한다.' 모종의 2인칭 항의나 비협력에 대한 죄책감이 생기기 전에 파트너에게 책임감 있게 행동하는 것이다.

따라서 2인칭 책임과 2인칭 죄의식은 인간 종이 처음으로 갖게 된 사회적으로 규범적인 태도였다. 아마 분한 감정의 2인칭 항의 과정이 일종의 내면화를 거치면서 생겼을 것이다. 공동 헌신을 통해 자신이 형성한 '우리'의 대표자인 개인은 타인을 합당한 자격에 걸맞지 않은 방식으로 다루는 데 대해 자기 자신에게 항의했다. 이런 태도는 어느 정도는 자신의 협력적 정체성을 유지하려는 전략적인 관심에 근거한 것이었다. 그러나 그와 동시에 이 태도는 또한 파트너가 합당한 대우를 받을 자격이 있기 때문에, 그리고 또 공동 헌신에 의해 어느 쪽의 비협력이든 불편부당하게 마땅히 비난받아야 한다고 규정되었기 때문에 개인이 파트너에 대해 책임감 있게 행동해야 한다고 판단했다는 의미에서, 진정으로 도덕적인 태도였다.

지나친 단순화의 위험을 무릅쓴다면, 어쨌든 공동 헌신에 의해 구조화된 공동 지향성 활동의 가장 기본적인 요소들의 도식적 묘사는 〈그림 3-1〉처럼 나타난다.

BOX1

인간과 유인원의 협동

우리는 초기 인류가 협동적 먹이 찾기를 위해 인간 종에 특유한 몇 가지 심리적 능력을 진화시켰다고 주장한다. 이 장에서 대형 유인원과 인간 아동을 비교하는 다양한 실험 연구를 살펴보았는데, 이는 좀 더 협력적인 지향을 생생히 보여주며, 따라서 적어도 이 가설적인 진화 이야기의 첫 번째 단계를 뒷받침하는 간접적인 증거를 제공한다. 이 연구들 거의 모두에서 어린이들이 그들 문화의 집단 중심적 규범에 온전히 참여하기에는 너무 어리다는 사실이 드러났다. 이 사실은 2인칭 성격이 지배적인 인간 도덕 진화의 한 단계를 시사한다. 이 연구들에서 가장 적절한 내용을 추려 요약하

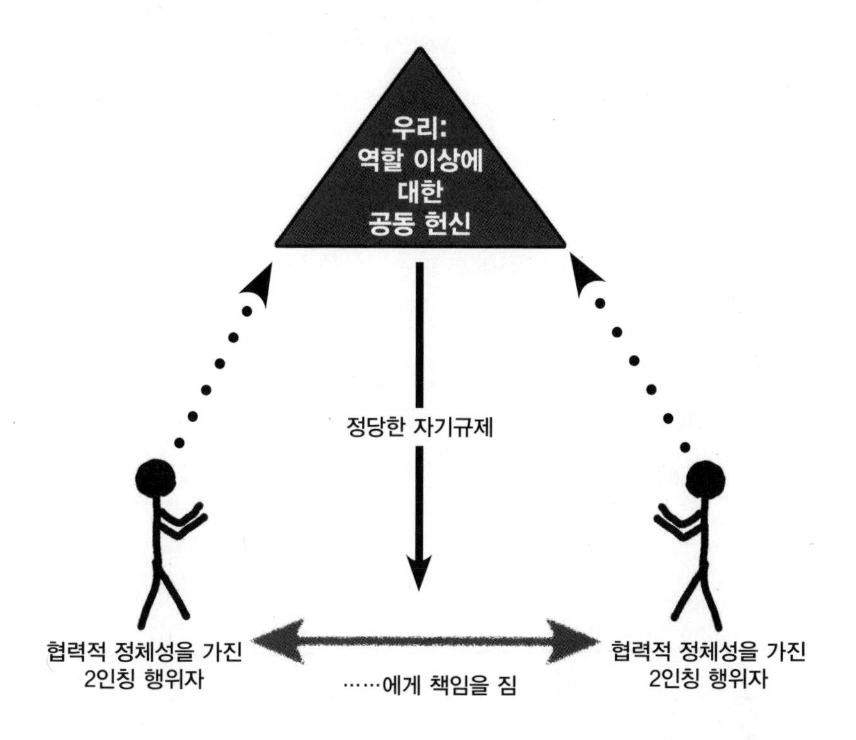

그림 3-1 공동 지향성 활동. 협력적 정체성을 가진 2인칭 행위자 두 명이 협업(수평의 양방향 화살표)을 자기규제한다(실선 화살표는 아래를 가리킨다). 규범적 신뢰에 근거해 초개인적인 '우리'를 창조하려는(점선 화살표는 위의 삼각형을 가리킨다) 공동 헌신은 공동 지향성과 협력적 의사소통이 필요하며 이 힘을 행사한다. 공동 헌신은 공동의 성공을 위한 자신과 파트너의 기여를 정의하는 공통 기반 역할 이상에 부합하게 행동하는 것이다. 즉 공동 헌신은 공동 목적을 위해 책임감 있게 행동하는 것이다.

면 다음과 같다. 모든 실험 연구 사례의 결론은 다른 대형 유인원들은 하지 않지만 인간 아동은 하는 행동에 관한 설명으로 요약된다. 특별히 지적한 사례를 제외하면, 이 모든 사례는 상이한 종들에 대해 최대한 비슷하게 설계된 방법으로 진행된 분명한 비교 연구다.

공동 지향성과 협력적 의사소통 인간 아동은 하지만, 대형 유인원은 하지 않는다.

- 남들과 함께 공동 목적 및 공동 관심, 그리고 또한 이런 목적과 관심이 함축하는 개별적인 역할과 개별적인 관점을 형성한다(Warneken et al., 2006; Tomasello and Carpenter, 2005).
- 역할 교환 가능성에 대한 관점적 지식을 보여주는 방식으로 협업에서 역할을 바꾼다(Fletcher et al., 2012).
- 사슴 사냥 유형 시나리오에서 협동을 개시하는 등(Duguid et al., 2014) 협동을 조정하기 위해 협력적으로 소통한다(Warneken et al., 2006; Melis et al., 2009).

전리품 나누기 인간 아동은 하지만, 대형 유인원은 하지 않는다.

- 협동적 노력의 전리품을 한쪽 파트너가 언제든 독점할 수 있을 때에도 전리품을 나눈다(Melis et al., 2006b; Warneken et al., 2011).

• 협동적 노력의 결과물로 생긴 자원을 남들과 더 공평하게 나눈다(Hamann et al., 2011).

• 결과적으로 이익이 똑같을 때에도 단독 먹이 찾기보다는 협동적 먹이 찾기를 선호한다(Bullinger et al., 2011a; Rekers et al., 2011).

파트너 선택과 통제 인간 아동은 하지만, 대형 유인원은 하지 않는다.

• 협동의 전리품을 파트너보다 무임승차자와 적게 나눈다(Melis et al., 2011a, 2013).

• 바로 전에 자기를 도와준 남들을 도와준다(Warneken and Tomasello, 2013; Melis et al., 2008).

• 동종의 동료들이 지켜보고 있는지 여부에 따라 자신의 협력적 행동과 비협력적 행동을 조절한다(Engelmann et al., 2012).

공동 헌신 인간 아동은 하지만, 대형 유인원은 하지 않는다.

• 끝까지 협업에 몰두하며, 심지어 제 몫의 전리품을 받은 뒤에도 파트너를 돕기 위해 자리를 지킨다(Hamann et al., 2012; Gräfenhain et al., 2013; Greenberg et al., 2010).

• 공동 헌신이 분명하게 이루어졌을 때 그렇지 않은 경우보다 더 헌신을 지속하며, 공동 헌신이 깨지면 남들에게 작별을 고한다(Gräfenhain et al., 2009. 이와 직접적으로 관련된 유인원 연구는 전혀 없다).

• 파트너가 공동 헌신을 깨뜨리면 정중하게 항의를 하고, 그러면 파트너는 적절하게 대응한다(Warneken et al., 2011; Melis et al., 2006b). 그리고 자신이 남에게 해를 입히면 죄책감까지 느낀다(Vaish et al., in press. 이와 직접적으로 관련된 유인원 연구는 전혀 없다).

우리가 보기에, 이런 경험적 사실들은 인간이 다른 대형 유인원들과 달리 생물학적으로 협동에 적응되어 있음을 합리적 의심의 여지 없이 확증한다. 이런 차이 중 일부는 부모가 자녀에게 협동적인 일 처리 방식을 가르치거나 본보기로 보여준다는 사실에 기인하는 것일 수 있으며, 따라서 통상적인 개체발생 경로에는 부모의 투입parental input이 포함된다. 그러나 (1) 대형 유인원 부모는 이와 같은 방식으로 자녀에게 협력을 가르치려는 성향이 없어 보이며, (2) 우리가 추측하기로는 부모의 가르침과 본보기가 나중의 발달에서 협력의 개체발생학에 강한 영향을 미치기는 하지만 초기에 등장하는 이런 기술에서는 필요하지 않다(그리고 협동 이후의 공유에 관한 하만 등〔Hamann et al., 2011〕의 연구는, 앞에서 지적했듯이 부모의 사회화라는 설명에 전혀 적합하지 않다). 여러 다양한 문화를 아우르는 문화 비교 연구가 더 광범위하게 이루어지면, 협력에 관한 부모의 본보기와 가르침의 보편성과 중요성이 이 문제를 해결하는 데 도움이 될 것이다.

원초적 '해야 함'

홉스나 루소 같은 고전적 사회계약 이론가들은 고립된 인간 개인들이 하나로 뭉쳐서 완전한 시민사회를 이루기 위한 사회계약에 합의하는 모습을 상상했다. 그들은 물론 어느 누구도 이러한 사건이 역사에서 실제로 일어날 것이라고 보지 않았고, 실제로 오늘날 규범적인 계약론적 도덕철학자들은 으레 사회의 구조는 마치 합의가 있었던 것과 '흡사하다'고 말한다. 그러나 여기서 우리가 가정하는 것은 대형 유인원(사회적이지만 아주 협력적이지는 않고, 따라서 어느 정도 고립된 개인들이다)을 넘어서는 초기 진화 단계, 즉 초기 인류가 실제의 명시적인 합의에 의해 새로운 초개인적 사회구조를 창조한 단계다. 이런 초개인적 사회구조는 완전한 시민사회에는 한참 못 미치는 것이지만(이것은 협동하는 두 파트너의 국지적이고 일시적인 공동 헌신일 뿐이다), 그럼에도 불구하고 실재하는 완전한 합의다. 명시적인 공동 헌신에 의해 시작되고 자기규제된 공동 지향성 활동에서 협동한 초기 인류는 따라서 인간 사회계약의 자연사에서 첫 번째 진화 단계를 나타낸다.

이 장에서 염두에 둔 목표는 인간 사회계약의 첫 단계가 어떻게 성립하게 되었는지를 서술하고 설명하는 것이었다. 가장 기본적으로, 우리는 40만 년 전 무렵부터 초기 인류 사이에서 등장한 도덕심리를 새로운 일단의 사회적 조건 안에서 기능하기 위한 새로운 일단의 심리적 적응으로 특징짓고자 했다. 우리의 주장은 단지 이것이 완전한 현대 인류의 도덕으로 가는 도상의 적당한 첫 단계였다는 것이 아니라 오히려 현대 인류의 도덕에 가장 본질적이고 독특한 요소들을 유산으로 남긴 결정적인 도덕적 단계였다는 것이다.

초기 인류의 도덕심리

지금까지 우리는 특정한 생활방식, 즉 파트너 선택을 수반하는 필수적인 협동적 먹이 찾기에 대한 심리적 적응이라는 측면에서 초기 인류의 도덕을 특징지었다. 다른 대형 유인원과 갈라지는 근본적인 변화는 초기 인류 개인들이, 생명 유지에 필요한 자원을 생산하는 데서 남들이 자기에게 점점 더 의존하게 된 것처럼 남들에게 점점 더 의존하게 되었다는 것이다. 그들은 점점 더 상호 의존하게 되었다. 지금까지 우리는 그 결과로 나타난 도덕심리가 진정한 도덕이라고 주장했다. 개인들이 종종 남을 돕는 것, 그리고 마땅한 자격으로 즉 공정하게 남을 대하는 것을 근접 목적으로 삼게 되었기 때문이다. 이러한 새로운 도덕적 태도는 새로운 형태의 합리성, 즉 협력적 합리성을 구성하는 데 결정적인 힘이 되었다. 이런 협력적 합리성 덕분에 초기 인류 개인들은 자신 앞에 놓인 새로운 협력적 세계를 이해하고 이 세계를 어떻게 헤쳐 나가는 것이 최선인지에 대해 적절한 행동 결정을 내렸다.

우리는 다음의 세 수식으로 초기 인류의 사회적 상호작용의 진정한 도덕적 차원들을 도식화할 수 있다.

당신 〉 나

당신 = 나

우리 〉 나

세 도식 모두에서 자기 자신인 '나'는 다른 행위자와 동등하거나 그에 종속된다. 물론 이처럼 진정으로 도덕적인 태도는 어떤 주어진 의사 결정 사건에서 자동적으로 승리를 거둔 것이 아니며, 초기 인류의 심리에서 강력한 요인으로서 이런 태도가 존재한 것은 역사상 처음으로 개인이 적어도 진정으로 도덕적인 결정을 내릴 수 있는 가능성을 갖게 되었음을 의미했다.

당신 〉 나 '당신 〉 나'라는 식은 초기 인류의 공감의 도덕과 관련된 근본적인 태도를 나타낸다. 만약 비용이 너무 크지 않다면 초기 인류 개인들은 다른 대형 유인원들과 마찬가지로 서로 도와주었다. 그러나 다른 유인원들은 오직 친족과 친구들만 도와준 반면, 초기 인류는 그에 더하여 과거의 관계와 상관없이 자신의 (잠재적인) 협동 파트너를 도와주기 시작했다. 그것이 모든 관심사였다. 이런 도움 주기는 상호 의존 논리에 바탕을 두었기 때문에, 그들은 단순히 경솔한 목적으로 남을 도와주지는 않았다. 그보다는 자신의 잠재적 파트너들이

미래의 협업을 위해 건강 상태를 유지하는 것을 돕기 위해 온정적으로(아마 스미스적 감정이입에 근거해서) 그들의 복지를 겨냥했다. 도움 주는 이 자신이 진화적 차원에서 이런 행동을 통해 이득을 얻었기 때문에 일부 이론가들은 이런 공감적인 동기를 환상이라고 간주할 것이다. 그러나 심리적인 차원에서 보면, 초기 인류가 타인의 복지에 대해 가진 공감적 관심은 순수한 것이었기 때문에 이런 평가는 맞지 않다.

당신 = 나 이 식은 초기 인류의 공정성 도덕의 밑바탕에 놓인 근본적인 인지적 통찰을 나타낸다. 이것은 공동 지향성의 이중 수준 인지 구조와 그것이 창조한 새로운 사회질서에서 파생되었다. 협동적 먹이 찾기에서 부딪히는 사회적 조정 문제에 대한 적응인, 공동성과 개별성의 이중 수준 구조화는 협동 파트너인 '당신'과 '나'(이 둘은 관점적으로 정의된다)에 의해 만들어지는 존재로서 공동 행위자인 '우리'를 구성했다. 협동이 성공을 거두려면 각 파트너가 해야 할 역할이 있었고, 시간이 흐르면서 특정한 2인 쌍들은 특정한 협업에서 공동 성공을 달성하는 데 필요한 역할 이상에 관한—'조감적 시각'의—공통 기반 이해에 도달했다. 협동 과정에 관한 조감적 시각은—이상적인 작업 기준을 전혀 바꾸지 않은 채 파트너들이 역할을 바꿀 수 있는 결과를 수반하면서—협동 과정에서 자타 등가성에 대한 인식으로 이어졌다. 이런 인식은 그 자체로 도덕적인 것은 아니지만 일종의 불편부당한 입장—자신도 동업 관계를 이루는 한 명일 뿐이며, 파트너와 똑같은 평가 기준에 종속된다(Nagel, 1970, 1986을 보라)—이 만들어질 수 있는 토대를 형성했고, 이 토대는 공정성의 도덕이 등장하는 데 바탕이 되었다. 상호 의존에 근거한 공감의 사례와는 대조적으로, 타인을 자신과 대등한 존재로 생각하는 것은 동기부여가 아니고 진화적 수준에서 직접 선택된 것도 아니었다. 그것은 단지 효과적인 사회적 조정에 맞게 적응된 공동 지향성의 인지 구조의 일부였다. 그리하여 도덕의 관점에서 보면, 우리는 자타 등가성을 일종의 구조적 '스팬드럴spandrel'•로 생각해 볼 수 있다. 이 스팬드럴은 개인들이 모든 대상에 대해 생각하는 방식을 규정하는 기본 틀인 것이다.

그러나 자타 등가성에 대한 인식은 새롭게 등장하는 다른 동기 및 태도와 결합된 가운데 공정성의 도덕, 즉 (잠재적) 파트너들 사이의 상호 존중과 자격 부여에서 가장 기본적인 태도를 구성하는 데 결정적으로 중요했다. 협동적 먹이 찾기 활동을 하기 위해 파트너를 선택하는 맥락에서 초기 인류 개인들은 이 상황에서 자신들이 상호 의존한다는 사실을 이해했고(그리고 자신의 파트너도 이 점을 이해한다는 것을 알았고), 따라서 모든 파트너들은 좋은 대우를 요구할 수 있는 교섭력과 지위가 있었다. 개인들은 이번에도 역시 자타 등가성에 대한 인지

• 돔을 지탱하는 둥근 아치들 사이에 구조역학적으로 만들어진 역삼각형 모양의 빈 공간. 1979년 스티븐 제이 굴드가 〈산 마르코 성당의 스팬드럴과 팡글로스적 패러다임The Spandrels of San Marco and the Panglossian Paradigm〉에서 거론하면서 유명해진 표현이다. 원래 스팬드럴은 구조상 형성된 일종의 부산물인데, 산 마르코 성당의 스팬드럴에 기독교 사도 조각이 새겨진 것을 보고 마치 기독교 상징을 표현하기 위해 일부러 설계된 공간인 것처럼 여기는 사고방식을 굴드가 비판한 것이다. 마치 코가 안경을 걸기 위해 진화된 것이라고 생각하는 것 같은 억측이라는 것이다.—옮긴이

적 통찰을 결합시키면서 협동적 파트너가 무임승차자와는 정반대로 전리품을 나누는 데서 동등한 자격이 있다는 감각을 느끼게 되었다. 이런 두 가지 진전의 결과로, 초기 인류 개인들은 파트너에게 존중과 정당한 자격을 요구할 수 있는 입장에 선 2인칭 행위자가 되었다. 이 시점에는 공공연하게 공유된 평판은 전혀 없었지만, 각 개인은 특정한 다른 파트너들이 신뢰할 수 있는 사람으로서 협력적 정체성(개인적 정체성에 내면화된)을 발전시켰다. 이런 면에서 실패하면 타인들의 분한 감정을 유발하고, 따라서 자신의 협력적·개인적 정체성이 손상되었다.

우리 〉 나 마지막으로 '우리 〉 나' 식은 2인칭 행위자들이 협동하기 위해 서로 공동 헌신을 하고, 따라서 각자의 개인적 행동에 대한 전반적인 통제를 공동 행위자인 '우리'에게 양도하는 방식을 나타낸다. 공동 헌신은 협력적 의사소통에서 공공연하게 드러나기 때문에 개인들은 자신이 이런 헌신을 하거나 그것을 어떻게 이행하는지를 안다는 사실을 부정할 수 없었다. 공동 헌신은 초개인적인 사회구조인 '우리'를 창조했고, 이 '우리'는 정당한 2인칭 항의와 제재의 가능성을 등에 업고 협동적 상호작용을 정당하게 자기규제했다. 그리하여 '우리'를 규제하기 위해 '우리'에 의해 창조된 초개인적 실체는 적극적으로는 나의 도덕적인 협력적 정체성을 얻으려고 갈망하는 동시에 소극적으로는 '우리'로부터 가해지는 정당한 제재를 피하려고 하면서 '우리'에 자신을 속박하는 루소적 역량Rousseauean capacity을 반영했다. 이런 자기규제 과정의 내면화가 파트너에 대한 2인칭 책임 감각을 이루었다. 자신의 역할에 부합하지 못하는 경우에 2인칭 죄의식이라는 진실한 감각이 이런 책임 감각을 강요한 것이다.

따라서 초기 인류가 파트너를 선택하는 필수적인 협동적 먹이 찾기라는 맥락에서 서로 공동 헌신을 하는 것은 합리적인 것, 즉 협력적으로 합리적인 것이었다. 이런 상호 의존 맥락에서 나는 내 파트너('당신')에게 관심을 가지며, 따라서 전반적으로 이익을 극대화하기 위해 의사 결정 과정에서 어느 정도 통제권을 포기하는 것이 합당하다('우리 〉 나'). 그리고 미래를 염두에 둔다면, 나는 모든 파트너 각각과 나의 협력적 정체성을 유지하기 위해 최선을 다해야 한다. 하지만 그에 더해 비전략적으로, 공동 헌신을 하는 파트너들은 동등한 자격이 있는 2인칭 행위자로서(무임승차자와는 대조적으로) 서로를 상호 존중하며 바라보았다. 이런 상호 존중은 기본적으로 개인의 자타 등가성 인정, 즉 전략과는 아무 관련이 없고 오직 현실과 관련된 인정에 기초했다. 이런 인정은 어떤 특정한 사회적 상호작용 맥락에서 생겨나는 모종의 동기부여 활성화가 없으면 움직이지 않지만, 그럼에도 자타 등가성의 인정은 개인들이 자신이 무엇을 하고 있고 해야 하는지를 이해하는 방식을 구조화했다. 초기 인류 둘이 협동을 하기로 하고 공동 헌신을 했을 때, 그들은 각자가 자신의 역할 이상에 부합해야 한다고 진심으로 믿었다. 각자의 파트너는 그런 대우를 받을 자격이 있었다. 그리고 그들 자신을 포함해서 누구든지 약속을 어기면 (불편부당한 관점에서 볼 때) 정당하게 비난받아 마땅했다.

여기서 우리가 가정하는 협력적 합리성은 '해야 함'에 관한 인간 감각의 궁극적인 원천이다. 초기 인류의 협력적 합리성은 인간의 친화적 태도pro-attitude를 확장해 타인의 복지를 포함시키고, 서로를 마땅히 존중과 자원을 받을 자격이 있는 존재로 여기는 2인칭 행위자를 가정하며, 공동 헌신으로 형성된 공동 행위자 '우리'의 맥락 안에서 벌어지는 개인의 의사 결정에 초점을 맞춘다. 개인의 의사 결정에서 새롭게 나타난 이런 요소들은 단순한 선호나 감정이 아니라 개인의 행동 배후에 놓인 동력인, 사회적으로 규범적인 '해야 함'의 감각을 창조했다. 이것은 분명하다. 왜냐하면 개인의 의사 결정은 일정한 방식으로 행동하라는 일종의 압력, 즉 도구적으로 합리적인 압력에 의해 특징지어지기 때문이다. 만약 내가 추구하는 목적이 꿀을 얻는 것이고, 현재의 상황에서 이 특정한 도구를 사용해 그 목적을 달성할 수 있음을 안다면, 나로서는 이 도구를 사용하는 것이 합당하다(나는 그렇게 해야 한다). 우리가 내놓는 제안은 초기 인류가 파트너를 선택하는 필수적인 협동적 먹이 찾기에 적응하면서 새로운 일단의 사회적 상황—공동 지향성과 2인칭 행위의 과정에 근거한 새로운 사회질서—을 창출했으며, 이 상황에서는 도덕적으로 행동하는 것이 합당했다는 것이다. 따라서 그들은 자신의 협동 파트너에 대해 일종의 2인칭 책임—원초적인 '해야 함'—을 발전시켰다. 이 책임은 단지 맹목적인 감정이나 선호가 아니라 그들의 의사 결정을 자극하는 협력적인 합리적 압력이었다.

우리가 제시한 자기종속self-subordination의 상이한 세 형태—'당신 〉 나', '당신 = 나', '우리 〉 나'—는 따라서 합당한 것이었다. 개인들이 가장 기본적인 욕구를 충족하기 위해 서로에게 직접적이고 절박하게 상호 의존하는 생활방식의 맥락에서 이 세 형태는 합리적이었다. 좋은 파트너를 선택하고, 자기도 확실하게 파트너로 선택을 받고, 두 파트너에게 주어진 역할 수행의 행동 이상을 인식하고, 파트너의 도움 요청에 응답하고, 공동 헌신에서 타인의 신뢰를 권유하고, 상호 만족하는 방식으로 협동의 전리품을 나누고, 파트너와 자기 자신의 행동을 평가하고, 파트너의 행동을 통제하려고 하고, 파트너의 항의에 적절하게 대응하고, 무임승차자를 전리품 분배에서 배제하고, 인상 관리 그리고/또는 2인칭 책임 행위를 통해 자신의 행동을 선제적으로 교정하는 등의 특정한 협력 과제를 감안하면, 이 세 형태는 협동적으로 합리적인 것이었다. 이런 상황, 그리고 비슷한 다른 상황에서 어떻게 행동할지에 관한 결정은 오직 자기 이익만을 고려해서 전략적으로 할 수도 있고, 동등한 자격을 가진 파트너나 그와 형성한 공동 행위자의 이익을 고려해서 도덕적으로 할 수도 있었다. 그리하여 국지적이긴 하지만 진정한 도덕적 존재가 탄생했다.

그런데 순수한 2인칭 도덕이 존재할 수 있을까?

우리가 지금까지 특징을 묘사하고자 한 것은 순수한 2인칭 도덕이다. 이것은 당대의 다른 2인칭 이론가들이 추구하는 것과 동일한 목표가 아니다. 예를 들어, 다월(Darwall, 2006, 2013)을 비롯해 2인칭의 용어로 현대 인류 도덕을 설명하려고 하는 이들은 당연히 온갖 종류의 문화(그리고 아마 종교와 법)규범에 의해 다스려지는 한 문화집단에서 사는 개인들을 가정한다. 따라서 다월은 어떤 개인이 다른 사람에게, 예컨대 도덕적인 항의로 도덕적인 주장을 할 때 그는 도덕 공동체 일반에서 생겨나고 그것에 적용되는, 상호 합의된 사회규범을 존중하면서 그런 주장을 하는 것이라고 말한다. 다월은 어떤 문화적 맥락 바깥에 존재하는 2인칭 도덕의 가능성을 직접 다루지는 않는다.

P. F. 스트로슨P. F. Strawson(Strawson, 1962, pp. 15~16)은 순수한 2인칭 도덕의 가능성은 상상하기 어렵다고 생각한다. 그가 생각하기에 이런 도덕은 각자가 자신만이 반응적 태도의 유일한 창조자이자 대상이라고 생각하는 '도덕적 유아론자moral solipsist'들의 세계를 의미하기 때문이다. 이런 사고는 언어적으로 거의 모순처럼 들릴 것이다. 그러나 공동 지향성이 결정적으로 중요한 역할을 하는 것은 바로 이런 곳이다. 여기서 우리가 묘사하는 초기 인류는 공동 헌신을 비롯한 다양한 종류의 '우리' 관계에 타인과 함께 끊임없이 들어서기 때문에 어떤 식으로든 유아론자일 수 없다. 그리고 이 '우리' 관계 안에서 그들은 단순히 개인적 선호와 태도를 가진 개인으로서 서로에게 행동하고 반응하는 것이 아니라 양쪽 모두로부터 독립된, 어느 정도 불편부당한 기준에 대해 서로에게 책임을 지우는 것이다. 개인들이 공동 헌신을 통해 스스로 지키려고 하는 불편부당한 기준은 많은 사회이론가들이 애초에 공정과 정의의 관념이 존재하기 위해 필요하다고 믿는

결정적으로 중요한 세 번째 요소—외부의 중재자—를 나타낸다(예를 들어 Kojève, 1982/2000).

따라서 우리는 만약 도덕적 관계의 본질이 개인들이 어느 정도 서로 아는 불편부당한 규범적 기준에 관해 서로에게 헌신하는 것이라고 한다면, 여기서 우리가 묘사하는 초기 인류는 실제로 도덕적 관계에 들어섰다고 주장하고자 한다. 단지 규범적 기준이 2인 쌍을 이룬 두 사람의 특정한 공동 지향성 활동에 고유한, 역할에 특유한 이상일 뿐이었으며, 헌신 역시 국지적이고 일시적이었을 뿐이다. 2세와 3세 아이들(이 아이들은 아직 2인 쌍을 넘어서 유의미한 방식으로 사회적 상호작용을 하지는 않는다)이 불공평한 대우에 항의하고 타인의 그런 항의를 존중하는 식으로 움직인다는 사실은 일반적인 문화규범에 관계없이 순수한 2인칭 도덕 같은 것이 존재할 수 있다는 존재 증명을 제공한다. 따라서 초기 인류는 도덕적인 방식으로 서로 직접적이고 양자적으로 상호작용한 동물이었다. 그들은 다만 어느 정도 직접적으로 자신들과 관계가 없는 제3자의 사회적 상호작용에 개입하지 않았을 뿐이다. 따라서 초기 인류의 도덕은 제한되고 국지적인 것이었지만, 그럼에도 불구하고 그것은 진정한 도덕이었다고 우리는 주장하고 싶다. 그것은 분명 모든 상황에서 모든 사람에게 적용되는 '객관적인' 옳고 그름으로 이루어진, 완전히 성숙하고 집단 중심적이고 문화적인 도덕은 아니었다. 그보다는 단순히 특정한 유형의 사회적 활동(물론 직접적이고 급박하며 지속적으로 중요한 활동이기는 하다)을 위한 도덕이었고, 따라서 다른 많은 일상 활동에서 초기 인류는 여전히 유인원과 무척 흡사했을 것이다. 그러나 조만간 현대 인류의 문화적 삶이 도래함에 따라 이처럼 제한되고 국지적인 작동 방식은 완전한 변형을 겪게 된다.

4장

'객관적' 도덕

옳고 그름에 대한 인류의 문화적 감각

의무는 언제나 정체성 상실의 위협에 대한 반응의 형태를 띤다.
크리스틴 코스가드, 《규범성의 원천(The Sources of Normativity)》

초기 인류가 현대 인류로 이행한 지 오래지 않은 15만 년 전쯤 아프리카 어딘가에서 인간들은 서로 떨어져 구별되는 문화집단을 형성해서 자원을 놓고 서로 경쟁하기 시작했다. 이제 상호 의존은 협동하는 2인 쌍과 먹이 찾기 영역의 수준만이 아니라 문화집단 전체 수준, 그리고 삶의 영역 전체까지도 지배하게 되었다. 따라서 문화집단은 성공하려면 모든 성원들이 일을 잘해야 하는 하나의 커다란 협동적 사업이 되었다. 집단 외부자들은 본질적으로 무임승차자나 경쟁자(야만인)이기 때문에 문화적 협동에서 배제되었다.

현대 인류 개인들 앞에 놓인 과제는 잘 아는 파트너와의 상호 의존적 협동에 근거한 삶에서 한 문화집단에 속하는 온갖 종류의 상호 의존적 집단 동료들과 함께 사는 삶으로 규모를 확대하는 것이었다. 인지적으로 볼 때, 공동 지향성뿐 아니라 집단 지향성의 기술과 동기도 필요했다. 새롭게 얻은 강력한 문화 전달 기술과 나란히 이 기술 덕분에 개인들은 해당 집단의 문화적 공통 기반 속에서 공유된, 관습적인 문화적 관행의 다양한 유형을 그들 사이에서 창조할 수 있었다. 관습적인 문화적 관행에 존재하는 역할은 행위자와 완전히 무관했다. 각각의 역할 이상은 우리 중 하나가 되고자 하는 사람(즉 모든 합리적인 사람)이라면 누구든지 집단의 성공을 증진하기 위해 할 필요가 있는 일이었다. 어느 시점이 되면, 이렇게 최대한 일반화된 이상 기준이 그 역할(여기에는 해당 문화에 기여하는 성원이 된다는 포괄적인 역할도 포함된다)을 수행하는 '객관적으로' 옳은(그르지 않은) 방식으로 개념화되기에 이르렀다. (하나의 제도로 공식화된 경우까지 포함해) 관습적인 문화적 관행에 참여하기 위해 개인이 가장 시급하게 해야 하는 일은 모든 일을 처리하는 이런 올바른 방식에 순응하는 것이었다. 일부 관습적인 문화적 관행과 그와 관련된 역할은 개인들이 이미 지닌 2인칭 도덕적 태도, 즉 공감과 공정이라는 잠재적 쟁점에 관한 것이었다. 이런 경우에 규범적 역할 이상은 관습적인 옳고 그름만이 아니라 도덕적인 옳고 그름도 자세히 규정했다.

협동에서 문화로 확대되는 과정의 이 부분은 비교적 간단했다. 모든 것이 두 사람 사이의 국지적인 문제에서 보편적이고 '객관적인' 문제로 옮겨갔다. 그렇게 단순하지 않은 것은 공동 헌신의 확대였다. 문제는 공동 헌신에 의해 생겨난, 사회적으로 자기규제하는 구조와 달리 현대 인류에게 그들 문화에서 가장 크고 중요한 집단적 헌신(문화의 관습, 규범, 제도)은 개인이 스스로 만든 것이 아니었다는 점이다. 이것들은 개인이 태어날 때부터 존재했다. 따라서 이론적으로 보면, 개인은 사회계약과 그 정당성의 문제에 직면했다. 그러나 실제로는 개인들은 자신이 태어날 때부터 존재하는, 자기규제하는 집단적 헌신을 당연히 정당한 것으로 보았다. 자신이 속한 문화집단과 자신을 동일시했기 때문이다. 개인들은 '우리'가 '우리'를 위해 이런 헌신을 한 것처럼 일종의 공동 저작자 지위를 당연하다고 생각했다. 도덕규범의 경우에 이런 정당성은 2인칭 도덕과의 연결로 강화되었다. 현대 인류 개인들은 시간이 흐르면서 도덕적 결정을 함에 따라 도덕규범에 순응하고, 순응하지 않을 때 죄책감을 느끼고, 순응하지 않는 행위를 할 때면 집단이 공유하는 가치에 근거를 두면서 타인과 자신에게 그것을 정당화함으로써 조장되고 유지되는 일종의 도덕적 정체성을 창조했다. 따라서 현대 인류의 문화적 합리성은 자신의 개인적 행위에 대한 통제의 상당 부분을 자신이 속한 집단의 관습, 규범, 제도에 대한 무반성적인 순응에 거리낌 없이 양도하는 것이었다. 이 과정에서 (완전히 손을 떼지 않은 경우의) 자율적인 의사 결정은 대부분 규범들 사이의 충돌을 해결하는 데 국한되었다.

따라서 이 장에서는 약 40만 년 전부터 존재한 초기 인류의 자연적인 2인칭 도덕이 어떻게 약 15만 년 전부터 현대 인류의 집단 중심적인 '객관적' 도덕으로 바뀌게 되었는지를 설명하고자 한다. 초기 인류의 2인칭 도덕에 대한 우리의 설명과 비슷하게, 우리는 현대 인류의 '객관적인' 도덕에 대해 공감의 도덕과 유사한 도덕의 언어로 특징을 설명한다. 문화집단에 대한 개인의 의존은 어떻게 그 집단에 대한 특별한 관심과 충성으로 이어졌을까? 따라서 정의의 도덕과 관련하여 우리는 다시 한 번 이와 관련된 심리적 과정의 세 집합의 특징을 설명하고자 한다. 첫째는 옳고 그름의 '객관적인' 규범적 이상을 창조하는 집단 지향성의 새로운 인지 과정이다. 둘째는 집단의 관습, 규범, 제도와 관련된 문화적 행위의 새로운 사회적 상호작용 과정이다. 그리고 셋째는 도덕적 정체성을 가진 사람이 자신이 속한 도덕 공동체에 대해 갖는 집단적 헌신과 의무 감각에 근거한 도덕적 자기관리의 새로운 자기규제 과정이다. 이 장의 말미에서 우리는 문화집단선택의 과정들이 이 모든 것에서도 어떻게 중요한 역할을 했는지에 관해 몇 가지 이야기를 할 것이다.

두 가지 중요한 예비 단계가 있다. 첫째, 우리는 **현대 인류**modern humans라는 표현을 약 15만 년 전에 등장하기 시작한 호모사피엔스사피엔스 종에 대해 사용한다. 그러나 여기서 우리는 주로 농업과 현대 문명사회가 등장하기 전인 14만 년의 시기에 초점을 맞춘다. 이 시기에 인간들은 여전히 소규모 부족사회에서 거의 전적으로 수렵–채집 생활을 했다. 우리는 농업이 시작된 이래 지난 1만 년 동안, 특히 당대 시민사회에서 사는 인간들을 **당대 인류**contemporary humans라고 지칭한다. 이 장의 마지막 종결부에서 특별히 당대 인류에 관해 몇 가지 이야기를 할 것이다.

둘째, 대개의 경우 우리는 특정한 문화의 성원들은 "이것이 '우리'

가 일을 하는 방식"이라고 주장한다고 말할 것이다. 우리는 또한 한 문화의 성원들은 이것이 일을 하는 방식, 즉 일을 하는 올바른 방식이자 합리적이거나 도덕적인 사람이라면 누구나 그렇게 하는 방식이라고 주장한다고 말할 것이다. 각기 다른 이런 이야기 방식들은 모두 어느 정도 대등하고자 한다. 이번에도 역시 문명사회가 부상하기 전의 현대 인류에게 초점을 맞추기 때문이다. 초기 현대 인류가 보기에 이 집단에 속하는 '우리'는 인간이며, 우리가 때로 멀리서 바라보는—또는 잘 알지 못하면서 조심스럽게 상호작용하는—비슷하게 생긴 다른 동물들은 야만인이고 따라서 진짜 인간은 아니다. '우리'는 일을 하는 올바른 방식을 아는 반면, '그들'은 알지 못한다. 바로 이런 의미에서, 이런 내적인 관점에서 볼 때 문화적인, 그리고 집단 중심적인 사고의 방식은 '객관적'이다.

문화와 충성

초기 인류의 느슨하게 구조화되고 비교적 소규모인 사회집단에 근거한 필수적인 협동적 먹이 찾기는 진화적으로 안정된 전략이었다. 그런 안정성을 잃기 전까지는. 기본적인 문제는 이것이 지나치게 성공적이라는 점이었다. 일부 집단의 인구 규모는 서로 걸핏하면 충돌할 정도로까지 커졌고, 이는 자원을 둘러싼 집단의 경쟁으로 이어졌다. 그 결과로 현대 인류의 문화집단은 사실상 단일하고 자립적인 협동적 기획, 즉 집단의 생존이라는 집합적 목표를 추구하는 전형적인 협동적 먹이 찾기 모임이 되었다. 여기서 각 개인은 유능하고 충성스러운 집단의 성원 일반이 되는 역할을 비롯하여 자신에게 주어진 분업 역할을 수행했다.

경쟁자 집단이 항상 도사리고 있고, 생존 활동을 위해 상당히 많은 전문화된 지식과 도구가 필요한 적대적인 환경에서 개인은 기본적으로 집단에 완전히 의존했다. 이런 의존을 감안하면, 개인들 앞에 놓인 가장 직접적이고 시급한 도전 과제 두 가지는 다음과 같았다. 첫째, 거의 알지 못하는 이들일지라도 많은 내집단ingroup 동료들을 인식하고, 그들에게 인식된다. 둘째, 자신과 상호 의존하는 내집단 동료들 전부를 돕고 보호하고, 또 그들에게 도움과 보호를 받는다. 내집단 동료라 함은 특히 분업이 확대됨에 따라 기본적으로 집단 내부의 모든 이를 의미하게 되었다.

유사성과 집단 정체성

현대 인류 집단들은 규모가 커지고 확대되면서 쪼개지기 시작했다. 그러나 그와 동시에 집단들 사이의 경쟁은 작은 집단들에게는 심각한 위협을 제기했다. 숫자가 많아야 안전했다. 그 결과 10만~15만 년 전쯤부터 현대 인류 사회집단에서 이른바 부족 조직이 등장했다 (Foley and Gamble, 2009; Hill et al., 2009를 보라). 일반적으로 부족 조직은 집단들이 커지고 확대되면서 결국 더 작은 '무리'로 분열함에 따라 등장한다. 그런데 이 무리들은 그럼에도 불구하고 일정한 목적,

특히 집단 간 충돌 때문에 단일한 문화집단으로 합쳐진다.

개인이 보기에, 이런 새로운 사회 조직에서 심각한 문제는 '던바의 수Dunbar's number'였다. 로빈 던바Robin Dunbar(Dunbar, 1998)는 여러 상이한 계열의 연구에 의지해서 인간 개인은 한 번에 단지 150명 정도의 사람들에 대해서만 친밀한 지식을 가질 수 있다고 주장하면서 그 증거를 제시했다. 150명 이상은 사회적 기억 능력을 넘어선다는 것이다. 무슨 말인가 하면, 현대 인류 개인은 자기 무리에 속한 모든 사람은 개인적으로 알지만 자기 문화에 속한 사람은 전부 알지 못했고, 따라서 내집단의 문화적 동료들을 인식하기 위한 모종의 새로운 방법이 필요했다. 특히 집단 간 충돌에서 그 동료들이 필요했기 때문이다(게다가 실수로 외집단outgroup의 야만인에게 접근하는 일은 치명적일 수 있었다). 따라서 서로에 대한 개인적 경험이 있는 초기 인류의 협동 파트너들 사이의 상호 의존과 유대로는 더 이상 충분하지 않았다. 모든 내집단 동료와 상호 의존적이고 신뢰하는 결속을 형성하는 새로운 방식이 필요했다. 그 새로운 방식은 유사성이었다. 당대 인류는 내집단 유사성을 보여주는 방식을 다양하게 갖고 있었지만, 원초적인 방식은 주로 행동이었을 공산이 크다. 나처럼 이야기하고, 나처럼 음식을 만들고, 관습적인 방식으로 물고기를 잡는 사람들, 즉 나와 문화적 관습을 공유하는 사람들은 내 문화집단의 성원일 가능성이 가장 높았다. 일정한 시점에 현대 인류는 심지어 집단 내의 다른 이들에게 자신의 유사성을 적극적으로 보여주기 시작했다. 이웃한 집단에 속한 이들과 구별되는 특징을 부각하기 위해 특별한 옷을 입거나 몸에 무늬를 새긴 것이다.

이런 맥락에서 순응은 필수적인 것이 된다. 그리고 실제로 다른 영장류에 비해 인간 아동은 분명 순응하려는 동기부여가 더 강하다. 다시 말해, 인간 아동은 모든 유인원이 그러하듯 도구적으로 유용한 행동을 사회적으로 학습할 뿐 아니라, 무엇보다도 남들과 비슷해지기 위해 그들의 행동을 그대로 따라 하기도 한다. 학습자의 동기가 타인들에게 자신의 유사성을 보여줌으로써 그들과 제휴하는 것임을 강조하기 위해 때로는 이런 모습을 '사회적 모방social imitation'이라고 불렀다(Carpenter, 2006). 따라서 실험 연구를 통해 다음과 같은 사실이 확인되었다.

- 인간 아동은 다른 대형 유인원에 비해 자의적인 제스처나 관습, 의례 등 남들의 행동을 정확히 따라 하는 데 훨씬 더 관심이 많다(논평으로는 Tennie et al., 2009를 보라).
- 인간 아동은 대형 유인원과 달리 이른바 과잉모방overimitation을 통해 연속 동작의 부적절한 부분까지 따라 한다(Horner and Whiten, 2005).
- 인간 아동은 대형 유인원과 달리 앞서 성공한 순응 전략을 무시해야 하는 상황에서도 타인들에게 순응한다. 이른바 강한 순응이다(Haun and Tomasello, 2011, 2014).[11]

11 침팬지 또한 이미 효과적인 방식을 갖고 있을 때에도 순응하는 결과가 나온 연구가

이런 사회적 모방과 강한 순응은 주로 문제 해결 상황에서 개인적 성공을 늘리기 위한 사회적 학습 전략이 아니다. 그보다는 주로 자신과 타인의 제휴, 그리고 아마도 집단 정체성을 보여주려는 목적으로 타인과 동조하기 위한 사회적 학습 전략이다(Over and Carpenter, 2013). 이와 관련해 특히 중요한 발견은 인간 유아는 다른 언어를 쓰는 사람들보다 같은 언어를 쓰는 사람들을 선별적으로 흉내 낸다는 것이다(Buttelmann et al., 2013).

결국 현대 인류 개인들은 자신의 문화적 성원 지위를 문화적 정체성으로 보기 시작했다. 예를 들어, 현대 세계에서 우리는 개인들이 전쟁에서 자기 나라나 종족 집단을 위해 자기 목숨을 희생하고, 심지어는 쓰러지는 순간에도 집단을 위해 깃발을 흔드는 모습을 보는데, 그들은 오로지 자기 종족 집단의 정체성의 생명을 유지하고 다른 집단(들)의 정체성과 구별하는 것만이 문제가 될 때에도 그렇게 한다. 한결 사소하면서도 무척 인상적인 사례로, 현대의 개인들은 스포츠 팀을 응원하기 위해 얼굴과 몸에 페인트를 칠하고 구호를 외친다. 그리고 아마 무엇보다도 인상적인 사례를 보자면, 현대의 개인들은 자기 집단 내의 누군가가 특히 흉악한 일이나 훌륭한 일을 했을 때, 자기는 아무 일도 하지 않았는데도 집단적인 죄의식이나 자부심을 느낀다. 최근 진행된 실험 연구를 보면, 비슷한 옷을 입히고 공통된 집

있다(Whiten et al., 2005). 그러나 데이터를 자세히 들여다보면 오직 한 개체만이 다른 개체들의 도구 사용 방식에 맞추기 위해 방식을 확실히 전환했음을 알 수 있다.

단 꼬리표(예를 들어 '녹색 집단')를 붙여 주는 식으로 임의적으로 어떤 집단에 배정한 어린아이들조차 어떤 내집단 성원이 저지른 위반에 대해 변명하고 바로잡을 필요성을 느꼈다(그러나 외집단 성원에 대해서는 그렇게 느끼지 않았다. Over et al., submitted).

그리하여 현대 인류는 '우리'를 형성하는 두 번째 방식을 타고났다. 현대 인류 개인들은 초기 인류가 이미 그랬던 것처럼 상호 의존하는 협동 파트너에게 유대감을 느꼈을 뿐 아니라 행동과 겉모습에서 자신과 닮은 내집단 성원들에게도 유대감을 느꼈다. 흥미롭게도, 이런 두 유형의 사회적 유대는 에밀 뒤르켐Émile Durkheim(Durkheim, 1893/1984)의 유기적 유대(협동적 상호 의존에 근거한다)와 기계적 유대(유사성에 근거한다)의 구분에서 이미 인식되었으며, 현대 사회심리학 연구에서 확립된 집단 형성의 두 가지 기본 원리에도 이어졌다. 개인 간 상호 의존(공동 사업에 근거한다)과 공유된 정체성(유사성과 집단 소속에 근거한다)이 그것이다(예를 들어 Lickel et al., 2007).

내집단 편애와 충성

현대 인류 개인들은 강 건너편의 야만인들로부터 보호를 받는 등 생명을 유지하는 데 필요한 온갖 도움과 지원을 위해 집단에 속한 모두가 다른 모두를 필요로 했기 때문에(그들은 상호 의존적이었다) 자신이 속한 문화집단과 자신을 동일시했다. "우리 와지리 족은 이런 일은 하고 저런 일은 하지 않고, 이런 옷은 입고 저런 옷은 입지 않으며, 위험에 직면하면 항상 똘똘 뭉치는 사람들이다." 현대 인류 문화들 또한 세분화된 분업이 시작되고(예컨대 어떤 이들은 사냥에서 쓰는 창을 전부 만들고, 또 다른 이들은 음식 조리를 전문으로 했다), 그로 인해 상호 의존이 한층 더 강화되는 모습을 보여주었다. 각 개인이 각자 자기 일을 믿음직스럽게 하는 다른 많은 이들에게 생존을 의존했기 때문이다. 2인으로 구성된 먹이 찾기 일행에 속한 두 개인의 상호 의존은 이제 내집단의 낯선 사람까지 포함하는, 문화 전체에 속한 모든 사람의 상호 의존이 되었다. 그 결과 개인들이 집단에 충성을 보여주고, 특히 집단들 사이에 갈등이 벌어질 때 자신이 신뢰할 수 있는 사람임을 입증하는 것이 중요해졌다(Bowles and Gintis, 2012).

현대 인류의 집단 중심적 상호 의존은 그리하여 인간의 공감과 도움 주기를 집단 내의 모든 이에게 퍼뜨리는 데 기여했으며, 이런 상호 의존은 집단에 대한 충성 감각으로 특징지을 수 있다. 그 결과로 현대 인류에서 서로 뚜렷이 구별되는 내집단/외집단 심리가 등장했다. 외집단 편견out-group prejudice을 수반하는 내집단 편애in-group favoritism는 현대 사회심리학 전체(예를 들어 Fiske, 2010)를 통틀어 가장 잘 입증된 현상 중 하나인데, 이는 취학 전 후기와 특히 학령기의 어린아이들에게서 나타난다(Dunham et al., 2008). 이런 내집단 편향in-group bias은 다른 많은 활동 영역에서도 분명하지만, 현재 우리의 논의에서 가장 중요한 것은 도덕이다. 최근의 많은 연구는 어린아이들이 자신을 흉내 내거나 동시에 움직이는(즉 행동의 유사성) 사람들, 또는 자신과 같은 '최소 집단'에 속한(즉 겉모습의 유사성, 비슷한 옷 그리고/또는 공통 집단 꼬리표를 통해 실험에서 최소한으로 확인된다) 사람들에게 특별한 친사회적 행동을 한다는 사실을 보여준 바 있다.

- 누군가 어린아이 흉내를 내면, 아이는 특히 흉내 내는 사람을 돕고(Carpenter et al., 2013), 그를 신뢰하기 쉽다(Over et al., 2013).
- 누군가 아이와 같은 언어로(그리고 같은 억양으로) 말하면, 아이는 그 사람을 좋아하며(Kinzler et al., 2009) 그를 신뢰할 가능성이 높다(Kinzler et al., 2011).
- 취학 전 아동 몇 명이 예컨대 같은 음악에 맞춰 춤을 추는 식으로 서로 동시에 행동하면, 아이들은 그 결과로 다른 아이들에 비해 서로 더 많이 돕고 협동한다(Kirschner and tomasello, 2010).
- 학령기 아동은 외집단 꼬리표가 붙은 이들에 비해 내집단 꼬리표가 붙은 개인들에게 더 많은 공감과 도움을 보여준다(Rhodes and Chalik, 2013).
- 학령기 아동은 내집단 동료들로부터 집단에 대한 충성을 기대하고 선호하는 반면, 외집단 개인들에게서는 집단에 대한 불성실을 기대하고 선호한다(Killen et al., 2013; Misch et al., 2014).
- 취학 전 아동은 외집단 성원들보다 최소한으로 확인된 내집단 성원들에게 어떻게 평가받는지에 더 많은 관심을 보인다(Engelmann et al., 2013).

자기처럼 행동하거나 자기와 비슷하게 생기거나 공통의 집단 명칭을 꼬리표로 붙인 이들을 선별적으로 돕고, 협력하고, 신뢰하는 현대 인류의 이런 경향이 워낙 강해서 일부 이론가들은 동종애homophily —비슷한 타자와 제휴하고, 선호하고, 결속하는 경향—를 인간 문화의 토대로 가정하기까지 했다(Haun and Over, 2014). 침팬지를 비롯한 비인간 영장류는 공간적으로 분리된 집단을 이루어 살고 낯선 개체들에게 적대적이지만(Wrangham and Peterson, 1996), 우리가 아는 한 이런 적대는 자기 집단의 독특한 겉모습이나 행동 관습에 근거해 집단으로서 다른 집단을 겨냥하지는 않는다.

초기 인류의 협동 파트너에 대한 공감의 도덕은 자신이 동일시하는 문화집단에 속한 모든 사람에 대한 현대 인류의 충성으로 비교적 직접적으로 확대되었다. 그렇다면 이제 남은 쟁점은 초기 인류의 협동 파트너에 대한 공정의 도덕이 자기 문화집단(또는 도덕 공동체)에 속한 모든 사람에 대한 현대 인류의 정의의 도덕으로 확대되었다는 사실이다. 우리의 설명은 이번에도 역시 심리 과정의 세 가지 핵심 유형에 초점을 맞춘다.

- 집단 지향성의 인지 과정
- 문화적 행위와 정체성의 사회적 상호작용 과정
- 도덕적 자기관리와 도덕적 정체성의 자기규제 과정

다음 세 절에서 이 과정을 각각 다룬다.

집단 지향성

인지적으로 볼 때, 현대 인류가 새로운 사회적 현실에 적응하기 위해 한 일은 2인 쌍 협동에 맞춰져 있는 공동 지향성을 문화적 협동에 맞춰진 집단 지향성으로 변형하는 것이었다. 그리하여 이제 한 수준에는 여전히 개인이 있지만 다른 수준에는 공통의 문화적 삶을 공유하는 모든 이들의 집단 중심적 사고와 집합성이 존재하는 이중 수준 구조가 만들어지게 되었다. 따라서 자신과 협동 파트너의 등가성에 대한 초기 인류의 인식에서 문화집단의 성원이 될 모든 사람, 즉 모든 합리적 존재의 등가성에 대한 인식으로 이행이 이루어졌다. 그 결과로 한 문화집단의 관습적인 문화적 관행(집단 지향성의 기술에 의해 가능해졌다)에는 모든 사람에게 적용되는 것을 누구나 아는(그리고 문화적 공통 기반에 속한 모든 이가 안다는 것을 아는) 역할 이상이 포함되었다. 이런 것들이 모여서 모든 일을 하는 '객관적으로' 옳고 그른 것에 대한 설명이 되었다.

관습화와 문화적 공통 기반

초기 인류의 협동적 상호작용은 특정한 파트너들 사이에 상당히 많은 개인적 공통 기반이 필요했다. 이와 대조적으로, 현대 인류가 타인들과 협동할 때는 때로 필연적으로 자신과 개인적인 공통 기반이 거의 또는 전혀 없는 개인들과 상호작용이 이루어졌다. 게다가 그들은 때로 집단 방어를 비롯하여 규모가 더 큰 문화적 활동을 위한 집합적인 집단 목표를 창조했다. 여기에는 또한 대체로 서로 친숙하지 않은 개인들이 포함되었다. 문제는 참가자들 사이에 개인적인 공통 기반이 전혀 없는 가운데 협업을 조정하는 일이 어렵다는 것이었다. 해결책은 집합적 또는 문화적 공통 기반이었고, 이 공통 기반은 순응 경향과 결합하여 관습적인 문화적 관행으로 이어졌다.

집합적 또는 문화적 공통 기반은 문화의 토대, 사실상 문화의 정의다. 다시 말해, 방금 전에 살펴보았듯이 개인들이 동료에 대한 충성과 신뢰 같은 집단적 동기의 측면에서, 그리고 공유된 기술·지식·신념(문화적 공통 기반)이라는 인식론적 차원에서 집단 중심적으로 바뀐 바로 그때, 초기 인류의 집단적 생활은 현대 인류의 문화적 생활로 바뀌었다. 이런 문화적 공통 기반은, 한 집단에 속한 모두가 그 집단의 모든 사람이 공통의 물리적 환경에서부터 각자가 겪어 온 공통된 일단의 양육 관행에 이르기까지, 모든 것에 근거한 일정한 경험—따라서 기술, 지식, 신념—을 갖고 있음을 안다는 것을 의미했다. 이 점을 안다는 것은 종종 타인들과 직접 상호작용하지 않고서도 그들의 사고방식과 행동 양태에 관해 중요한 사실을 많이 안다는 것을 의미했다. 실제로 마이클 석영 최Michael Suk Young Chwe(Chwe, 2003)는 결혼식이나 취임식, 장례식, 승전 기원 춤과 같이 문화적으로 승인된 공적 행사의 주요 기능은 어떤 것이 해당 집단에 속한 모든 사람에게 공통된 지식임을 공공연하게 확인하는 것이라고 주장한다.

해당 집단의 문화적 공통 기반에 어떤 기술과 지식이 있는지를 정확히 확인할 수 있으면 내집단의 낯선 사람들과 쉽게 조정할 수 있다.

따라서 내가 어떤 내집단의 낯선 사람에게 다음번에 비가 오면 영양을 사냥하기 위해 '큰 나무'에서 만나자고 말한다면, 나는 그가 내가 어떤 나무를 말하는지 안다고 자신 있게 가정할 수 있다. 그리고 그에게 어떤 무기를 가져오라고 말할 필요가 없다. 그것 역시 우리의 문화적 공통 기반의 일부이기 때문이다. 시간이 흐르면서 그 결과로 모든 사람이 누구나 수행하는 법을 알고 있음을 아는, 이른바 관습적인 문화적 관행이 생겨난다. 모든 사람이 관습적인 문화적 관행을 위해 중요한 일을 일정한 방식으로 할 뿐 아니라 모든 사람이 다른 모든 이들 역시 같은 방식으로 일할 것이라고 기대하고, 다른 모든 이들도 그들이 그런 식으로 일할 것이라고 기대한다는 것이다(Lewis, 1969를 보라). 오로지 선례에 대한 순응의 측면에서만 관습적인 관행을 규정하려는 이론적 시도(예를 들어 Millikan, 2005), 그리고 비인간 영장류에게서 관습을 증명하려는 경험적 시도(예를 들어 Bonnie et al., 2007)는 타인과 조정하는 능력의 토대가 되는 공유의 중요한 측면을 놓치는 셈이다(Tomasello, 2006; Grüneisen et al., 2015). 공유에 대한 지식이 없이는 유연한 조직화가 불가능하다(확장된 논의로는 Tomasello, 2014를 보라).

현대의 아주 어린 아이들조차 가정된 문화적 공통 기반에 근거해 내집단의 낯선 사람에 대한 지식과 관련된 강한 추론을 할 수 있다. 예를 들어, 카챠 리벌Katja Liebal 등(Liebal et al., 2013)은 3세 어린이들에게 자기들 내집단 출신임이 분명한 새로운 어른과 마주치게 했다. 산타클로스 장난감 하나와 아이가 방금 전에 조립한 장난감을 둘이서 함께 바라보면서 이 내집단의 낯선 사람은 아이에게 "저게 누구니?"라고 진지하게 물었다. 아이들은 새로 만든 장난감의 이름을 댔다. 전에 만난 적이 없는 사람일지라도 그 문화에 속한 사람이라면 산타클로스가 누구인지 물어볼 필요가 없다고 확신했기 때문이다. 대조적인 실험 조건에서 만약 그 내집단의 낯선 사람이 두 장난감 중 하나를 알아보는 것처럼 보이면, 아이들은 산타클로스를 알아보는 것이라고 가정했다. 아이들은 장난감 차와 같은 다른 익숙한 일상적인 문화적 대상에 대해서도 방금 만든 새로운 장난감과는 달리 똑같이 대조적인 방식으로 행동했다. 이처럼 어린아이들은 개인적으로 직접 접촉하지 않고도 어떤 사람이 자기 문화집단의 성원이라면 어떤 것들은 반드시 알 것이라고 추론할 수 있다. 또 다른 사례는 언어적 관습이다. 어린아이들은 내집단의 낯선 사람이 어떤 사물의 관습적인 이름을 알 것으로 기대하지만, 그것을 누가 자신에게 주었는지와 같은 사연은 알 것이라고 기대하지 않는다(Diesendruck et al., 2010).

관습적인 문화적 관행은 고유한 문화적 공통 기반의 공유가 허용된 사람이라면 누구나—아마 일정한 인구학적 그리고/또는 맥락적 분류에 속하는 사람들(예를 들어 모든 여성이나 모든 어부)—어떤 실천에서 특정한 역할을 할 수 있다고 가정하는 문화적 공통 기반에 근거한다. 누군가 그물로 고기를 잡으려고 한다면 와지리 족의 방식으로 그물질을 해야 하며, 결국 몰이꾼이 X를 하고 그물꾼이 Y를 해야 한다는 것을 모두가 안다. 당신이 어느 쪽인지는 중요하지 않다. 따라서 관습적인 문화적 관행에서 역할은 행위자와 완전히 독립적이다.

그 역할을 하려는 사람 **누구에게나** 역할이 적용되기 때문이다. 여기서 '누구나'는 개인들로 이루어진 커다란 집단만이 아니라 원칙적으로 우리의 일원이 되려는 모든 사람을 지칭한다. 이런 원칙적인 지칭은 어떤 일을 안다는 것은 사실 자신의 문화적 정체성을 구성하는 일원임을 의미한다. 물론 현대 인류가 자기 집단 내에서 소통하기 위해 사용하기 시작한 언어적 관습의 경우도 마찬가지다. 언어적 관습은 해당 집단의 문화적 공통 기반의 일부이며(Clark, 1996), 따라서 집단 성원과 소통하고자 하는 사람이라면 누구나 소통자로서나 수용자로서나 관습적으로 기대되는 방식으로 소통해야 한다. 그는 상대 대화자 역시 이 두 방식 모두에서 유능할 것으로(그리고 자신도 유능할 것이라고 기대할 것으로) 기대할 수 있다.

현대 인류의 문화적 공통 기반 참여와 관습적인 문화적 관행의 행위자 독립적인 역할이 낳은 한 가지 중요한 결과는 행위자로부터 완전히 독립된, 사물에 대한 관점을 갖는 능력이었다. 우리의 일원이 되려는 이라면 누구나 갖는 관점, 즉 2인 쌍의 상호작용 내부로부터 나오는 초기 인류의 제한된 파트너 의존적 관점을 넘어서 최대한의 일반성을 나타내는 '객관적' 관점을 갖게 된 것이다(토마셀로[Tomasello, 2014]는 초기 인류의 '이곳저곳으로부터의 시각view from here and there'을 현대 인류의 '특정한 시점이 없는 시각view from nowhere'과 대조한다). 그리하여 집단 지향성의 '객관적' 관점이 대규모 사회의 삶에 맞게 적응된 타인과 관계를 맺는 새로운 방식을 구조화했다. 이런 대규모 사회에서는 개인적 관계만으로는 상호작용이 이루어지는 많은 상이한 장소에서 모든 사람을 조정하고 만족시키기에 충분하지 않았다. 객관적 관점은 단순히 집단에 기여하는 성원이 된다는, 가장 일반적인 역할을 비롯한 문화적 역할을 객관화하고 다수 중 하나에 불과한 존재로서 자신을 집단 중심적 장소에 자리매김함으로써 이런 새로운 방식을 구조화했다(Nagel, 1970, 1986).

그리하여 현대 인류는 위층에 문화집단 전체(즉 모든 합리적인 인간을 형성하는)가 있고, 아래층에 문화를 지속 가능케 하는 관습적인 문화적 관행을 구성하는 호환 가능한(행위자 독립적인) 톱니 역할을 하는 자신을 포함한 개인들이 있는 이중 수준 구조를 하나의 사회적 실재로 경험했다. 물론 개인은 때로 이 모든 것을 잊어버리고 자신의 개인적인 관점을 고수할 수 있지만, 조만간 자신이 가진 집단 지향성의 인지적 기술과 더불어 타인 및 집단과의 상호 의존을 인식하면, 관련된 모든 사람의 관점을 동등하고 비개인적으로 고려할 수 있는 불편부당한 관점을 가질 수밖에 없다. 그리하여 이제 문화와 집단 지향성에 의해 창조된 새로운 유형의 인물들이 등장한다. 현대 인류의 정의의 도덕을 탄생시키는 다수의 관계인—'모든 합리적 인간'으로 개념화된—'나', '당신', '우리'가 등장한 것이다.

관습적으로 옳고 그른 일을 하는 방식

초기 인류가 2인 쌍을 이루는 각 파트너가 공동 성공을 위해 자기 역할을 어떻게 해야 하는지에 관해 개인적인 공통 기반에서 역할에 특유한 이상을 갖고 있었던 반면, 현대 인류는 관습적인 문화적 관행

안에서 역할을 수행하기 위한 올바른 방법과 그릇된 방법을 문화적 공통 기반에서 갖고 있었다. 어떻게 보면 이것은 양적인 차이에 불과하다. 두 파트너의 역할 바꾸기와 교환 가능성 대신에 우리는 문화집단의 관행 안에 완전한 행위자 독립성을 갖고 있는 것이다. 그러나 이것은 양적인 차이 이상이기도 하다. 일을 하는 올바른 방식(그르지 않은 방식)으로서의 관습적인 문화적 관행은 두 파트너가 스스로 창조하고 그만큼 쉽게 해체할 수 있었던 초기 인류의 임시적인 이상을 넘어선다. 일을 하는 올바른 방식과 그릇된 방식은 우리보다 훨씬 더 객관적이고 권위적인 어떤 것으로부터 생겨나며, 따라서 개인들은 그 방식을 바꿀 수 없다. 집단 지향성의 관점은 그리하여 역할에 특유한 이상에 관한 초기 인류의 매우 국지적인 감각을 관습적인 역할을 수행하는 올바른 방식과 그릇된 방식에 관한 현대 인류의 '객관적인' 기준으로 변형시켰다. 이처럼 행위자로부터 독립적인, 또는 '객관적인' 관점은 공정성이나 정의의 판단에 충분하지는 않지만 필요하다. 흄의 '일반적인 관점'에서부터 애덤 스미스의 '불편부당한 관찰자', 조지 허버트 미드George Herbert Mead의 '일반화된 타자', 롤스의 '무지의 장막veil of ignorance', 네이글의 '특정한 시점이 없는 시각'에 이르기까지 많은 도덕 철학자들이 이런저런 식으로 공공연하게 인정한 것처럼 말이다.

객관화 과정은 특히 지향성 교육법intentional pedagogy에서 분명하게 드러난다(Csibra and Gergely, 2009). 지향성 교육은 인간에게 독특하며(Thornton and Raihani, 2008), 현대 인류의 등장과 함께 나타났을 공산이 크다. 이웃한 집단들의 분명한 문화적 차이가 처음 나타난 것이 이때이기 때문이다(Klein, 2009). 지향성 교육의 전형적인 구조는 어떤 어른이 아이가 중요한 문화적 정보를 배워야 한다고 고집하는 것이다(Kruger and Tomasello, 1996). 따라서 지향성 교육은 분명히 규범적이다. 아이는 귀를 기울이고 배울 것이 기대된다. 그러나 이 교육은 그 규범적 이상이 종 일반과 관련된다는 점에서 포괄적이라는 것 역시 그만큼 중요하다. 우리가 이 나무 아래서 이 열매를 발견한 것일 뿐 아니라 이와 같은 나무 아래서는 이와 같은 열매가 발견되기도 하는 것이다. 이 창을 던지려면 나나 당신이 세 손가락과 엄지손가락으로 창을 잡아야 할 뿐 아니라 이와 같은 창을 던지려면 누구든지 이렇게 창을 잡아야 하는 것이다. 지향성 교육의 목소리는 따라서 포괄적인 동시에 권위적이다. 이 목소리는 상황이 어떠한지 또는 어떻게 일을 해야 하는지를 객관적인 사실로 이야기해 주며, 그 원천은 교사의 개인적인 견해가 아니라 상황이 어떠한지에 대한 일정하게 객관적인 세계다. 교사는 객관적 세계에 관한 이 문화의 입장을 대변한다. '상황이 그렇다' 또는 '그 일은 이렇게 해야 한다'는 것이다. 실제로 바하르 쾨이멘Bahar Köymen 등(Köymen et al., 2014, in press)은 취학 전 아동들이 또래에게 사물을 가르쳐 줄 때 이처럼 포괄적인 규범적 언어를 사용한다는 점뿐만 아니라 '이건 여기에 둬야 해', '저건 여기 두고'라는 말과 더불어 '그런 짓은 하면 안 돼', '그렇게 하는 건 잘못된 방법이야'라는 말까지 하는 식으로 자신의 가르침을 최대한 객관화한다는 점도 발견했다.

일을 하는 올바른 방식과 그릇된 방식에 관한 이런 객관적인 관점은 역사적 차원에 의해 더욱 강화된다. 문화적 관행은 우리 와지리 족이 지금 일을 하는 방식일 뿐 아니라 우리 민족이 항상 일을 해온 방식이기도 하다. 이리하여 그물질은 우리 집단에 속한 우리가 하는 일이며 따라서 당신도 해야 하는 일일 뿐 아니라 우리가 받들어 모시는 조상들이 영원히 해온 일이기도 하다. 그물질은 우리가 한 민족으로서 생존하도록 보장해 주며, 강 건너 야만인들과 우리를 구별해 준다. 이것은 일을 하는 올바른 방식이다. 현대 인류 개인들은 자신이 속한 문화 속에서 성장하는 과정에서 이처럼 '객관적으로' 올바른 방식을 배웠다. 그리고 어른들에게 이런 관행을 공공연하게 배울 때, 그들은 이런 가르침을 자기 견해를 말하거나 조언을 해주는 개인들로부터 얻는 것으로 경험하지 않았다. 현실이 어떠하고 사람은 어떻게 행동해야 하는지에 관한 문화의 권위적인 목소리로 경험한 것이다.

문화적 행위

인지 기술로서의 집단 지향성과 문화적 공통 기반은 이와 같이 공통된 기대의 안정된 집합을 창조함으로써 한 문화집단에 속하는 성원들 사이의 조정을 촉진했다. 그러나 현대 인류의 대규모 사회는 또한 동기부여의 성격이 더 강한 협이라는 다양한 도전 과제에 직면했다(Richerson and Boyd, 2005). 가장 기본적인 도전 과제는 집단이 커지면 속임수의 가능성도 커진다는 사실이었다. 서로 상대방의 과거에 관해 거의 알지 못하는 내집단의 낯선 사람들 사이에 상호작용이 더 많이 이루어졌기 때문이다. 이와 관련하여 집단적 시도의 규모가 커질수록 개인들이 몰래 타인의 노력에 무임승차할 기회가 많아졌기 때문에 집합행위collective action의 문제가 생겨났다(Olson, 1965). 이처럼 새로운 돌발 사태 때문에 문화적 행위자들은 문화적 삶의 더 경쟁적인 측면들을 협력화하기 위해 훨씬 강한 파트너 선택과 통제 기제를 활용할 필요가 있었다. 이제 사회규범이 등장한다.[12]

사회규범

초기 인류는 비협력적인 파트너에게 직접 항의를 하는 방식으로 그를 통제했다. 그러나 현대 인류는 복잡한 사회의 많은 상이한 활동에서 다양한 역할을 가졌으며, 직접적 소통에 국한된 2인칭 항의는 이렇게 낯선 사람들과 광범위한 활동을 하는 데에서는 너무 국지적이고 소규모여서 효과적이지 못했을 것이다. 그리하여 집단 내의 모든 사람이 다양한 상황에서 개인들이 협력하기 위해 어떻게 행동해야 하는지와 관련해 문화적 공통 기반을 공유한다는 일단의 기대가 서서히 진화했다. 실제로 이런 사회규범은 비협력자를 평가하고 그에게

12 문헌에서 쓰이는 용어가 일관성이 결여된 상황에서 우리는 관습적이거나 전통적인 행동 방식(앞 절에서 논의한 대로)뿐만 아니라 집단 성원들이 협력을 위해 필요하다고, 그리고 일탈할 때는 질책을 받아도 마땅하다고 여기는 행동 방식을 가리키기 위해 크리스티나 비키에리Cristina Bicchieri(Bicchieri, 2006)를 따라 **사회규범**, 또는 심지어 **도덕규범**이라는 용어를 사용할 것이다.

항의하는 과정을 관습화하고 집단화했으며, 따라서 2인칭 파트너 통제를 집단 내의 사회적 상호작용의 순조로운 기능을 보장하는 것을 목표로 삼는, 집단 수준의 사회적 통제로 확대했다. 그리하여 이제 현대 인류는 문화적 공통 기반을 바탕으로 관습적인 문화적 관행의 역할을 수행하는 '객관적으로' 올바르고correct 그른incorrect 방식뿐만 아니라 동료와 협력하고 도덕적으로 행동하는 '객관적으로' 옳고right 그릇된wrong 방식까지 알게 되었다.

사회규범이 경쟁을 협력화하는 데 기여한다고 보는 사고와 일관되게, 여러 사회에 걸쳐 사회규범이 가장 보편적으로 아우르는 영역은 집단의 응집성과 안녕에 가장 시급한 위협을 수반하는 영역, 즉 개인들의 이기적인 다툼 동기와 경향을 가장 강하게 끌어내는 먹을거리와 성이라는 영역이다(Hill, 2009). 그리하여 한 문화집단의 모든 성원이 양이 많은 큰 사체를 어떻게 나눌 것인가라는 문제는 이미 문화적 공통 기반에 속한 모두가 아는 사회규범에 의해 엄격하게 결정되며, 따라서 대부분의 말다툼은 사실상 예방된다(Alvard, 2012). 이와 마찬가지로, 우리가 성관계를 할 수 있는 사람과 없는 사람(예를 들어 친척이나 자녀, 또는 다른 사람의 배우자) 역시 해당 집단의 문화적 공통 기반에 속하는 사회규범에 의해 엄격하게 결정되고, 이번에도 역시 그 집단의 효과적인 작동을 훼손할 수 있는 잠재적인 열띤 충돌이 예방된다. 실제로 사회규범은 잠재적으로 파괴적인 상황에서 경쟁이 일어날 것을 예상하며, 이런 상황에서 개인들이 협력하기 위해 어떻게 행동해야 하는지를 분명히 정해 둔다.

결국 사회규범은 관습화이며, 그만큼 순수하게 그 목적은 순응이다. 이 점을 생생하게 보여주기 위해 현대 인류의 기념 축제를 상상해 보자. 이 축제는 문화적 공통 기반에서 어떤 일을 하는 다양한 관습적 방식으로 규정된 관습적인 문화적 관행이다. 이제 어떤 개인이 관습에 어긋나는 옷을 입고 축제에 간다고 생각해 보자. 여기서 그는 아무에게도 해를 입히지 않지만, 축제에 갈 때 일반적으로 어떤 옷을 입는지는 문화적 공통 기반에 속하는 것이며, 그는 의도적으로 순응하지 않았다. 우리는 모두 누구나 자기 문화의 동료들과 자신을 동일시하고 그들과 제휴하기를 원한다고 가정하기 때문에 이 비순응자는 우리와 동일시하거나 제휴하기를 원치 않는다고 추론할 수 있으며, 그는 우리가 어떻게 생각하는지를 알기 때문에 우리의 평가를 존중하지 않는 것이다. 이제 우리는 그를 불신한다. 그가 우리 집단을 좋아하거나 존중하지 않기 때문이다.

그러나 이제 어떤 개인이 축제 음식 대부분을 챙겨서 도망친다고 상상해 보자. 이 행위로 그는 많은 사람들에게 해를 입히고 무례를 범했으며, 따라서 이것은 2인칭 도덕을 분명히 위반한 짓으로 비난을 받아 마땅하다. 그러나 동시에 이 행위는 해당 집단의 사회규범에 대한 순응의 결여다. 우리 와지리 족은 축제에서 음식을 훔치지 않으며, 그런 짓을 하는 사람은 누구든지 우리의 일원이 아니거나 일원이기를 원치 않는 것이다. 그는 우리 집단과 그 방식에 대한 무시를 나타내고 있다. 그렇다면 축제에서 음식을 훔쳐서는 안 되는 이유가 두 가지다. 하나는 2인칭의 이유(타인에 대한 관심과 존중을 나타내는 것)

이고 다른 하나는 이 이유에 더하여 세워진 관습적인 이유(우리의 규범에 순응하는 것)다. 이런 관찰 방식은 현대의 개인들이 왜 도덕규범의 위반을 관습규범의 위반보다 더 심각한 것으로 보는가라는 문제에 초점을 맞춘 숀 니콜스Shaun Nichols(Nichols, 2004)의 시각(그는 주로 해를 끼치는 것과 관련된 위반에 초점을 맞춘다)과 비슷하다. 니콜스는 도덕규범은 인간들이 이미 그 자체로 일정한 감정적 매력과 혐오(예컨대 누군가 폭행당하는 모습을 보는 것에 대한 혐오)를 느끼는 행동을 대상으로 하는 규범이라고 가정한다. 따라서 도덕규범은 '감정을 지닌 규범'이라는 것이다. 우리는 마음으로는 동의하면서도 이런 초점은 지나치게 협소하다고 주장하고자 한다. 좀 더 관습적인 규범과 좀 더 도덕적인 규범의 차이를 완전히 설명하기 위해서는 관련된 감정들을 밑바탕에서 발생시키는 동력으로서 관여하는 2인칭 도덕에 폭넓게 초점을 맞추어야 한다. 이런 감정들에는 해를 입는 사람에 대한 공감의 감각 외에도 분함이나 분노의 감정을 유발하는, 무례하게 대접받는 사람에 대한 공정성의 감각도 포함된다. 공정성과 존중의 문제를 다루는 문화규범은 따라서 바로 이런 이유로 도덕적 차원도 띤다.

무엇보다도 일단 규범에 근거한 기대가 시작되면, 이 기대는 도움주기처럼 공감에 바탕을 둔 행동을 포함해 거의 모든 행동을 아우른다. 따라서 만약 내가 당신에게 당신 바로 옆에 있는 창을 가져다 달라고 요청하면 우리는 모두 당신이 그걸 가져다줄 것으로 기대하지만, 만약 내가 50마일 떨어진 곳에 있는 창을 가져다달라고 요청하면 그것은 규범에 어긋나는 것이기 때문에 그런 기대를 전혀 할 수 없다.

그러나 이번에도 역시 도덕적 차원은 사회규범 자체에서 나오는 것이 아니다. 사회규범은 기대의 범위를 정해 줄 뿐이기 때문이다. 도덕적 차원은 공감과 피해, 공정과 불공정 등 규범의 밑바탕을 이루는 2인칭 도덕에서 나온다. 관습은 그 자체로 순응을 요구하는데, 여기에는 사소한 일들과 도덕적으로 대단히 중요한 일들이 모두 포함된다. 그러나 단순한 관습이 도덕규범으로 도덕화되는 것도 가능하다. 예를 들어 어떤 행동이 집단 내의 모든 사람에게 동일한 유형의 2인칭 도덕적 평가를 불러일으키기 시작했다는 점이 공통 기반 지식이 되는 경우가 그렇다. 그리하여 만약 모든 사람이 축제에 허름한 옷을 입고 오는 것은 추장에 대한 무례를 나타낸다고 생각하게 되고 그런 옷차림에 분개하면, 전에는 단순히 관습적인 규범이던 일이 도덕화된다. 일반적으로 개인들이 특정한 유형의 사회적 행위에 대해 문화적 공통 기반에서 도덕적으로 평가하는 태도를 공유하게 되면, 단순한 관습적 행동이 도덕화된다.[13]

그리하여 현대 인류 개인들은 적어도 세 가지 직접적이고 신중한 이유에서 사회규범에 순응했다. 첫째, 다른 이들이 자신을 확실히 내 집단 성원으로서 동일시할 수 있게 하는 것, 둘째, 집단과 조정하는 것, 셋째, 평판이 위협받는 등의 처벌을 피하는 것이었다(Bicchieri,

13 따라서 관습적 행동이 도덕화되는 것은 각자 비슷한 평가적 태도를 가진 개인들이 그런 공통점을 알게 되거나(인식의 수렴), 이런 태도를 갖지 않은 개인들이 그 태도를 가진 다른 이들(지도자들)을 따르게 될 때다(태도의 수렴).

2006). 그리고 현대 인류에게 평판에 대한 위협은 이제 관습적인 언어로 뒷소문을 통해 기하학적으로 증폭되었기 때문에 한 번이라도 어떤 개인에게 속임수를 쓰다가 걸리면 엄청난 재앙이 될 수 있었다. 모든 사람이 금세 이 사실을 알게 되기 때문이었다. 이제 개인의 완전한 공적 평판이 뒷소문의 위협에 노출되었고, 문화 세계에서 공적 평판은 가장 중요한 것이었다. 이런 효과가 워낙 강해서 단순히 남이 지켜본다는 이유만으로도 사람들은 대체로 규칙을 지킨다. 여러 상이한 환경에서 현대 인류를 대상으로 진행된 많은 연구가 이 점을 입증한다. 첫째, 사람들은 자신의 평판이 문제가 될 때 공공재 게임public goods game•에서 더 많이 기부한다(Rockenbach and Milinski, 2006). 둘째, 참가자들이 자신의 평판이 문제가 된다는 사실을 아는 경우에 '공유지의 비극'이 완화된다(Milinski et al., 2002). 셋째, 사람들은 평판 정보와 처벌이 없는 것보다 있는 가운데 모르는 이들과 경제적 게임을 하는 것을 선호한다(Guererk et al., 2006). 넷째, 이베이를 비롯한 웹사이트에서 사람들은 평판 정보가 진행 과정의 필수적인 부분일 때 더 협력적인 태도를 보인다(Resnick et al., 2006). 다섯째, 사람들은 심지어

• 이기심과 이타심을 실험하는 게임. 예를 들어, 네 명에게 각각 10달러씩을 주고 그냥 가지거나 마음 내키는 대로 공공재에 기부하게 한다. 단 나중에 기부 금액의 2배를 보상으로 똑같이 나눠 갖는 조건이다. 네 명 모두 전액을 기부하면 40달러의 2배인 80달러가 되어 각각 최종적으로 20달러씩을 갖게 된다. A 한 명만 전액을 기부하면 A는 5달러, 나머지 사람들은 15달러씩을 갖게 된다. 실험 결과를 보면 보통 40~60퍼센트를 기부했으며, 실험이 계속될수록 기부 액수가 줄었다.—옮긴이

자기 앞에 있는 벽에 눈 그림이 있으면 다른 그림이 있을 때에 비해 더 협력적으로 행동한다(Haley and Fessler, 2005).

그러나 현대 인류는 단순히 신중하게 사회규범에 공감한 것이 아니었다. 핵심적인 관찰 결과를 보면, 현대 인류는 사회규범을 따를 뿐 아니라 서로에게 사회규범을 강제하기도 한다. 아무 영향도 받지 않는 관찰자인 제3자의 지위에서도 규범을 강제한다. 이런 제3자의 처벌은 즉각적이고 신중한 동기보다는 다른 동기에서 나오는 것처럼 보인다. 그리하여 실험 연구를 보면 일찍이 3세부터 어린이들은 제3자를 대표하여 사회규범 위반에 대해 타인을 제재하려고 개입한다는 사실이 드러났다(반면 대형 유인원들은 제3자 처벌에 전혀 관여하지 않는다[Riedl et al., 2012]). 예를 들어, 어떤 개인이 다른 사람의 소유물을 차지하거나 부수려고 하면, 어린아이들은 이런 침해를 저지하기 위해 개입한다(Rossano et al., 2011; Vaish et al., 2011b). 그리고 같은 연령대의 아이들은 타인의 권리 자격을 보호하기 위해서도 개입한다. 예컨대 어떤 행위자가 권위자에 의해 X라는 일을 할 자격을 부여받았는데, 다른 사람이 그가 이 일을 하는 것을 막으려고 하면 아이들은 그의 권리를 옹호하면서 사실상 그 사람을 막기 위해 자기가 나선다(Schmidt et al., 2013).

사회규범의 내용은 문화마다 다소 다를 수 있지만, 그 규범을 만들고 따르고 강제하는 과정은 거의 확실히 문화적인 보편 현상이다. 프랭크 W. 말로Frank W. Marlowe와 J. 콜레트 버베스크J. Colette Berbesque(Marlowe and Berbesque, 2008)는 현대의 일부 사냥꾼-채집자들은 어떤 유형이든 규범 강제나 제3자 처벌에 거의 관여하지 않는다는 증거를 제시했다. 대부분 그냥 규범 위반자들에게서 벗어난다는 것이다. 그러나 이것은 파트너 통제보다 파트너 선택을 선호한다는 사실을 보여줄 뿐이다. 바로 이 개인들이 똑같은 상황에서, 특히 자리를 벗어나는 것이 선택지가 되지 못할 때는 틀림없이 제3자를 처벌한다. 그리고 정기적으로, 때로는 심지어 자리를 뜨기 위해 물건을 챙기면서도 뒷소문을 통해 제3자의 평판을 처벌한다(F. W. Marlowe, personal communication). 전체적으로 보면, 현대 인류 집단이 사회 통제의 수단으로서 개인들이 제3자에게 사회규범을 강제할 가능성을—평판 뒷소문을 비롯한 이런저런 방식으로—갖고 있지 못한 경우는 상상하기 힘들다.

우리가 3장에서 주장했듯이, 2인칭 도덕은 제3자의 개입을 지지하지 않기 때문에 이런 경우에 항의하는 내용은 기본적으로 규범에 순응하지 않았다는 것이다. 이런 해석은 어린아이들 또한 단순한 관습을 위반하는 개인들에 맞서서 (비록 감정은 덜하지만) 개입한다는 관찰로 뒷받침된다. 예를 들어 아이들이 이 테이블에서는 이런 식으로 게임을 한다고 배우는데, 누군가 이 테이블에서 잘못된 방식으로 게임을 하면 아이들은 개입해서 그를 저지한다(Rakoczy et al, 2008, 2010). 이런 식의 규범 강제는 분명하게 집단 중심적이다. 어린아이들은 관습을 위반하는 경우에 대해 외집단 성원에 비해 내집단 성원을 더욱 자주, 호되게 응징하기 때문이다(이른바 검은 양 효과black sheep effect다. Schmidt et al., 2012를 보라). 이것은 아마 내집단 성원들이 외부자들보다 더 많은 것을 알고, 집단의 순조로운 작동에 더 관심을 가져야 하기 때문일 것이다. 이와 대조적으로, 2인칭 도덕에 토대를 두는 공감 및 공정의 문제와 관련된 도덕규범의 경우에, 어린아이들은 이미 세 살 무렵이면 이 규범을 내집단 성원들만이 아니라 모든 인간에게까지 적용되는 것으로 간주한다(논평으로는 Turiel, 2006을 보라).

제3자 개입의 이 세 유형 모두에서 아이들은 종종 '그렇게 하면 안 돼'라든가 심지어 '그런 건 나쁜 짓이야!'와 같은 포괄적인 규범적 언어를 사용한다. 앞서 지향성 교육 논의에서 언급했듯이, 이런 포괄적인 언어는 규범 강제자가 개인적인 의견을 표현하는 한 개인이라기보다는 그 문화집단의 일종의 대표자로 행동하는 것임을 시사한다(즉 그는 다월(Darwall, 2013)이 말했듯이 도덕 공동체를 대신해 개입하는 '대표자 권한'을 갖고 있다). 그 집단에 의해 특정한 사회규범이 창조되었다는 사실은 이 개인에게 이 규범이 집단과 그 작동에 좋은 것이라는 확실한 증거가 되며, 따라서 이 개인이 모든 사람에게 규범을 강제하는 것은 좋은 일이고 정당한 집단 중심적 행동이다. 그리하여 취학 전 어린아이들조차 사회규범을 강제하지 않는 개인들보다 강제하는 이들(설령 그들이 다소 공격적으로 행동할지라도)과 상호작용하는 것을 선호한다(Vaish et al., submitted). 아마 이런 강제가 집단 및 그 작동 방식과의 문화적 동일성을 나타내기 때문일 것이다.

사회규범은 따라서 개인들에게 불편부당하고 객관적인 것으로 제시된다. 원칙적으로, 문화의 성원이라면 누구나 그 문화와 가치의 대표자로서 규범의 대변자가 될 것이다. 또 원칙적으로, 문화의 성원이라면 누구나 사회규범의 대상이 될 것이다. 규범은 모든 사람에게 똑같이 행위자 독립적인 방식으로(아마 일정한 인구학적·맥락적 구분 안에서) 적용되기 때문이다. 그리고 원칙적으로, 이 기준 자체는 강제자나 다른 집단 성원들이 원하는 존재 방식이 아니라 도덕적으로 옳거나 그른 존재 방식이라는 점에서 '객관적'이다. 이 세 방식의 일반성—행위자, 대상, 기준—은 규범 강제의 목소리가 왜 교육의 목소리처럼 포괄적인지를 설명해 준다. '그렇게 하면 안 된다.' 규범 강제자는 위반자가 자신의 행동이 도덕적으로 잘못된 것임을 알 수 있도록 스스로 불편부당하게 의견을 구할 수 있는 객관적인 가치의 세계를 참조하게 한다. 리처드 조이스Richard Joyce(Joyce, 2006, p. 117)는 이런 식으로 도덕적 판단의 객관화는 과정의 인지된 정당성에 매우 중요하다고 주장한다. 자기 자신과 타인의 도덕적 가치를 판단하는 공통된 잣대를 제공하면서 "개인들을 공유된 정당화 구조 속에서 하나로 묶어 주기" 때문이다. 그리하여 사회규범은 교육에 의해 전달되는 문화적 정보와 마찬가지로 개인들에게 독립적이고 객관적인 실재가 되기에 이르며, 도덕적 위반은 특정한 개인에게 상처를 입히는 문제라기보다는 도덕 질서를 깨뜨리는 문제가 된다.

문화적 제도

때로 개인들은 확립된 관습이나 규범이 전혀 없는 상황에 들어선다. 따라서 사회 통제를 위해서는 스스로 관습이나 규범을 고안해야 한다. 예를 들어, 최근의 실험에서 5세 어린이 세 명에게 복잡한 게임

기구를 주면서 기구 끝에서 양동이로 공이 나오게 하는 것이 목표라는 말만 해주었다(Göckeritz et al., 2014). 아이들은 게임을 거듭 해보면서 계속 극복해야 하는 장애물에 맞닥뜨렸다. 아이들은 장애물을 극복하려고 노력할 뿐 아니라 시간이 흐르면서 어떻게 극복할지에 관해 분명한 규칙을 만들기도 했다. 그리하여 나중에 순진한 개인들에게 게임하는 법을 보여줄 때가 되자 아이들은 '이렇게 해야 해'라든가 '이렇게 하면 되네'와 같이 포괄적인 규범적 언어를 사용해 게임을 했다. 이 연구에서 아이들은 자기들이 정말로 이 규칙을 창안했다기보다는 이미 기존의 규칙이 있어서 운 좋게 그것을 발견했다고 생각했을 수 있다. 그러나 후속 연구에서는 아이들에게 그냥 몇 가지 물건을 주고 아무 목표나 규칙이 없다고 분명히 말해 주었다. 아이들은 그냥 원하는 대로 놀기만 하면 되었다. 이 경우에도 아이들은 나름의 규칙을 고안하고 분명하게 규범적인 방식으로 다른 이들에게 그 규칙을 계속 전달했다(Göckeritz et al., submitted). 중요한 점은 스스로 규칙을 창안할 때에도 아이들은 어떻게 일을 하는지에 관한 규칙이 필요하고 우리 모두 규범적으로 그런 규칙에 몰두해야 한다는 생각에 몰두한다는 것이다.

목적의식적으로 규칙을 창안하는 이 과정의 최종 결과가 제도다. 사회규범과 제도를 명쾌하게 가르는 구분선은 존재하지 않지만, 제도는 집합적 집단 목표를 충족시키기 위해 분명하게 창안된 행동 방식이며 따라서 분명히 공적인 성격을 띤다. 예를 들어 몇몇 사회가 누가 누구와 결혼할 수 있는지, 적절한 지참금이나 신붓값은 얼마인지,

부부는 어디에 살아야 하는지, 부부 중 한 쪽이 결혼 생활을 포기하면 아이는 어떻게 되는지 등의 문제에 대해 분명한 일단의 규칙을 작성함으로써 결혼을 제도화하기 전까지, 아마 현대 인류는 비공식적인 사회규범에 따라 배우자의 마음을 얻고 짝짓기를 했을 것이다. 그리고 결혼은 종종 공적으로 헌신(일명 약속)을 표명하는 공개적인 의식 속에 수행되었다. 특히 잭 나이트Jack Knight(Knight, 1992)는 비효율, 분쟁, 규범 강제 등의 비용(예를 들어 신붓값이나 결혼 생활 포기에 대한 보상을 둘러싼 분쟁을 해결하는 데 수반되는 '거래 비용') 때문에 기대 이익이 용납하기 힘들 정도로 줄어들 때 개인들은 활동을 제도화하도록 추동된다고 주장한다. 그리하여 개인들은 일정한 제도적 규칙을 준수하겠다고 분명하고 공개적으로 약속한다. 개인들이 얻는 이점은 이제 다른 사람들이 어떻게 할 것인지를 더 잘 예상할 수 있고, 또 제도나 집단에 의해 비개인적으로 처벌이 가해지기 때문에 어떤 개인도 위험이나 비용을 무릅쓸 필요가 없다는 것이다. 이상적으로 보면, 제도화를 통해 달갑지 않은 거래 비용을 줄이면 공공재와 관련된 많은 문제가 줄어들고 모든 사람이 이득을 얻는다.

제도는 대체로 새로운 문화적 현실을 창조하는 구성적 규범이나 규칙으로 이루어진다. 존 설John Searle(Searle, 1995)의 유명한 책에서, 그는 이른바 새로운 지위 기능status functions을 X는 C라는 맥락에서 Y로 간주된다는 공식으로 정의했다. 예를 들어, 조는 집단 의사 결정의 맥락에서 추장으로 간주된다. 설에 따르면(Searle, 2010), 조가 추장이라는 사실은 킬리만자로 산이 우리 우주에서 가장 높은 산이라는 것과 똑같이 객관적인 지위를 가진 제도적 사실이다. 다시 말해, 추장이라는 개념은 문화적으로 창조된다는 사실에도 불구하고(인간이라는 존재가 없다면 추장도 존재하지 않을 것이다) 그것은 이제 세계에 관한 하나의 객관적인 사실이다. 무엇보다도, 제도적으로 창조된 지위에는 의무와 자격이 수반된다. 실제로 우리는 의무와 자격이 지위를 규정한다고 말할 수도 있다. 예를 들어, 우리의 추장은 자원을 둘러싼 모든 분쟁이 우리가 합의한 규칙에 따라 해결되도록 보장할 의무가 있으며, 필요하다면 해결의 조건을 명기하고 해결을 강제할 자격이 있다. 그리고 우리는 그의 자격을 존중할 의무가 있다. (돈으로 쓰이는 조개껍데기 같은 문화적 인공물까지 포함해) 문화적으로 창조된 실체는 그리하여 집단 내에서 새로운 의무적 지위, 즉 '객관적' 현실의 새로운 부분이 될 수 있다. 우리는 또한 약속에 관해 이런 식으로, 즉 약속하는 사람과 약속받는 사람에게 새로운 의무적 지위를 부여하는 새로운 문화적 현실을 창조하는 발화 행위로 생각할 수 있다.[14]

뒤르켐(Durkheim, 1912/2001)은 인간 문화는 그 본성상 성원들에

14 하네스 라코치Hannes Rakoczy와 토마셀로(Rakoczy and Tomasello, 2007)는 새로운 의무적 권한을 가지고 새로운 현실을 집합적으로 창조할 수 있는 이런 능력은 이미 어린이들의 공동 허구joint pretense에서 발견할 수 있다고 주장한다. 이런 공동 허구에서, 예컨대 우리는 이 막대기가 말이라는 데 동의한다. 에밀리 와이먼Emily Wyman 등(Wyman et al., 2009)은 실제로 새로운 행위자가 나타나서 이제 그 막대기를 단순한 막대기로 간주하면, 취학 전 아이들은 '아니에요. 그건 말이에요'와 같은 말을 하면서 규범적으로 반대한다는 사실을 알아냈다. '우리'는 이 막대기에 새로운 지위나 정체성을 부여하는 데 동의한 것이다.

게 그들이 속해서 살고 있는 제도와 제도화된 가치를 '신성시'하도록 부추긴다고 했다. 어떤 것이 신성화되면 그것은 개인이 타파하거나 회피하거나 무시하려고 하는 금기가 된다. 물론 금기는 강한 규범성을 불러일으킨다. 신성한 존재를 파괴하는 것은 잘못된 일이다. 현대의 사례를 거론하자면, 많은 미국인들은 미국 헌법과 그 법령과 가치를 신성시했으며, 따라서 표현의 자유 같은 것들은 이 문화에서 널리 신성시된다. 그렇지만 물론 다른 많은 문화에서는 헌법이 신성한 것으로 간주되지 않는다. 이런 식으로 제도화 과정은 현대 인류의 도덕과 직접 관련된다. 개인들의 경우에 이 과정은 초기 발달 단계에 시작된다. 아이들은 어른의 힘과 사물을 바라보고 처리하는 방식을 우러러보고 존경하기—심지어 신성시하기—시작한다(Piaget, 1932/1997). 아이들이 태어나면서부터 접하는 제도, 그리고 문화적으로 창조된 실체와 가치는 지구상에 전부터 존재한 것이었으며, 이런 사실은 일종의 도덕적 현실주의로 이어진다. 그 현실주의란 이것이 우리가 어떤 일을 하거나 하지 않는, 승인하거나 승인하지 않는 방식일 뿐 아니라 이런 방식이 '객관적'이고 어쩌면 심지어 '신성한' 도덕 질서의 일부라는 것이다.

문화적 행위와 정체성

우리 이야기의 첫 번째 단계에서 성공한 초기 인류는 파트너 선택과 통제를 수반하는 필수적인 협동적 먹이 찾기에 효과적으로 참여하는 데 필요한 사회적 상호작용 기술을 가진 이들이었다. 그들은 파트너를 선택하고, 관리하고, 조정하는 데 필요한 기술을 가진 2인칭 행위자였다. 우리 이야기의 두 번째 단계에서 이런 점에서 성공한 현대 인류는 문화적 삶에 효과적으로 참여할 수 있는 이들이었다. 그들은 관습적인 문화적 관행에서 내집단 성원들과 자신을 동일시하고 생산적으로 상호작용하는 데 필요한 기술을 가진, 그리고 제도의 맥락을 비롯한 사회규범을 따르고 강제하는 데 필요한 기술을 가진 문화적 행위자들이었다. 문화집단의 성원들은 서로에 대해 이 모든 일을 선별적으로 하면서 외집단 성원들을 잠재적 무임승차자 그리고/또는 경쟁자로 배제했다. 그리하여 초기 인류가 파트너(자신과 타인)의 등가성 감각을 무임승차자를 배제할 필요성과 결합함으로써 협동 파트너가 동등한 자격을 갖고 있다는 감각에 다다른 것처럼, 현대 인류는 문화적 관행에서 역할의 행위자 독립성에 대한 감각을 외집단 경쟁자를 배제할 필요성과 결합함으로써 해당 문화 성원들이 동등한 자격을 갖고 있다는 감각에 다다랐다. '우리' 집단에 속한 모든 사람은 아주 기본적인 면에서 존중과 자원을 동등하게 받을 자격이 있다는 것이다(반면 다른 집단에 속한 사람들은 그렇지 않다).

그러나 이것은 한 문화에서 '사람'의 지위를 가진 사람에게만 의미가 있기 때문에 누가 사람으로 간주되느냐는 문제가 제기된다. 간략하게 답하면, 어떤 문화에서 사람이란 다른 이들이 공적 영역에서 사람으로 인정하는 이를 의미한다. 그리고 개인이 이런 집단의 인정을 통해 사람이 되기 시작하면, 그는 자신을 사회규범에 종속된 사람으로 간주하는 이들 중 하나가 된다. 문화적 정체성을 가진 문화적 행위자가 되는 것이다. '와지리 족이라는 사실은 나의 정체성의 일부다.' 물론 그냥 자기가 와지리 족이라고 일방적으로 선언할 수는 없다. 인정을 받으려고 하는 집단의 성원들로부터 인정을 받아야 하는 것이다(Hegel, 1807/1967; Honneth, 1995). 따라서 현대 인류 아동은 자기 문화의 성인들에게 이렇게 요청했다. '나는 당신들만이 나를 인정해 줄 수 있는 존재가 되고 싶다. 왜냐하면 당신들의 인정이 실제로 나의 문화적 정체성을 구성하기 때문이다.' 어린이들이 자기 집단의 문화적인 규범적 관습에 참여하려고 함에 따라 성인들은 점차 아이들이 참여하도록 허용하고 더 많은 책임을 부여하기—아이들을 신뢰하면서 자신들의 상호 의존의 망에 짜넣기—시작했고, 마침내 아이들은 문화에 속한 다른 사람들에게, 그리고 스스로에게도 완전히 유능한 와지리 족으로 간주되었다.

이런 유형의 문화적 동일시, 즉 타인들에 의해 집단의 성원으로 물리적으로 인정받을 뿐만 아니라 집단(나 자신을 포함한)에 의해서도 와지리 족으로 인정받는 것은 사회계약이라는 현대 인류의 비문제nonproblem에 대한 '해법'의 대부분이다. 요점은 심리적인 차원에서 개인들은 아무 문제도 발견하지 못한다는 것이다(즉 문제를 발견한 이들은 인간의 이야기에서 사회적으로 선별·배제되고 점차 도태되었다). 개인은 자신이 태어난 문화집단의 방식에 순응하고 심지어 그런 순응을 남들에게도 강요했다. 이것이 자신의 문화적 정체성의 일부분이었기 때문이다. '나는 와지리 족이고, 우리 와지리 족은 우리가 이렇게 행동해야 한다는 데 동의했다.' 그는 이런 문화적 동일시에 의해서 사회계약의 공저자가 된다. 게다가 집단의 모든 성원이 공감과 존중의 대우를 받을 자격, 동등한 자격이 있다는 것은 집단의 '객관적인' 판단이며, 이런 판단은 사회계약을 한층 더 정당화한다. 협력의 충분한 이유를 제공하기 때문이다. 그러므로 내 문화적 정체성의 일부로서 나는 '우리의' 방식에 순응하고 다른 이들도 순응하도록 최선을 다함으로써 동료들에게 공감과 존중을 보여주어야 한다. 따라서 사회계약은 내 문화적 정체성의 일부이기 때문에('우리'가 '우리'를 위해 그것을 만들었다), 그리고 또한 나 자신을 포함한 모든 집단 성원이 오직 이 계약을 지지함으로써만 그들이 받을 자격이 있는 공감과 존중을 동료들에게 줄 수 있기 때문에 정당성을 얻는다.

초기 인류 개인들이 유능한 협력 파트너로서—그렇게 행동함으로써—자신의 정체성을 창조하고 유지할 필요가 있었던 반면, 이제 현대 인류는 유능한 문화적 행위자로서 정체성을 창조하고 유지할 필요가 있었다. 즉 관습적인 방식으로 행동하고, 관습적인 방식으로 행동하지 않는 사람들(자신을 포함해)을 질책하고, 먹을거리 찾기에서부터 집단 방어에 이르기까지 모든 일에서 내집단 성원들과 협동하고 외집단 성원들을 배제하며, 일반적으로 자신의 내집단 동료들과 집단 전체에 특별한 관심을 보이는 방식으로 행동함으로써 특정한 집단에 속하는 '사람'이 되어야 했던 것이다.

도덕적 자기관리

그리하여 현대 인류 개인은 독립적이고 '객관적인' 존재를 가진, 이미 존재하는 관습과 규범, 제도의 세계에서 태어났다. 이 개인은 문화적 동료들과 더 쉽게 조정을 하고 또한 타인들의 부정적 평가를 피하기 위해 관습과 규범, 제도의 구속에 순응했다. 그러나 그에 덧붙여—앞서보다는 덜 신중하게—이 개인은 일종의 공저자로서, 어떻게 보면 개인과 독립적이고 객관화하는 관점에서 이런 초개인적 사회구조의 창안자들과 자신을 동일시했다. '우리'가 '우리'를 위해 이렇게 사회적인 자기규제 장치들을 창조한 것이었다. 이 장치들은 올바른 행동 방식을 반영한다. 어떤 경우에는 개인이 이미 타고난 2인칭 도덕의 틀 안에서 바라보는 문제들을 규범이 다룬다는 사실 덕분에 이런 문화적 동일시와 객관화가 추가적인 힘을 얻었다.

그리하여 초기 인류의 쌍이 서로 공동 헌신을 할 수 있었던 한편(이런 공동 헌신은 두 사람의 협동적 관여와 함께 생명을 유지했다), 현대 인류 또한 자기 문화의 '객관적으로' 올바른 행동 방식 일반에 좀 더 영구적으로 집단적 헌신을 할 수 있었다. 이런 헌신 덕분에 현대 인류는 타인에게 강제하는 규범으로서만이 아니라 자신의 도덕적 자기관리를 위해서도 정당했다. 집단적 헌신은 따라서 초기 인류가 파트너에 대해 갖는 2인칭 책임 감각을 현대 인류가 자기 문화집단의 '객관적인' 가치에 대해 갖는 더 광범위한 의무 감각으로 변형시켰다.

집단적 헌신과 죄의식

초개인적인 규범과 제도에 대한 현대 인류의 집단적 헌신은 옳은 일을 해야 한다는 의무 감각을 창조했다. 이런 감각에 따라 행동하는 것은 문화적으로 합리적인 일이었다. 옳음과 그름은 그저 인정해야 하는 객관적인 가치이기 때문이다. 실제로 현대 인류의 경우에 옳은 일을 해야 한다는 감각이 전략적인 평판 관리를 비롯한 이기적 동기를 압도할 잠재력이 있다. 예를 들어, 현대의 어린이들은 타인에게 보이는 인상을 관리하려는 적극적인 시도에 관여하기는 하지만(Engelmann et al., 2012; Haun and Tomasello, 2011), 어떤 상황에서는 도덕적으로 행동하기 위해 이런 전략적 동기를 무시할 수 있다. 예컨대 최근 한 연구에서는 5세 어린이들에게 보상을 그냥 챙겨도 되고 아니면 가난한 아이에게 기부할 수도 있다고 말했다. 그리고 아이들은 다른 세 명이 보상을 그냥 갖기로 결정하는 것을 지켜보았다. 다른 이들에게 순응하고 이득을 챙기게 하려는 유혹에도 불구하고 많은 아이들은 옳은 일을 선택하면서 보상을 가난한 아이에게 기부했다(즉 통제 상황에서 더 많이 기부했다. Engelmann et al., submitted). 이 연구에서 아이들이 보인 행동에 대해서는 옳은 일을 하려는 그들의 의무 감각이 이기적이고 전략적인 동기를 압도했다고 생각하는 것이 자연스럽다.

일반적으로 우리는 옳고 그름에 관한 집단의 이상에 집단적으로 헌신하는 과정을 〈그림 4-1〉처럼 묘사할 수 있다. 3장에서 초기 인류(의 공동 헌신)를 묘사한 비슷한 그림인 〈그림 3-1〉과는 대조적으로,

현대 인류가 자기규제를 위해 활용한 초개인적 실체는 직접적인 참여자들로 이루어진 '우리'만이 아니라 문화집단의 '우리', 특히 집단의 사회적 규범 속에 구현되는 '객관적' 가치로 표명된 '우리'였다. 또한 초기 인류와 대조적으로, 위로 향하는 점선은 개인들이 스스로 규범을 창조하는 것이 아니라(물론 우리가 살펴보았듯이, 어떤 제한된 맥락에서는 그렇게 할 수도 있다) 어떤 의미에서 규범을 확인하고 그것과 동일시하고 있음을 가리킨다. 아래로 향하는 실선은 초개인적인 사회구조가 관련된 모든 사람들, 즉 이 규범의 저자인 동시에 대상이며 이 문화에 속하는 '우리'를 자기규제하거나 자기관리함을 다시 한 번 가리킨다.

무엇보다도 현대 인류 개인들은 집단적 헌신에 순응하는지 여부만이 아니라 타인의 비순응을 어떻게 판단하는지에 대해서도 타인을 판단했다. 다시 말해 만약 어떤 개인이 먹을거리를 훔침으로써 어떤 도덕규범을 위반하면, 그는 엄하게 판단을 받고 처벌을 받아야 하며 따라서 그를 엄하게 판단하고 처벌하는 사람은 훌륭하고 정의로운 일을 하는 것이다(Gibbard, 1990). 실제로 마테오 마멜리Matteo Mameli(Mameli, 2013, p. 907)는 타인들의 판단에 대한 이런 초월적 판단meta-judgment이야말로 진정으로 도덕적인 관점에 필수적이라고까지 말한다. "우리는 고문이 도덕적으로 극악하다고 생각할 뿐 아니라 누군가 고문을 극악하다고 생각하지 않는 것을 극악하다고도 생각한다. 우리는 어떤 사람들이 고문을 극악하게 생각하지 않는다는 것을 극악하다고 생각하지 않는 사람에 대해 고문의 나쁜 점을 제대로 파악하지 못한다고 보는데, 이 사람이 고문 행위에 가담하려는 성향이나

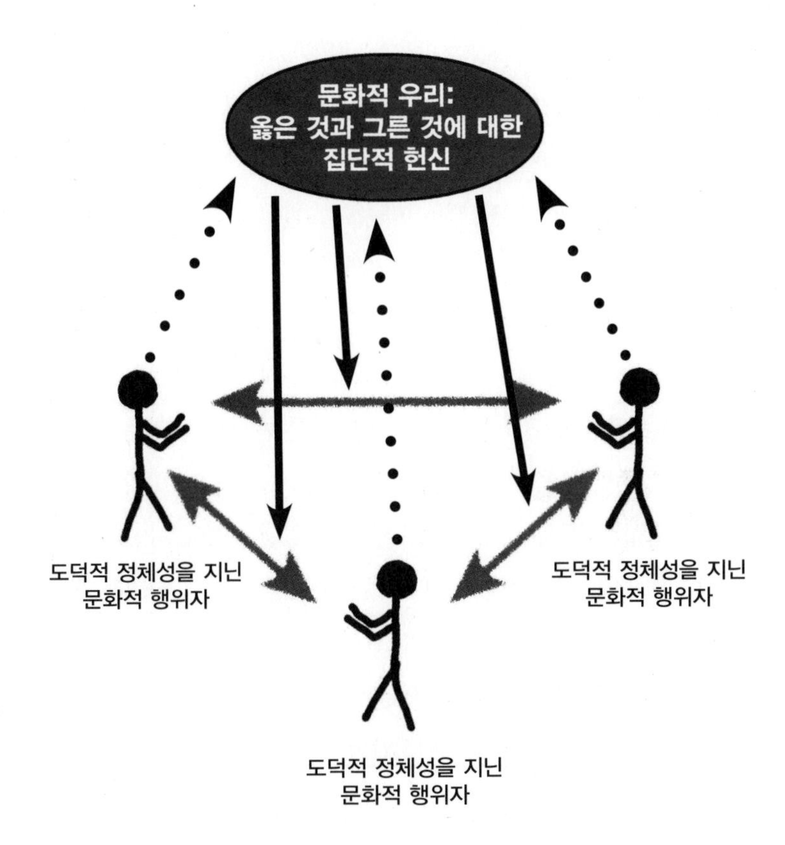

그림 4-1 도덕적 정체성•을 지닌 문화적 행위자에 의해 창조되거나 확인되고(위로 향하는 점선) 자기규제되는(아래로 향하는 실선) 옳은 일을 하려는 집단적 헌신. 문화적 행위자들은 동료들에 대해 그릇된 방식이 아니라 옳은 행동 방식을 선택하며(즉 사회규범을 따르며) 타인들도 그렇게 하게 해야 한다는 의무를 느낀다(양방향 화살표). 이 과정의 내면화가 집단 중심적인 문화적 합리성과 규범성을 반영하는 도덕적 자기관리를 구성한다.

• 원문에는 'cultural identity'라고 되어 있으나 오기로 보인다.—옮긴이

욕망이 전혀 없다고 하더라도 사정은 마찬가지다." 현대 인류는 이런 사회적 과정을 내면화하면서(이를테면 자기 자신에게 돌리면서) 일종의 도덕적 자기관리에 관여하기 시작했다. 그리하여 그들이 타인의 도덕적 판단에 대해 타인을 판단하고 타인도 그들을 똑같은 방식으로 판단한 것처럼, 이제 그들은 역할 바꾸기 평가 기술을 활용해서 그들 자신의 도덕적 판단에 대해 자기 자신을 판단했다. 이제 개인은 행동하기 전에 스스로 물을 수 있게 되었다. 다른 사람의 행동에 관해 물을 수 있는 것처럼, 이것이 추구할 만한 좋은 목적인지, 또는 길잡이로 활용할 만한 좋은 가치인지, 코스가드(Korsgaard, 1996a)의 표현을 빌리면 '반성적 승인reflective endorsement'을 할 수 있는 것이다. 자신의 목적과 가치에 관해 자기반성하고 평가하는 능력은 전략적인 사회적 행동을 추구하는 그 어떤 경향보다도 도덕규범에 대한 헌신을 한층 더 합리화·객관화하며, 따라서 정당화한다.

반성적 승인은 예상과 관련되지만(개인이 무엇을 할지를 결정하는 데 도움을 준다), 비슷한 과정이 소급적으로도 작동한다. 내가 이미 잘못된 일을 한 경우에 지금 나는 그 일을 하는 것이 맞는다는 앞서의 판단이 그릇되었다고 판단하며, 따라서 나는 질책을 받아 마땅하다. 그러므로 이런 유형의 죄의식은 처벌에 대한 공포가 아니다. 사실 이것은 오히려 처벌을 받아 마땅하다는 감정이다. 또한 이것은 그 어떤 관습을 위반한 데 대한 반응이 아니며, 비순응 자체에 대한 유감스러운 감정이 아니다. 오히려 도덕적 올바름에 대한 나의 앞선 판단이 죄의식의 대상으로 선택된다. 나는 당시에는 그것이 옳은 일이라고 생각했지만 이제 더는 그렇게 생각하지 않는다. 죄의식에 대한 명백한 반응은 따라서 저질러진 피해를 복구하는 것(Tangney and Dearing, 2004), 즉 유감스러운 행동을 최대한 원상태로 돌리는 것이다. 그리고 피해를 복구하는 것만이 아니라 나 스스로가 복구하는 일을 하는 것이 중요하다. 그래야만 내가 속한 도덕 공동체 및 정체성과 다시 보조를 맞출 수 있기 때문이다(3장에서 인용한 Vaish et al., in press의 연구에서처럼). 이것은 수치심과 대조를 이룬다. 수치심의 경우에는 주된 쟁점이 타인들이 어떤 행동을 보고 있는지, 그리고 이 행동이 나에 대한 그들의 평판 평가에 영향을 미치는지 여부다. 수치심 상황에 대한 통상적인 반응은 행동을 중단하고 타인들이 그것을 용서하거나 잊어버리기를 바라는 것이다(Tangney and Dearing, 2004). 나는 내가 한 일을 바로잡을 수 없다. 왜냐하면 이제 타인들이 갖게 된 정보를 없앨 수 없고, 그 정보는 나의 평판에 대한 판단에 영향을 미치기 때문이다. 나는 이미 체면을 잃었다(Brown and Levinson, 1987).

죄의식이 자신의 앞선 판단에 관한 판단이라는 사실은 사람들이 몸짓에서부터 말로 하는 사과에 이르기까지 온갖 방법을 통해 무척 자주 죄의식을 공공연하게 표명할 필요성을 느낀다는 점에서 분명히 나타난다. 이런 표명은 타인들의 처벌을 사전에 예방할 수 있으며—나는 이미 나 자신을 처벌하고 있으니(그리고 나의 고통은 당신의 공감을 불러일으키니) 당신은 처벌할 필요가 없다—, 전략적인 행동으로 볼 수 있다. 실제로 각기 다른 개인들이 똑같은 규범을 위반하는 것을 목격하는 경우에, 심지어 어린아이들도 규범을 어기고도 신경 쓰지 않는 듯 보이는 사람보다 규범을 어긴 데 대해 죄의식을 나타내는 사람에게 더 긍정적인 감정을 느낀다(Vaish et al., 2011a). 그러나 죄의식 표명은 또한 내가 그릇된 판단을 했으며 그것을 후회한다는 점을 이제 공개적으로 인정한다는 사실을 (나 자신을 포함해) 모든 사람에게 알리는 훨씬 더 중요한 기능을 한다. 그리하여 나는 나를 엄하게 판단하는 이들과 유대를 보이며, 실제로 나는 나의 앞선 판단에 대한 이런 부정적 판단이 마땅하고 정당하다는 점에 동의한다. 어떤 도덕 규범을 위반한 데 대해 죄의식을 느끼는 것은 따라서 자기 평판에 대한 전략적인 관심을 넘어서며, 심지어 벌어진 일에 대한 단순한 후회도 넘어선다. 그것은 집단의 '객관적인' 기준을 활용해서 나의 앞선 서투른 판단에 대해 부정적인 판단을 내리는 것이다.

그러므로 반성적 승인과 죄의식은 새로운 종류의 사회적 자기규제, 즉 여러 수준의 도덕적 판단으로 이루어진 내면화된 반성적 자기규제를 나타낸다. 그리고 이런 경우의 판단은 도덕적이다. 왜냐하면 그런 판단이 마땅하다는 감각을 동반하기 때문이다. 나는 이런 판단을 내려야 한다. 이것은 나의 도덕적 정체성의 일부분이니까 말이다. 물론 우리 집단에 속한 일부 개인들은 언제나 자기 이익을 주시한 채로 우리의 관습과 규범과 제도를 전략적으로 따를 것이다. 그러나 이런 소시오패스들은 도덕적인 사람이 아니며, 따라서 완전히 신뢰할 수 없다. '우리'는 우리 도덕 공동체에 속한 사람들이 (우리의 문화적·도덕적 정체성에 의해) 서로에게 일정한 의무가 있음을 진심으로 믿는 이들이다.

도덕적 정체성

요약해 보면, 우리는 현대 인류의 도덕적 자기관리가 어떤 형태의 전략적 협력과도 가장 뚜렷하게 구별되는 점은 개인의 도덕적 정체성 감각의 역할이라고 말할 수 있다. 인간의 도덕적 행동에 책임이 있는 근접한 심리적 기제에는 본질적으로 자신의 이기적인 이해나 자신의 평판과 관련된 전략적인 계산에 대한 신중한 관심이 포함되지 않는다. 이 기제에는 시간이 흘러도 지속되고 타인을 판단할 때와 동일하게 불편부당하게 자신을 판단하는 도덕적 자아(도덕 공동체를 대표하는 권한을 갖는다)의 도덕적 판단이 포함된다(Blasi, 1984; Hardy and Carlo, 2005). '나는 그런 일은 절대 못해', '나는 그런 일을 하고는 못 살아', '나는 그런 사람이 아니야'와 같이 사람들이 이 유형에 대해 흔히 말하는 관용어는 이 과정을 비공식적으로 포착한 것이다.

우리가 상상하는 형성 과정은 아마 이런 식일 것이다. 개인들은 어린이로 출발하면서 남들에게 영향을 미치는 결정을 끊임없이 내리며, 또한 남들에게 영향을 미치는 행동에 대해 남들을 판단한다. 개인들은 또한 도덕적 판단 자체에 관해 판단을 내리고 남들에 의해 판단된다. 이 모든 판단은 그 문화나 도덕 공동체의 대표자, 즉 역사의 시간을 거치면서 '우리'가 창조한 옳고 그름의 이상理想의 대표자로 이해되는 개인들에게서 나온다. 그리하여 발달 중인 아이는 바로 이러한 관점에서 자신을 판단하기 시작한다. '나'를 판단하는 '우리'의 관점에서. 아이는 이 과정을 내면화하고, 그리하여 지금의 자신을 지속시키기 위해 어떻게 행동해야 하는지를 규정하는 도덕적 정체성을 형성하기 시작한다. 이 도덕적 정체성의 핵심에는 네 가지 관심이 존재한다(〈그림 4-2〉의 작은 원을 보라). 생존하고 번성하기 위해 나를 돕는 것을 목표로 삼는 나의 이기적인 동기인 **나-관심**me-concerns, 타인과 집단에 대한 공감과 도움으로 표현되는 **당신-관심**you-concerns, 타인과 자신을 동등한 자격이 있는 개인들로 여기는 **평등-관심**equality-concerns, 2인칭 행위자와의 대면적 상호작용에서 형성된 2인 쌍인 '우리'에서 생겨나는 관심과 자신의 문화집단과 동일시하게 됨에 따라 형성된 집단 중심적 '우리'에서 생겨나는 관심 둘 다를 가리키는 **우리-관심**we-concerns이 그것이다.

현실 세계의 많은 도덕적 상황에는 이런 관심들의 다수 또는 전부의 복잡한 조합이 포함되며, 때로는 이 때문에 도덕적 딜레마가 생겨난다. 그러나 이상화된 '순수한' 형태를 보면, 타자를 고려하는 관심other-regarding concerns의 각각은 서로 구별되는 감정과 결부된다. 전형적인 경우를 보면, 평등과 존중의 위반은 분한 감정에 직면한다(Strawson, 1962; Darwall, 2006). 존중받지 못하는 사람은 자신이 이런 식으로 대접받을 이유가 없다고 느끼며 가해자에게 분한 감정을 느낀다. (일부 이론가들은 이 감정의 3인칭, 즉 문화적 형태가 타인이나 집단을 위한 분노라고 생각한다.) 이와 대조적으로, 어떤 사람이 특히 친구나 다른 가까운 친족으로부터 자신이 기대하는 공감을 받지 못했을 때, 그는 분한 감정보다는 '상처 감정'을 느낀다. 상처받은 친구는 상처를 준 이가 둘의 관계의 토대를 이루는 공감과 신뢰를 무시했다고 느낀다. 규범이나 규칙의 위반은 종종 누군가가 상처를 받거나 무시당하는 다른 도

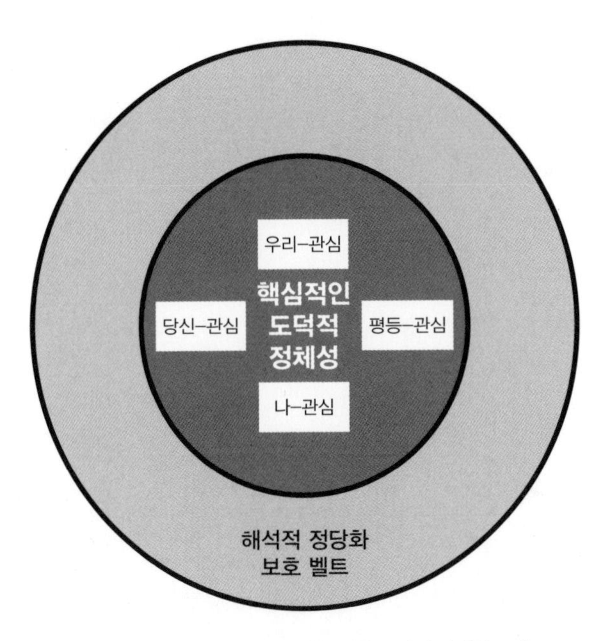

그림 4-2 인간의 도덕적 결정을 위한 도덕적 정체성 모델

덕적 위반과 일치하지만, 순수한 경우에 사람은 단순히 규칙 위반자가 규칙을 찬동하거나 승인하지 않는다는 감각만을 느낄 것이다. 그는 우리 모두가 동의한 사회적 행동의 규칙을 따르지 않기 때문에 도덕 공동체의 성원이 아니다.

설령 사람이 나–관심의 손을 들어 주는 쪽으로 결정할지라도 도덕적 결정은 대체로 나–관심 이외의 세 가지 관심 중 하나를 수반한다. 따라서 인간의 도덕적 의사 결정에는 언제나 일정한 복잡성이 존재한다. 그럼에도 불구하고 우리는 인간 개인들이 과거의 도덕적 의사 결정에 의해 확립된 자신의 핵심적인 도덕적 정체성을 유지하려는 동기가 강하다고 주장한다. 무엇보다도 개인들은 자신의 핵심적인 도덕적 정체성과 일관되게 행동함으로써 그것을 유지한다. 그러나 모든 상황은 어느 정도 특수하며, 어떤 주어진 상황이 과거의 경험에 동화됨에 따라 그 특수성은 어떤 식으로든 조정되어야 한다. 따라서 어떤 이는 장례식에 체크무늬 코트를 입고 가는 상황을 단순한 에티켓 위반이나 유족에 대한 무시로 해석할 수 있다. 어떤 이는 자원을 배분할 때 몸무게가 가벼운 사람이 덜 받도록 할 수 있다(이렇게 되면 예를 들어 여자와 아이가 덜 받는다). 이렇게 해야 몸무게 수준에서 평등이 유지된다고 해석하기 때문이다. 그렇지만 다른 이는 이런 방식이 사람들의 평등에 위배된다고 생각할지 모른다. 이런 예는 수없이 많다. 과학자들이 특정한 방식으로 경험적 증거를 해석함으로써 자신들의 핵심적인 믿음을 고수하듯이(Lakatos and Musgrave, 1970), 개인들은 타인들이 부도덕한 행위라고 여기는 일을 하면서도 이 상황을 창의적으로 해석함으로써 핵심적인 도덕적 정체성의 감각을 유지할 수 있다.

그러나 창의적인 해석에도 한계가 있다. 사람의 도덕적 정체성은 사회적으로 구성되기 때문에 개인은 왜 다른 행동이 아니라 이런 행동을 선택했는지를 (타인에게만이 아니라 자기 자신에게도) 언제나 정당화할 태세가 되어 있어야 한다. 정당화란 내 행동이 실제로 우리 모두가 공유하는 가치에서 나온 것임을 보여주는 것을 의미한다. 예를 들어 만약 내가 야영지에 뼈다귀를 놔둬서 짐승이 모여든다면, 나는 갑자기 물에 빠진 아이를 구하러 가느라 잡던 고기를 내팽개쳐야 했다고 모든 이들에게 해명할 수 있다. 이런 정당화는 받아들여질 공산이 크다. 우리 모두 물에 빠진 아이를 구하는 일이 청소 규범을 따르는 일보다 더 중요하다는 것을 받아들이기 때문이다. 그러나 만약 내가 지난밤에 파티에서 놀아서 낮잠을 자고 싶었다고 주장하면서 청소를 게을리 한 것을 정당화하려 한다면, 이것은 받아들여지지 않을 공산이 크다. 조너선 하이트Jonathan Haidt(Haidt, 2012)를 비롯한 이들은 도덕적 행동은 직관적이고 감정적인 원천에서 나오며, 이와 같이 말로 하는 정당화는 오로지 타인들을 설득하기 위한 사후적 정당화라고 주장한 바 있다. 이것이 사실일지 모르지만, 이렇게 타인들을 설득하는 것은 단순히 전략적 시도, 즉 타인들이 나를 처벌하지 못하게 막으려는 시도만은 아니다. 이것은 또한 나 자신의 문화적·도덕적 정체성을 손상시키지 않기 위해서도 필요하다. 실제로 일부 규범적 계약론에서 도덕의 합리적 토대는, 특히 한 도덕 공동체에 속한 개인들이 의존하는 공유된 정당화 구조에 존재한다(Scanlon, 1998). 새로운 관습과 규범을 창조하거나, 다른 규범이 아니라 한 규범을 선택하거나, 어떤 규범을 무시할 때 개인은 자신의 행동을 해당 도덕 공동체가 공유하는 가치에 근거를 두는 방식으로 타인뿐만 아니라 자신에게도 자기 선택을 정당화할 준비가 되어 있어야 한다. 요점은 비록 도덕적 정당화가 반드시 도덕적 행동을 낳거나 경험적 정확성을 달성하는 것을 목표로 하지 않더라도 그 개인이 도덕 공동체와 지속적으로 동일시한다는 것을 보여주는 공유된 가치를 찾는 것을 목표로 한다는 것이다.[15]

그리하여 해석과 정당화의 보호 '벨트'가 한 사람의 핵심적인 도덕적 정체성을 에워싸게 된다(〈그림 4-2〉의 큰 원을 보라). 어쩌면 나는 내가 모은 꿀 전부를 타인들과 공유해야 하는데 그렇게 하지 않았지만, 지금 나는 몸이 아파서 남들보다 영양을 더 섭취할 필요가 있다. 이런 사실이 타인들과 나 자신에게 나의 행동을 정당화해 줄까? 나는 내가 속한 사회에서 인종 격리 정책을 실행하지만, 이것은 하느님이 바란 것이기 때문에 정당하다. 이것이 타인들과 나 자신에게 내 행동을 정당화해 줄까? 만약 이런 질문들에 대한 답이 '그렇다'라면, 나는 현재 상태에서 계속 밀고 나간다. 하지만 그 답이 '아니다'라면, 나의 핵심적인 도덕적 정체성이 도전을 받으며, 나는 죄의식을 드러내거나 변명을 하거나 보상을 하는 식으로 바로잡기 위한 노력을 해야 한다. 물론 이 과정에서 대단히 중요한 것은 영향을 받는 대상이 그가 속한 도덕 공동체의 성원인지(만약 노예들을 도덕 공동체의 성원으로 간주한다면 어쨌든 노예제는 정당화되지 못했을 것이다), 그리고 그가 정당화하는 참조 집단이 누구인지(이 경우에 노예, 노예주, 또는 다른 사람들 중 누구인지) 하는 것이다. 따라서 정당화는 개인이 자기 집단 및 집단이 공유하는 생활방식과 동일시하는 또 다른 수단이며, 그리하여 그가 자신

15 이런 유형의 도덕적 정당화는 아마 초기 인류가 협력자로서 타인의 행동을 평가하고, 그의 의도를 설명하고, 정상을 참작하는 등의 방식에서 유래했을 것이다. 다시 말해, 초기 인류는 이런 고려들을 활용해서 어떤 특정한 행위에 대해서만 타당한 판단에 이른 반면, 현대 인류는 이 고려들을 결합해서 의문스러운 도덕적 행위에 관한 타인들의 판단에 영향을 미치기 시작했다.

이 속한 문화의 사회계약에 참여하는 것을 정당화해 준다.

마지막으로, 도덕적 정체성을 통한 도덕적 자기관리의 전체 과정에서 중요한 것은 필요한 경우에 해당 문화의 사회규범을 자유롭게 넘어설 수 있다는 인식이다. 그리고 실제로 이런 자유 덕분에 의무의 힘이 한층 더 구속력을 갖는다. 사람은 자신이 내린 결정의 주인이 되기 때문이다(Kant, 1785/1988). 특히 상충하는 규범들과 관련된 도덕적 딜레마를 해결하려면 종종 어떤 관습적 양상에도 순응하지 않는 방식으로 개인적으로 여러 가치를 저울질해 볼 필요가 있다. 마거릿 미드Margaret Mead(Mead, 1934)와 앙리 베르그송Henri Bergson(Bergson, 1935)은 모두 도덕적 존재는 자기 집단의 규범이 간단한 방식으로 적용되지 않거나 더 문제가 되는 경우로 서로 상충할 때, 원칙적인 결정을 할 수밖에 없다고 강조한 바 있다. 이것은 특히 현대 다문화 사회의 복잡한 현실에서 그러하지만, 단순하고 균일한 사회에서도 어떤 사람의 2인칭 도덕이나 일반적인 대형 유인원 수준의 친족과 친구에 대한 선호는, 많은 경우 규범에 근거한 그 사람의 문화적 도덕의 측면들과 충돌할 수 있다. 어려움에 처한 내 친구나 동료를 구하기 위해 다른 이들의 소유물을 훔치거나 해를 입혀야 할까? 따라서 개인들은 관습에 따른 것이든 좀 더 개인적으로 창의적인 것이든 간에 언제나 자기가 내리는 도덕적 결정에 자유롭게 동의하거나 동일시해야 한다. 현대 인류 개인들의 삶은 따라서 윌프리드 셀러스Wilfrid Sellars(Sellars, 1963)가 말하는 것처럼 "의무로 가득 차게" 되었다.

분배 정의

분업이 존재하는 현대 인류 사회에서 특히 중요한 문제는 물론 사람들 사이의 자원 배분이다. 실제로 한 사회에서 사람들 사이에 자원이 어떻게 분배되는가는 여러 면에서 그 사회가 가진 특수한 정의 감각의 가장 구체적인 표현이다(Rawls, 1971). 3장에서 우리는 어린아이들(그리고 가설적으로 초기 인류)이 협동적 노력으로 얻은 전리품을 파트너들끼리 동등하게 나누는 경향이 강하다고 주장하고 그 증거를 제시했다. 이제 현대 인류가 스스로를 하나의 거대한 협동 집단의 일부로 본다면, 우리는 그들이 집단 성원들 사이에서 자원을 동등하게 나눌 것으로 기대할 수 있다. 그 자원을 획득하는 데 참여하지 않은 사람들에게도 나눠 주고 자신에게 특별한 특권을 부여하지 않을 것이다.

대체로 사실이 그러하다. 핵심적인 자연적 현상은 현대 인류 문화 집단들에 특유한 중심지 먹이 찾기central-place foraging다. 여기서 일부 개인들은 먹을거리를 획득한 뒤 중심지로 가져와서 동료들과 나눈다. 현대 먹이 채집자들을 관찰해 보면, 이 과정의 여러 복잡성이 드러난다. 각기 다른 집단들이 먹을거리를 어떻게, 언제, 누구와 나눌지에 관해 상이한 방식을 다양하게 보이는 것이다(Gurven, 2004). 그러나 한 가지는 모든 문화에 공통된다. 집단에 속한 모든 사람이 먹을거리를 얻을 자격이 있다는 것이다. 그리하여 모든 먹이 채집자 문화에는 기여하는 바가 거의 없는 게으르거나 무능한 성원이 있으며, 이 개인들은 여러모로 불리하다. 하지만 그래도 그들이 우리의 일원이며, 따라서 굶어죽게 내버려 두어선 안 된다는 감각이 존재한다. 현대 인류의 먹이 채집자 사회에서 나타나는 이런 특징은 협동 파트너들이 동등한 자격을 갖고 있다는 감각 외에도 현대 인류가 우리 문화집단의 일원인 모든 이들은 최소한의 자격이 있다는 감각도 갖고 있음을 보여주는 강력한 증거다.[16]

마찬가지로, 서구 산업사회에서 학령기 어린이들은 (단순히 협동자들만이 아니라) 집단에 속하는 모든 사람이 자원의 몫을 받을 동등한 자격이 있다고 생각한다. 예를 들어, 에른스트 페르Ernst Fehr 등(Fehr et al., 2008)이 발견한 바에 따르면, 스위스의 7~8세 어린이들은 파트너가 내집단 성원이라면 예상치 못하게 생긴 자원을 그 아이와 동등하게 나누는 쪽을 선호하며, 실제로 동등한 분배가 되도록 스스로 자원을 포기하기도 한다(Olson and Spelke, 2008; Blake and McAuliffe, 2011; Smith et al., 2013도 보라). 또 다른 실험 패러다임에서 5세 어린이들은 자기와 동등하게 나누지 않는 상대는 누구든 처벌한다(즉 미니 최후통첩 게임에서. Wittig et al., 2013). 반면 침팬지는 그렇게 하지 않는다(Jensen et al., 2007). 그리고 자원을 나눠 갖는 학령기 아이들은 여분의 자원이 생기면 평등을 해치는 방식으로 할당하기보다는 내버리기까지 하는 경우도 있었다(Shaw and Olson, 2012). 이런 발달 양상은

16 현대 복지국가와 그 최소 생활 안전망은 바로 이런 기본 철학에 찬동하는 것으로 볼 수 있다. 모든 사람이 우리의 문화인 이 하나의 커다란 협업의 성원이라는 이유만으로 최소한의 양을 받을 자격이 있다는 철학 말이다.

협동이 초기 인류의 진화에서 평등 선호를 낳은 자연스러운 고향이었을 수 있음을 시사하지만, 문화집단이 등장하고 전체 집단을 단일한 협동 사업으로 보는 감각이 생겨나면서 집단에 속한 모든 사람이 집단 성원이라면 누구든지 모은 자원, 특히 대량의 자원을 받을 자격이 있는 수혜자로 간주했다.

최근 많은 비교문화 연구(그 대부분은 소규모 문화와 서구 산업화 문화 둘 다를 포함한다)에서는 어린이들이 자원을 배분하기 위해 선택하는 방식에서 문화적 차이를 발견했다. 예를 들어 필리프 로샤Philippe Rochat 등(Rochat et al., 2009)은 3세와 5세 어린이들이 예상치 못하게 생긴 자원을 여러 다양한 개인들과 어떻게 나누기로 선택하는지를 보면서 문화적 차이를 발견했다. 베일리 R. 하우스Bailey R. House 등(House et al., 2013)은 여섯 개의 상이한 사회에 속한 어린아이들이 자원을 포기할 것을 요구하는 독재자 게임에서 비슷하게 행동하지만, 8~9세 정도에 이르면 문화적 차이가 발생하는 것을 발견했다. 헨리에테 차이들러Henriette Zeidler 등(Zeidler et al., in press)은 어린이들이 독차지할 수 있는 자원에 남과 번갈아 접근하려고 한다는 점에서 문화 간에 상당한 차이가 있음을 발견했다. 조지프 헨릭Joseph Henrich 등(Henrich et al., 2001)은 상이한 문화에 속한 성인들이 최후통첩 게임에서 어떻게 행동하는지에서 뚜렷한 차이를 확인했다. 반면 연구 대상인 15곳의 소규모 사회에는 공정성에 대한 감각이 어느 정도 존재했다. 마지막으로, 마리 섀퍼Marie Schäfer 등(Schäfer et al., in press)은 서구 산업화 사회의 학령기 어린이들은 각자의 노동 생산성에 비례해 협동 파트너들끼리 자원을 분배하는 반면, 아프리카의 소규모 사회 두 곳에서는 같은 연령의 아이들이 그런 식으로 분배하지 않는다는 것을 발견했다.

자원 분배에서 나타나는 이런 문화적 차이를 이해하기 위한 열쇠는 개체발생 양상이다. 상이한 문화에 속한 취학 전 어린아이들(사실 이 아이들은 인용된 어떤 연구에서도 제대로 대표되지 않는다)은 공정성 감각에서 거의 다르지 않다. 그들은 모두 자연적인 2인칭 도덕에 따라 움직이기 때문이다. 그러나 나중에 특히 학령기의 아이들은 자기 문화가 공정한 방식으로 자원을 분배하기 위해 고안해 낸 사회규범에 찬동하기 시작한다. 현재의 시각에서 볼 때, 일반적으로 모든 문화의 모든 연령대의 개인들은 자원을 분배할 때 작동하는 여러 동기에 따라 움직인다. 이기적인 동기, 타인 지향적인 공감 동기, 자격 조건에 근거하는 공정성 동기 등이 그것이다. 그러나 상이한 여러 문화의 생활방식의 긴급한 요구 때문에 각각의 사회규범에서 이런 서로 다른 동기들이 상이한 방식으로 결합되고 평가될 수밖에 없었고, 문화들 사이에서만이 아니라 같은 문화 안에서도 때로는 상이한 상황에서 이런 차이가 나타났다. 그리하여 예를 들어 극단적인 식량 부족 상황에서 모든 문화의 사람들은 일정한 정도의 이기심을 예상하고 용인할 공산이 크다. 최후통첩 게임 같은 상황에서 모든 사회의 사람들은 적어도 일정한 공정성 감각을 갖는다. 그리고 소규모 문화에 속한 어린아이들은 노동 생산성을 그렇게 많이 고려하지 않는다 할지라도, 이런 문화의 아이와 어른들은 특정한 사람들이 남들보다 더 많은 자원을 가질 자격이 있다고 믿는 것이 거의 확실하다(예를 들어 추장이 다른 이들에 비해, 또는 성인이 어린이에 비해 더 많은 자원을 가질 자격이 있다고 생각한다). 그러므로 우리는 다른 사회 영역뿐 아니라 가장 기본적인 분배 정의 영역에서도 정상적으로 기능하는 모든 인간은 보편적인 2인칭 도덕을 갖고 있으며, 사회규범의 문화적 도덕이 그 위에 한 층을 이룬다고 주장할 것이다.

마지막으로, 우리는 분배 정의 개념이 기본적으로 '물질'에 관한 것이 아니라 오히려 공정하게 대우받고 존중받는 문제에 관한 것이라는 점을 다시 강조해야 한다(Honneth, 1995). 자원을 공정한 방식으로 분배할 방법이 전혀 없을 때, 현대의 어른과 아이들은 공정한 절차를 거치기만 한다면 어떤 식의 자원 할당이든 받아들인다. 따라서 아이와 어른 모두 예컨대 제비뽑기나 지푸라기 뽑기, 주사위 던지기, 가위바위보 등으로 판가름을 한다면 불평등한 자원 분배도 존중한다. 최근의 두 연구에서 어린아이들은 무작위 뺑뺑이를 돌려서 분배를 결정하는 경우에 평등하지 않은 몫을 받더라도 만족했다(Shaw and Olson, 2014; Grocke et al., in press). 이른바 절차적 정의에서는 규칙이 불편부당하게, 즉 특정한 개인들이 어떻게 영향 받을지를 미리 알지 못한 채로 정식화되며('무지의 장막'〔Rawls, 1971〕 아래서), 개인들은 이런 과정을 아는 한 결과에 만족한다. 개인들은 정당하게 대우받고 마땅한 존중을 받는데, 바로 이런 사실이 중요하다. 사실 현대의 많은 문화에서 실행되는 사유재산 제도는 본질적으로 물건과 관련한 개인들 사이의 존중을 성문화成文化한 것으로 볼 수 있다. 이 제도가 작동하는 것은 오로지 개인들이 타인의 소유권을 존중하기 때문이다. 이런 견해와 일치하는 예로, 프레데리코 로사노Frederico Rossano 등(Rossano et al., 2011)은 3세 어린이들과 달리 5세 어린이들은 다른 아이들이 소유권을 주장하기 위해 장난감을 구석에 쌓아 놓는 등의 행동으로 신호를 하면 재산권에 대한 존중을 보여준다는 사실을 발견했다.

문화 집단 선택

확실히 인간 일반은 도덕과 관련된 상황에 대해 직관과 감정에 따라 일정하게 반응하는 것이 뿌리 깊이 박혀 있다. 이런 직관과 감정은 진화적으로 중요한 상황들, 특히 숙고해서 결정을 내릴 시간이 전혀 없는 상황들에 대처하기 위해 진화된 것이다(Haidt, 2012를 보라). 또한 우리는 인간 일반이 충분히 숙고하고 도덕적 결정을 내릴 때 위에서 개요를 설명한 네 가지 관심을 갖는다고 주장하고자 한다(〈그림 4-2〉를 보라). 그러나 인간의 이러한 보편적 경향에 더하여 특정한 문화들은 각각의 고유한 사회규범과 제도를 창조했다. 이런 사회규범과 제도는 이 관심들의 다양한 측면을 새로운 방식으로 묶어서, 말하자면, 아주 강한 우리-관심 아래로 집어넣는다. 그러므로 만약 당신이 우리 문화집단 및 그 사회규범과 동일시한다면, 이런 상황이 발생할 때 그 규범을 따라야만 한다. 문화는 소속 성원들의 특수한 생활방식에서 되풀이해 발생하는 상황에 대처하기 위해 그런 규범을 창조한다. 규범은 '옳은 일을 해야 하는' 독자적인 추가 이유를 제공하는 규칙을 통해 개인들이 자연적으로 타고난 도덕을 강화한다. 이처럼 일부 문화는 자원 부족에 대처해야 하는 반면, 다른 문화는 그럴 필요가 없다. 또 일부 문화는 이웃들의 극심한 경쟁에 대처해야 하는 반면 다른 문화는 그럴 필요가 없다. 그리고 일부 문화에서는 앞으로 몇 주일 동안 어디서 살 것인지에 관한 집단의 결정이 생사를 가르는 문제가 되는 반면, 다른 문화에서는 정주하는 생활이 지배적이다. 또 일부 문화에서는 개인들이 자본을 축적해 타인에 대한 권력을 갖는 반면, 다른 문화에서는 그런 일이 생기지 않는다. 문화는 개인이 자연적으로 타고난 도덕 위에 문화적 도덕을 구축하면서 특정한 생활방식으로 사회질서를 유지하기 위해 고안된 규범에 순응할 것을 장려한다.

2장에서 언급했듯이 현대 인류가 등장함에 따라, 또는 어쩌면 나중에 집단 경쟁의 인구학적 조건들이 한층 더 격렬하게 등장함에 따라 이런 문화적 변이성이 핵심적인 역할을 하는 새로운 과정이 나타났다. 이 새로운 과정은 문화집단선택이다. 아마 10만 년 전쯤 아프리카를 벗어나 퍼져 나가기 전부터 각기 다른 문화집단들은 앞에서 열거한 것 외에도 온갖 생태학적 이유 때문에 상이한 관습과 규범과 제도를 창조하기 시작했을 것이다. 이렇게 상이한 초개인적 사회구조들은 모두 개인들 사이의 상호작용을 조정하고 각 집단 내에서 잠재적인 갈등을 협력화하는 것을 목표로 했지만, 그 구체적인 방식은 서로 달랐다. 한 문화에 속한 동료들은 모든 사람이 자기 집단의 규범에 순응해야 한다고 주장했기 때문에 역사적 시간에 걸쳐서 한 집단 안에서 안정되게 존속되었다. 이런 안정성은 최대한의 집단 내 균일성을 낳았고, 또한 이런 균일성은 상당한 집단 간 이질성과 결합되면서 상이한 문화들 사이에서 규범의 체계적인 변이로 이어졌다. 그 결과로 나온 것이 문화적 진화의 새로운 과정이다.

이러한 집단 특유의 행동과 구조는 집단생활을 규제하는 데 각기 다른 효과를 발휘했기 때문에 협력과 집단의 응집성을 가장 잘 장려하는 관습과 규범, 제도를 가진 현대 인류 집단들이 다른 집단의 경쟁자들을 제거하거나 동화하는 식으로 성공을 거두었다(Richerson and Boyd, 2005). 그리하여 이제 문화집단 수준에서 진화 과정이 존재하게 되었고, 이 과정이 현대 인류의 집단 중심 도덕의 성격에서 추가로 중요한 역할을 했다. 문화의 성원들이 자신과 문화적 삶을 공유하기를 바라는 개인을 사회적으로 선택했기 때문이다. 그리하여 각 집단은 집단 활동을 조정하고 각자의 특수한 환경(특수한 관습과 규범, 제도)에서 협력을 장려하는 고유한 사회 통제 도구를 이런저런 방식으로 창조했으며, 가장 성공한 도구는 자신을 창조한 집단의 생존율을 높였다.

따라서 문화집단들은 새로운 형태의 복수형 행위plural agency를 구성하게 되었다. 초기 인류가 협동하는 2인 쌍에서 공동 행위를 창조한 것과 비슷하게 현대 인류는 일종의 집단적·문화적 행위를 창조했다. 이제 인간들은 어디로 이동할지, 이웃 집단을 어떻게 대해야 할지, 임시 야영지를 어떻게 만들어야 하는지 등에 관해 이런 문화적 행위 안에서 이런저런 방식으로 집단적 결정을 내려야 했다. 지향적 행위자intentional agent가 어떤 목표를 위해 목적의식적으로 행동할 뿐 아니라 자기가 무엇을 하는지를 알고, 따라서 예상치 못한 우연이 발생할 때 이 과정을 자기규제하는 존재라면, 집합적 헌신을 통해 집합적인 집단 목표를 위해 행동하는 문화집단은 집합적 행위자collective agent로 볼 수 있다(List and Pettit, 2011).

BOX2 **취학 전 아동의 발생기의 규범에 근거한 도덕**

취학 전 아동, 그중에서도 3~5세 아동은 완전한 도덕적 존재가 아니다. 그럼에도 이 아이들은 이제 걸음마를 떼는 더 어린 아이들에 비해 도덕과 관련된 새로운 행동과 판단을 보여주며, 그중 많은 것이 집단 정체성과 사회규범 같은 집단 중심적 문제와 관련된다. 이런 사실은 초기 인류의 2인칭 도덕에 이어 좀 더 집단 중심적이고 규범에 근거한 도덕이 나타났다는 진화론적 제안과 적어도 잠재적으로 관련되어 있다. 이 장에서 보고한 가장 적절한 연구들의 요약은 다음과 같다. 모든 연구 사례에서 5세 연령, 또는 3세와 5세 연령 아이들만 연구했다(많은 사례에서 더 어린 아이들에 대해서는 이 절차를 시도하지 않았다. 연구자들이 연구 대상으로 적합하지 않다고 판단했기 때문이다). 어린아이들의 내집단 편향에 관한 연구는 이 장의 앞부분에 요약되어 있다.

집단 지향성 취학 전 아동은 하지만 걸음마 시기 아이는 하지 않는다.

- 설령 다른 사람들이 실제로 직접 경험하는 것을 보지 못했다 할지라도 자기 내집단에 속한 모든 사람이 문화적 공

통 기반 위에서 일정한 것들을 알아야 한다는 점을 이해한다(Liebal et al., 2013).

• 자기 내집단에 속한 다른 사람들이 저지르는 유해한 행위에 대해 책임감을 느끼지만 외집단 사람들이 저지르는 행위에 대해서는 책임감을 느끼지 않는다(Over et al., submitted).

• 불평등한 분배를 거부하기 위해 대가를 치르는 일이 있더라도 자원을 평등하게 분배하는 경향이 있다(예를 들어 최후통첩 게임에서. Wittig et al., 2013).

• 분배 절차가 불편부당하다면, 자기가 결국 더 적은 양을 받는다 할지라도 자원 분배가 공정하다고 판단한다(Shaw and Olson, 2014; Grocke et al., in press).

• 타인의 소유권을 존중한다(Rossano et al., 2011).

사회규범 취학 전 아동은 하지만 걸음마 시기 아이는 하지 않는다.

• 제3자에게 해를 가하는 다른 사람을 의도적으로 처벌한다(McAuliffe et al., 2015; Riedl et al., 2015). 침팬지는 이런 행동을 하지 않는다(Riedl et al., 2012).

• 제3자에게 도덕규범과 관습규범을 말로 강제한다(많은 연구에 관한 논평으로는 Schmidt and Tomasello, 2012를 보라).

• 사회규범을 강제하지 않는 개인들보다 강제하는 개인들을 선호한다(Vaish et al., submitted).

• 객관적인 입장에서 포괄적인 규범적 언어로 규범을 가르치고 강제하는 경향이 있다(예를 들어 '그건 잘못된 일이야.' Köymen et al., 2014, in press).

집합적 헌신과 의무 취학 전 아동은 하지만 걸음마 시기 아이는 하지 않는다.

• 집단에 속한 모든 이를 위한 조정 관습을 창조함으로써 갈등을 회피한다(Göckeritz et al., 2014).
• 특정한 상황에서 '옳은 일을 하기' 위해 또래의 압력에 저항한다(Engelmann et al., submitted).
• 자신(또는 내집단 동료)에 의해 야기된 피해에 대해서만 죄책감을 느끼고, 그런 피해를 보상하려는 특별한 책임감을 느낀다(Vaish et al., in press).
• 위반에 대해 죄의식을 보이지 않는 개인들에 비해 죄의식을 보이는 개인들을 선호한다(Vaish et al., 2011a).

원초적인 옳고 그름

이 장에서 우리가 시도한 것은 초기 인류의 2인칭 도덕 위에 세워진 현대 인류의 도덕심리를 부족별로 조직된 더 큰 사회집단, 일명 문화 안에서 살기 위한 일단의 적응으로 개념화하는 일이었다. 현대 인류의 문화집단들이 다양한 새로운 생태적 영역으로 들어감에 따라 각 집단은 해당 지역의 조건에 적응된, 관습화된 문화적 관행·규범·제도의 특별한 양식을 고유하게 창조했다.

이런 새로운 문화 세계에서 살면서 번창하기 위해 개인들이 가장 시급하게 해야 하는 일은 집단의 문화적 관습에 순응하는 것이었다. 개인들은 처음에 홉스적인 신중한 이유에서 순응했다. 즉 집단 내의 다른 이들과 제휴하고, 집단 내의 다른 이들(이방인을 포함해)과 조정하고, 비순응에 대한 처벌(평판 뒷소문을 포함해)을 피하기 위해 순응했다. 개인들은 또한 루소적인 '정당성'의 이유에서 순응했다. 비록 그들이 태어나면서부터 접한 사회계약을 스스로 창조한 것은 아니었지만, 그들은 사회계약의 창시자들과 자신을 동일시하고 그것이 대표하는 옳고 그름의 '객관적인' 가치를 타당한 것으로 인정했으며, 따라서 사회계약을 정당화했다.

그 집단의 규범의 하위 집합은 정당할 뿐 아니라 이미 존재하는 성원들의 2인칭 도덕에 근거하기 때문에 도덕적인 것으로도 보였다. 고전적인 사회계약 서사에서 보면, 힘을 합치려고 생각하는 고립된 개인들은 전혀 도덕적이거나 자연적이거나 하지 않다. 그러나 바로 이 점이 우리가 제시한 2단계 이야기의 요점이다. 우리의 이야기에서 보면, 처음부터 현대 인류는 초기 인류가 협동 파트너와의 대면적 상호작용을 위해 필요로 한 2인칭 도덕을 갖고 있었고, 따라서 무에서부터 '객관적' 도덕을 창조할 필요가 없이 기존의 2인칭 도덕을 문화적 생활방식에 맞게 확대하기만 하면 되었다.

현대 인류의 도덕심리

초기 인류에서 현대 인류의 도덕심리로 이행한 과정에 관한 이런 '확대' 설명은 인간 도덕과 가장 관련이 있는 네 가지 심리적 과정의 변형을 명시한다. 첫째, 파트너의 복지에 대한 공감적 관심이 집단에 대한 충성으로 변형된다. 둘째, 공동 지향성의 인지적 과정이 집단 지향성과 그로 인한 가치의 객관화로 변형된다. 셋째, 2인칭 행위와 협력적 정체성의 사회적 상호작용 과정이 문화적 행위와 도덕적 정체성으로 변형된다. 넷째, 공동 헌신과 책임의 자기규제 과정이 도덕적 자기관리와 의무로 변형된다. 초기 인류의 2인칭 도덕에 관한 주장과 유사하게 현대 인류에 대한 주장은 이런 이행의 많은 요소들이 도덕 자체를 위한 적응이라기보다는 타인들과 인지적으로 조정하기 위한 적응이었다는 것이다. 이런 사실은 다양한 종류의 협동적 동기와 결합하여 뚜렷하게 새로운 도덕심리를 창조했다.

동일시와 충성 초기 인류는 상호 의존하는 협동 파트너에게 공감을 느꼈다. 현대 인류 집단들은 문화적으로 조직되면서 그 자체가 상호 의존하는 협동적 실체가 되었고(다른 집단과 경쟁하면서), 그 성원들은 집단의 행동 방식에 순응함으로써 집단과 자신을 동일시했다. 그리하여 문화의 성원들은 자신이 상호 의존하는 모든 동료들과 그러한 집단에 대해 공감을 가졌다. 반면 인근에 있는 외집단의 야만인들에 대해서는 공감을 느끼지 않았다. 그들은 집단에 충성하고 집단의 순조로운 작동을 진정으로 소중하게 여겼다. 이런 충성은 개인의 집단 정체성과 수용을 위해, 따라서 생존을 위해 중요했다.

객관화 대규모 집단의 협업뿐만 아니라 내집단의 낯선 사람과의 협업도 조정하기 위해 현대 인류 개인들은 협동 파트너와의 개인적인 공통 기반에 근거하는 공동 지향성의 기술을, 집단 내 모든 성원의 문화적 공통 기반에 근거하는 집단 지향성의 기술로 확대했다. 이러한 새로운 인지 기술 덕분에 관습적인 문화적 관행과 제도의 창조가 가능해졌고, 상이한 역할이 존재하는 가운데 모든 사람이 남들도 누구나 이상적인 역할 수행 방법을 알고 있음을 알게 되었다. 개인들이 '누구나' 이런 역할에 연결될 수 있음을 이해했기 때문에 행위자 독립성의 감각, 그리고 이와 더불어 역할 이상의 '객관성'이 등장했다. 그리하여 모든 사람이 문화적 공통 기반 안에서 집단의 성공을 위해 수행해야 하는 다양한 역할의 올바른 방식과 그릇된 방식을 알게 되었고, 여기에는 단순히 집단에 기여하는 성원이 된다는 가장 일반적인 역할도 포함되었다.

이 과정에서 파트너와 관점을 바꿀 수 있는 초기 인류의 능력은 모든 합리적 인간의 관점을 취할 수 있는 능력으로 변형되었다. 현대 인류 개인들은 그리하여 여러 상황에 대해 완전히 '객관적인', 특정한 시점이 없는 시각—합리적인 인간이라면 누구나 가져야 하는 시각—을 가질 수 있었다. 그 덕분에 각 개인은 자기 자신을 비롯해 다양한 당사자들 사이에서 균형 잡힌 관점을 필요로 하는 상황에서 완전히 '불편부당한 관찰자'로 행동할 수 있었다. 초기 인류가 자타 등가성에 대한 감각을 가졌던 것과 마찬가지로 이처럼 행위자 독립적인, 특정한 시점이 없는 시각은 그 자체의 도덕적 판단, 즉 단순히 이 새로운 현실의 상황이 어떠한지에 대한 인식에 근거한 것이 아니었다. 현대 인류 문화의 어린이들은 개인의 견해나 관점이 아니라 문화 일반에서 생겨나는 교육의 포괄적이고 권위적인 목소리를 사용하는 누군가에 의해 현실이 어떠하고 어떻게 행동해야 하는지를 배웠다. 집단의 관습적인 행동 방식은 그에 따라 올바른 행동 방식으로 객관화되었다. 이런 객관화는 의무론적 자격 권한(즉 전쟁을 선포하고 영토를 정의하는 등의 권한)을 가진 새로운 문화적 실체(예를 들어 추장과 경계)에 의해 창조된 문화제도로 한층 강화되었다. 개인들은 항상 거기에 존재하는 이런 제도의 세계에서 객관적 현실의 일부로 태어났다.

정당화 초기 인류의 협동 파트너들은 일정한 파트너 통제 수단을 필요로 한 반면, 문화 안에서 생활하는 현대 인류는 더욱 확장적인 사회 통제 형식을 필요로 했다. 그 결과, 초기 인류의 협업에서 생겨난 역할에 고유한 행동 이상은 제3자에 의해 관리되는 사회규범으로 확대되었다. 사회규범은 그 집단의 문화적 공통 기반 속에서 창조되고 유지되었으며(그리하여 그 집단에서 성장한 사람이라면 누구도 규범을 모른다고 부정할 수 없었다), 모든 사람에게 어느 정도 동등하게 순응을 요구했다. 사회규범은 이미 2인칭 도덕을 갖고 있는 개인들에게서 생겨난 것이기 때문에 2인칭 도덕의 태도와 동기를 강화하는 규범은 도덕적인 것이었다. 이런 도덕규범을 위반하는 것은 치명적일 수 있었다. 극단적인 경우에는 파트너에게 거부당해서 새로운 파트너를 찾아야 할 뿐 아니라 집단 전체에 의해 배척을 당했기 때문이다(집단이 파트너 선택을 한다). 현대 인류 문화에서는 개인이 집단에 전면적으로 의존하기 때문에(그리고 개인이 집단과 그 순조로운 작동에 진정으로 관심을 갖기 때문에) 순응하는 것이 문화적으로 합리적이다.

그러나 또한 도덕규범을 위반하는 것은 단순히 잘못된 일이고, 어떤 처벌이든 받아 마땅한 것이었다. 협력적인 문화적 행위자는 모든 사람이 집단의 행동 방식에 순응해야 하며(그리고 다른 이들도 순응하도록 해야 하며), 그렇지 않으면 상황이 엉망이 될 것이 분명하다는 점을 인식했다. 개인들이 타인들이 해당 문화의 규범을 강제하기를 규범적으로 기대했다는 사실은 인상적이다. 개인은 실제로 타인의 도덕적 판단에 관해 도덕적 판단을 내렸고(예를 들어, 그런 일을 한 데 대해 그 사람을 질책해야 했다), 따라서 사회규범은 '그들'이 '나'에게 강제하고 내가 전략적으로 순응해야 하는 것이 아니라 '우리'가 일을 하는 방식, 즉 올바른 행동 방식에 대한 정당한 길잡이였다. 개인들은 집단 동일시 과정을 통해 자신이 어떤 면에서 사회규범의 공저자라고 느꼈기 때문에 규범은 추가적인 정당성을 얻었고, 따라서 이 규범을 위반하는 것은 어떻게 보면 자신의 문화적 정체성을 위반하는 행동이 되었다. 그러므로 지도적인 사회규범을 충분히 알면서도 이기적인 행동을 하는 것은, 도덕 공동체 안에서 도덕적으로 올바른 일을 하는 '사람'이고자 노력하는 자신의 문화적 자아보다 이기적 자아를 신뢰하는 것이었고, 따라서 이런 이기적인 행위는 비난을 받아 마땅했다.

도덕화 초기 인류가 타인과 공동 헌신을 한 것과 달리, 현대 인류는 이미 문화적 관습과 규범과 제도의 형태로 가장 큰 규모의 집단적 헌신이 존재하는 세상에 태어났다. 따라서 현대 인류가 직면한 것은 사회계약의 문제, 즉 이러한 초개인적인 문화적 구조와 그것이 가정하는 집단 중심적 합리성에 언제, 어떻게 동의할 것인지 여부, 또는 다른 말로 하면 자신의 개인적 가치에서 정당화할 것인지 여부였다. 개인은 이런 집합적 헌신의 공동 저작권을 받아들이고 또 그것을 적절하게 강제할 자격이 있기 때문에 정당하다고 확인하면서 도덕적 정체성을 창조하기 시작했다. 한 개인의 핵심적인 도덕적 정체성을 구성하는 자격의 규범적 판단은 공감의 관심('당신 > 나')과 정의의 관심('당신 = 나'), 문화적 합리성의 관심('우리 > 나')을 반영했는데, 이런 관심들의 본질은 초기 인류의 2인칭 도덕에서 물려받은 것이었다. 사람은 자신의 핵심적인 도덕적 정체성을 고스란히 유지하기 위해 상황을 창의적으로 해석해야 했고(예를 들어 특정한 상황에서 무엇이 적절한 공감과 공정성인지를 결정하는 데서), 더 나아가 어떤 이상한 행동이든 도덕 공동체에서 널리 공유되는 가치의 측면에서 그것을 해석함으로써 타인과 자신에게 정당화해야 했다.

현대 인류 개인들은 사회규범에 대한 집합적 헌신의 자기규제 과정과 이것이 구현하는 옳고 그름의 가치를 내면화했으며, 그것은 의무 감각으로 귀결되었다. 의무 감각, 그리고 개인들이 옳은(그르지 않은) 방향으로 자신의 행동을 자기규제하기 위해 의무 감각을 활용한 것은 일종의 도덕적 자기관리를 구성했으며, 이러한 자기관리는 참고 대상으로 개인적인 도덕적 정체성 감각에 의존했다. 도덕적 자기관리라 함은 어떤 행동이든 누구나 긍정적으로 판단할 만한 행동이라고 성찰적으로 승인한 뒤에야 실행하고, 또 나중에 서투른 판단을 했다는 판단이 들면 죄책감을 느끼는 것을 의미했다. 그러나 물론 개인은 언제나 집단의 규범을 거스르고 심지어 부도덕한 인간이 될 수 있는 선택권이 있었고, 게다가 도덕적 요구들은 종종 서로 충돌했기 때문에 행동 결정을 하는 데 관습적인 해법이 전혀 도움이 되지 않는 경우도 있었다. 이런 경우에 개인은 작용하는 다양한 요인들 중에 어느 것이 자신의 의사 결정에 결정적이어야 하는지를 스스로 결정할 수밖에 달리 선택의 여지가 없었다. 현대 인류 개인들의 도덕적 결정에는 따라서 언제나 많은 상이한 '목소리들'이 존재했고, 이런 목소리들 가운데 심판하는 것은 개별 행위자 말고는 없었다.

전반적으로, 사회적 상호 의존 환경에서는 협력하는 것이 합리적이다. 사람은 자신이 의존하는 사회적 자원에 투자해야 한다. 현대 인류 개인들에게 이런 사회적 자원에는 타인과의 개인적 관계뿐 아니라 타인과 조정하고, 집단 내에서 적당한 수준의 사회적 통제 수준을

유지하는 데 필요한 문화적 관행과 규범, 제도 등도 포함되었다. 그러나 도덕에 다다르기 위해 우리는 개인적 합리성을 넘어설 필요가 있다. 우리는 협력적 합리성, 그리고 현대 인류의 경우에는 완전한 문화적 합리성이 필요하다. 개인들이 타인과 협력적으로 상호작용하는 것은 그것이 종종 그렇듯이 전략적인 일이기 때문일 뿐만 아니라 옳은 일이기 때문이기도 하다. 그것이 옳은 일인 것은 자신의 집단 동료들이 모든 중요한 면에서 자신과 대등하며, 따라서 협력을 받을 자격이 있기 때문이다. 또한 그것이 옳은 것은 우리 모두가 속한 문화적 관행, 규범, 제도가 '우리'를 위해 '우리'에 의해 창조되었고(우리가 문화적으로 문화 속 우리의 선조들과 동일시한다는 점에서), 따라서 우리는 처음부터 (우리 모두가 잠재적인 위반자이자 강제자가 되는 일종의 무지의 장막 속에서) 그것들의 정당성을 확인하면서 우리 자신까지 포함해서 위반에 대한 강제를 마땅한 것으로 보기 때문이다. 그리고 그것이 옳은 일인 것은…… 글쎄…… 그냥 옳은 일이기 때문이다. 때로는 실제로 그러듯이 남을 속이거나 자신에 대한 강제에 저항하려는 유혹에도 불구하고, 사실 현대 인류 개인들은 타인을 판단하는 것처럼 자신을 판단하며, 따라서 이런 식으로 타인에게 비협력적으로 대하는 것은 자신의 개인적인 도덕적 정체성을 포기하는 셈이 된다.

복수複數의 도덕

많은 도덕철학자들이 보기에, 지금 우리가 가진 것은 원칙에 따른 도덕, 즉 완전히 객관적인 옳고 그름의 도덕이다. 그러나 자연적(2인칭)

도덕과 문화적('객관적') 도덕의 기여가 다르다는 점을 우리가 분명히 이해한다는 사실을 확실히 하자. 사회규범은 그 자체로 도덕적인 것이 아니다. 많은 관습적인 규범은 도덕과 직접적으로 관계가 없다. 그러나 적절한 상황에서는 사회규범이 도덕화될 수 있는데, 바로 자연적 도덕과 연결됨으로써 도덕화된다. 그리하여 누군가 기념 축제에 누더기 옷을 입고 오면, 사람들은 그 행동을 도덕적으로 그릇된 것으로 해석할 수 있다. 그 행동이 사람들을 위한 축제를 망치거나 사람들이 동등한 존재로 대접을 받지 못한다고 느끼게 만든다는 의미에서 타인에게 실제로 해나 무례를 끼치기 때문이다. 따라서 부정적인 도덕적 판단을 불러일으키는 것은 비순응 자체라기보다는 비순응이 야기하거나 나타낼 수 있는 해나 무례다.

이와 마찬가지로, 실행자들이 도덕으로 간주하는 많은 사회규범이 다른 문화의 성원들에게는 부도덕한 것으로 여겨진다는 점도 중요하다. 이것은 대부분 특정한 상황에서 자연적 도덕의 명령이 무엇을 요구하는지에 관한 인식이 다르기 때문이다. 예를 들어, 그리 멀지 않은 과거에 아파르트헤이트는 그 실행자들이 도덕적인 것이라고 믿는 사회규범 체계였다. 여기에는 해와 무례에 관한 창의적인 정의(또는 그런 정의의 부재)와 도덕 공동체의 성원에 관한 창의적인 설명이 일정하게 따라붙었다. 그러나 어느 시점에 그 실행자들은 (다양한 내적·외적 요인 때문에) 이런 사회규범이 공감과 공정성에 관한 자신들의 자연적인 감각과 누가 도덕 공동체의 성원인지에 대한 감각에 위배된다고 여기게 됨에 따라 이런 규범이 부도덕하다고 생각하게 되었다.

그리하여 이번에도 역시 결정적인 요인은 규범 자체가 아니라 인간의 자연적인 2인칭 도덕과 규범의 연계였다. 실제로 한 문화의 외부자들이 그 문화의 사회규범 일부를 부도덕하다고 인식하면(또는 내부자들이 이 방향으로 마음을 바꾸면), 정말로 도덕적인 개인은 이런 규범에 반대해야 한다는 견해를 신봉하게 된다. 문화적 규범은 도덕을 창조하는 것이 아니라 단지 도덕을 집합화·객관화하며, 제도는 한 걸음 더 나아가 도덕을 신성화할 수 있다.

중요한 점은 문화적 규범과 도덕은, 집단 중심적이고 규범에 근거한 문화집단이 존재하기 전부터 있었던 공감과 공정성에 대한 인간의 자연적인 태도와 양자가 어떤 식으로든 연결되는 정도만큼 서로 관련된다는 것이다. 사회규범을 따르는 것은 단순한 순응이며, 규범을 강제하는 것은 단지 이런저런 형태의 처벌을 통해 순응을 강제하는 것이다. 그리고 독특하게 인간적인 많은 현상에 아주 특유해 보이는 또 다른 반성적 전환 속에서 도덕규범 위반자들은 죄책감을 통해 스스로를 처벌한다. 그들은 자신들이 방금 전에 한 판단에 대한 집단의 관점과 태도를 취한다. 집단의 사회규범을 지지하는 그들의 헌신, 그리고 스스로를 별로 특별하지 않은 그 집단의 한 성원으로 보는 능력과 경향은 오직 인간만이 고안할 수 있는 자기질책self-flagellation으로 이어진다(Nietzsche, 1887/2003).

그리하여 옳고 그름에 관한 문화적 감각은 '우리'가 우리의 문화적 맥락 안에서 공감과 공정성으로 타인을 대하는 방식이라고 간주하는 것이다. 이런 문화적 도덕은, 문화적으로 전파되는 것이 모두 그렇듯이, 대체로 보수적이다. 그러나 문화적 창조도 존재한다. 새로운 상황이 생겨나면, 문화집단은 새로운 사회규범을 관습화하고 새로운 제도를 공식화함으로써 적응한다. 현대 세계에서는 문화집단들이 다양한 경제적·정치적 이유로 모이고 흩어짐에 따라 상이한 문화집단들의 인구 구성이 변화하면서 많은 변화가 촉발된다. 현대의 상황은 누가 어떤 특정한 도덕 공동체의 성원인지 아닌지가 항상 분명한 것은 아니라는 사실 때문에 더욱 복잡해진다. 현대 개인들은 그 결과로 상이한 사회규범이 종종 서로 충돌하는 복잡하고 다채로운 도덕 감각을 갖게 된다. 또한 그들의 집단 중심적인 문화적 도덕의 요구는 종종 2인칭의 자연적 도덕의 요구와 충돌하며, 충분히 만족스러운 어떤 해법도 분명히 보이지 않는다. 그리고 물론 그들은 근본적으로 해결 불가능해 보이는, 상이한 문화집단들(이 집단들은 심지어 그들이 속한 현대 민족국가의 일부일지 모른다) 사이의 가치 충돌에 직면할 수 있다. 하지만 우리의 주장, 그리고 어쩌면 우리의 희망은 (1) 특정한 상황들에서 무엇이 공감/해害와 공정성/불공정성을 이루고 이루지 않는지, (2) 우리의 도덕 공동체에 누가 속하고 속하지 않는지에 대해 공통 기반 합의에 다다름으로써 이런 도덕적 딜레마들을 해결할 자원이 존재한다는 점일 것이다. 그렇다면 우리의 도덕적 담론은 모든 인류가 공유하는 자연적 도덕에 기반을 두게 된다.

전체적으로, 인간의 도덕 안에 존재하는 복잡성, 그리고 심지어 불가피한 모순을 인식하는 것이 중요하다. 인간의 사회적 삶의 번잡함과 예측 불가능성을 감안하면, 인간 도덕의 복수複數의 원천과 층위를 모든 상황에 일관되게 적용할 수는 없다. 굶주리는 내 협력 파트너에게 공감을 느끼면 전리품의 절반 이상을 그에게 줄 수 있지만, 그것은 전리품을 동등하게 나누는 나의 일반적인 경향과 모순된다. 남의 먹을거리를 훔쳐서는 안 된다는 사회규범이 있을 수 있지만, 내 아이나 친구가 굶주리고 있다면 어떨까? 그리고 각기 다른 사회규범이 동등하게 적용될 수 있는 상황에서는 어떨까? 인간의 도덕은 단일체가 아니라 수백만 년에 걸친 인간 진화의 상이한 시기에, 상이한 생태적 압력 아래에서, 상이한 여러 원천으로부터 이어 붙인 잡다한 구성물이다(Sinnott-Armstrong and Wheatley, 2012). 따라서 오늘날 인간은 이기적인 나-동기me-motive, 공감적인 당신-동기you-motive, 평등주의적인 동기, 집단 중심적인 우리-동기we-motive, 그리고 현재 지배적인 어떤 문화적 규범이든 따르는 경향의 모든 각각의 사회적 상호작용 속으로 들어간다. 궁핍한 상황에서는 우리 대부분이 이기적이 된다. 다른 누군가가 아주 곤궁하면, 우리 대부분은 관대해진다. 동등한 협동의 상황에서 우리 대부분은 평등주의적이 된다. 그리고 만약 우리가 윔블던 대회 결승전에서 서로 경기를 하고 있다면, 누가 더 상금을 필요로 하는지, 또는 누가 더 대회를 위해 열심히 훈련을 했는지는 중요하지 않다. 문화적 규범은 누가 됐건 테니스를 가장 잘하는 사람이 상을 받는다는 것이기 때문이다. 이 모든 동기는 어떤 의미에서 언제나 이미 존재한다. 유일한 질문은 특정한 상황에서 어떤 동기가 승리하는가이다.

결미: 에덴동산 이후

약 10만 년 전 현대 인류의 상당수가 아프리카에서 벗어나 흩어지기 시작했을 무렵, 이제 인류는 세 가지 면에서 도덕적인 존재가 되었다. 첫째, 현대 인류는 친족·친구·협력 파트너에 대해 특별한 공감을 가졌으며, 그와 더불어 문화적 동료들에 대해 충성을 느꼈다. 따라서 이 특별한 사람들을 우선적으로 대우했다. 그들은 공감의 도덕을 가졌다. 둘째, 그들은 자격이 있는 타인들과 직접적인 2인 쌍의 상호작용을 하면서 상대를 존중하는 행동을 해야 한다는 책임감을 느꼈고, 이 때문에 그 타인들을 공정하게 대우했다. 그들은 공정성의 2인칭 도덕을 가졌다. 그리고 셋째, 이 두 도덕에 더하여 그들은 자기 집단과 스스로에 대해 불편부당하게 정식화된 문화집단의 관습·규범·제도, 특히 2인칭 도덕과 관련된 관습·규범·제도에 순응해야 하고, 남들도 순응하게 만들어야 한다는 의무감을 느꼈다. 그들은 집단 중심적인 문화적 정의의 도덕을 가졌다.

이 세 가지 보편적인 인간 도덕의 제약 안에서 현대 인류 집단들의 여러 특수한 문화적 도덕은 서로 상당히 다를 수 있었다. 무슨 말인가 하면, 이 과정의 또 다른 중요한 부분은 문화집단선택이었다. 가장 협력적이고 효과적인 관습, 규범, 제도를 가진 문화집단이 경쟁하는 다른 집단을 제거하거나 동화한 것이다. 이 과정에서 특히 중요한 것은 약 1만 2000년 전에 시작된 사건들이다. 바로 이 시점에 일부 현대 인류 집단들은 먹이를 뒤쫓는 일을 멈추고 다양한 식물과 동물 종을 길들임으로써 먹이를 주변으로 가져오기 시작했다. 이 때문에 야기된 농업과 도시의 발흥은 인간 사회성의 역사에서 기념비적인 사건이다. 인간 집단들이 먹을거리가 있는 곳으로 돌아오기 시작하자 매우 상이한 문화적 관행을 가진 사람들(다른 언어를 쓰고, 다른 음식을 먹고, 다른 옷을 입고, 위생 방식이 다른 사람들)이 모두 서로 가까운 곳에 살게 되었다. 그리고 정주 생활을 하기 때문에 서로 사회규범과 가치가 다르다 할지라도 사이좋게 지내는 방도를 찾아야 했다. 그리고 물론 농업은 일부 개인들이 먹을거리 잉여를 지배하고 그것을 자본으로 삼아서 타인에게 권력을 휘두를 수 있음을 의미했다(Marx, 1867/1977). 이러한 새로운 사회적 상황에서 협력적 조정을 창조하기 위해서는 모종의 새로운 초개인적 규제 장치가 필요했다. 현대 인류의 도덕적 관점에서 가장 중요한 것은 법률과 조직화된 종교였다.

공식적인 법(그리고 일정 시점에서는 성문법)은 주로 제도에 의해 비개인적으로 관리되어 개인들이 위험을 감수하거나 비용을 감당할 필요가 없도록 얌체에 대한 처벌의 층위를 추가함으로써 고전적으로 인간의 협력과 도덕을 장려한다고 간주되었다. 그리고 이것은 분명 이야기의 중요한 부분이다. 그러나 스콧 샤피로Scott Shapiro(Shapiro, 2011)는 인간 법률 체제의 주된 기능은 야비한 얌체들에게 규칙을 강제하는 것이 아니라, 한 개인의 목적 추구가 의도치 않게 무수한 방식으로 다른 이들의 목적 추구를 방해할 수 있는 대규모 문화집단에서 살아가는 선량한 개인들의 활동을 조정하는 것이라고 주장한다. 예를 들어, 몇 천 년 전의 대규모 농업 공동체에서는 한 개인이 지금 몇 가지 도구를 빌리는 대가로 나중에 곡물을 주겠다고 약속하는데, 날씨가 좋지 않아서 곡물 수확을 망치는 일이 쉽게 일어날 수 있었다. 언제든 일어날 수 있는 파괴적인 싸움을 막으려면 어떻게 해야 할까? 또는 한 개인이 자기 밭에 물을 대기 위해 물길을 바꾸는데, 그의 부주의한 행동 때문에 하류에 있는 다른 개인들이 작물에 줄 물이 부족해질 수 있었다. 또는 한 개인이 다른 사람에게 염소를 팔았는데, 나중에 알고 보니 새끼를 낳지 못하는 염소였다. 우리는 어떻게 해야 할까? 샤피로(Shapiro, 2011, p. 163)는 이 상황을 다음과 같이 요약한다.

> 발생하는 의견 충돌은 (…) 완전히 진지하다. 우리 각각은 우리가 도덕적으로 해야 하는 일을 기꺼이 하려고 한다. 문제는 우리 중 누구도 무엇이 그런 일인지를 알지 못하거나 그에 대해 동의할 수 없다는 것이다. 관습은 빠르게 변화하는 사회적 조건을 규제하기에는 너무 더디게 발전하고, 복잡한 분쟁을 해결하고 대규모 사회적 기획을 조정하기에는 너무 개략적이기 때문에 진화하는 갈등을 따라잡지 못한다. 사적인 협상과 교섭과 흥정으로 일부 갈등을 진정시킬 수는 있겠지만, 이 과정은 시간과 에너지 면에서나 감정과 도덕 면에서나 아주 많은 비용이 들 수 있다. 서로의 목적 추구에 간섭하는 방식이 무수히 많고 다툼의 대상이 되는 재화도 허다하기 때문에 분쟁이 확산되고 심화되면서 당사자들이 향후의 공동 사업에서 협력하기를 거부하거나 더 나쁜 경우에 지속적이고 장기적

인 반목에 빠지게 될 위험성이 존재한다.

샤피로는 계속해서 필요한 것은 사회계획만이 아니라 사회계획을 위한 계획임을 보여준다. 예를 들어, 우리는 추장이나 원로회의를 지명해서 모든 사람이 따라야 하는 규칙을 만들고, 이 규칙을 적용해 분쟁을 판결할 수 있다. 이제 우리는 추장이나 원로회의를 어떻게 뽑을지, 그리고 어쩌면 그들이 어떻게 기능을 할지에 관한 2차 규칙을 만들어야 한다. 따라서 샤피로는 법률 체제는 공동체가 해법이 복잡하거나 논쟁적이거나 자의적인 수많은 심각한 도덕적 문제에 직면할 때면 언제나 통용되는 '합법성의 상황'에 대한 2차 사회계획의 제도라고 주장한다. 그리하여 2차 사회계획의 법적 형태가 등장했다.

인간 도덕이라는 현재 우리의 관심사와 관련해 중요한 점으로, 샤피로(Shapiro, 2011, p. 171)는 더 나아가 "법률은 '올바른' 방식을 계획함으로써, 즉 도덕적으로 분별 있는 계획을 도덕적으로 정당한 방식으로 채택하고 적용함으로써 계획의 비법률적인 형태의 결함을 보상하는 것을 목표로 한다"고 주장한다. 법률에 종속되는 사람들이 그것을 도덕적으로 정당한 것으로 간주하려면, 법률은 "도덕적으로 분별"이 있어야 한다. 물론 무장한 독재자라면 모든 사람이 둘째 아이를 죽여야 한다는 규칙을 정식화하고 군사력으로 그 규칙을 강제할지 모르며, 어떤 이는 그것을 법률이라고 부를 수 있다. 그러나 이것은 반란을 위한 처방전이다. 사람들이 따르고 찬성하며 심지어 서로에게 강제하는 법률은 각자의 도덕적 관점에서 긍정적으로 확인할 수 있는 것, 즉 사람들이 집합적으로 헌신하는 것이다(Gilbert, 2006). 이것은 또한 규칙을 어떻게 만드는지에 관한 2차 규칙에도 적용된다. 개인들이 2차(헌법적) 법률이 정당하다고 느끼려면 그것의 절차적 정의를 수용해야 한다. 그러므로 그 주체들이 보기에 법률 체제에 정당성을 부여하는, 그리하여 그들에게서 정치적 의무 감각을 창조하는 것은 법적 관점이 언제나 도덕적 관점을 대표한다고 **주장한다는** 사실이다. 따라서 시민들은 대체로 법률을 따르고, 그것을 도덕적으로 정당한 것으로 존중한다. 다만 그러기를 중단하기 전까지만.

인류 역사를 통틀어 지도자들이 그들 자신과 그들의 법률을 도덕적 관점에서 정당화한 한 가지 방법은 자신들이 어쨌든 신에 의해서 또는 다른 어떤 초자연적 방식으로 임명되었다고 주장하는 것이었다. 종교적 태도 일반의 기원은 알려져 있지 않지만, 한 가지 핵심적 측면은 현대 인류에 특유한 행위자 독립적이고 집단 중심적인 사고에서, 특히 조상과 오랜 전통을 포함한 역사적 차원이 주어졌을 때 생겨났을 것이다. 규범과 제도는 어떻게 이해되든 간에 일종의 추상적이고 거의 초자연적인 존재를 갖고 있으며 특정한 개인들만이 아니라 '누구에게나' 적용된다. 인간의 경험에서 경이의 주요한 원천은 우리 사회를 창시한 존경하는 조상들이 어디에 있는가 하는 것이며, 실제로 종교적 태도의 핵심은 그 정신은 어떤 식으로든 계속 살아 있는, 죽은 조상과 전통에 대한 존경과 숭배다(Steadman et al., 1996). 그리하여 지도자들은 이런 태도를 활용하면서 자신들의 지도력에 초자연적 원천이 있다고 주장했다.

초기의 대규모 사회와 함께 생겨난 조직화된 종교는 협력을 장려하는 법적 수단에 더하여 또 다른 사회적 수단으로 등장했다. 초자연적 실체와 힘에 대한 공유된 믿음은 (존경의 느낌을 동반하는 가운데) 추가적인 문화적 공통 기반을 제공하면서 한층 더 강한 내집단 유대를 창조했다. 상이한 사회 안에서 우후죽순처럼 발생한 상이한 종교는 미미하게 시작해 시간이 흐름에 따라 점점 커졌다. 데이비드 슬론 윌슨David Sloan Wilson(Wilson, 2002)은 힘이 없는 개인들의 집단이 서로 돕고 지지하며 대체로 함께 일함으로써 한 팀으로 잘 작동하는, 훨씬 더 크고 '유기적인' 사회적 실체를 창조함으로써 함께 유대하여 사회 안에서 권력을 얻는 것이 전형적인 양상이라고 주장한다. 따라서 같은 종교에 속한 사람들은 점점 더 상호 의존하게 되었다. 개인들의 협력은 각기 다른 여러 명시적인 수단에 의해 장려되는데, 그중에서도 개인의 움직임 하나하나를 지켜보면서 초자연적인 내세에서 협력자에게 상을 준다는 신의 편재성이 무엇보다 중요하다(Norenzayan, 2013). 사람이 따라야 하는 규칙은 때로 협력을 장려하는 것을 분명하게 목표로 삼지만(예를 들어, "네 이웃을 사랑하라"), 때로는 그 규칙을 따름으로써 자신의 집단 동일시를 보여주고자 하는 단순한 의례에 불과하기도 하다. 윌슨(Wilson, 2002, p. 159)은 다음과 같이 정의한다. "종교는 주로 사람들이 혼자서 달성할 수 없는 것을 함께 달성하기 위해 존재한다."

뒤르켐(Durkheim, 1912/2001)은 종교는 인간의 공동체적·집단 중심적 사고방식과 행동 방식에서 직접 생겨나며, 개인들은 이 과정을 거의 전혀 알지 못한다고 한층 더 강하게 주장한다. 공동체 생활에서 성스러운 것은 해당 도덕 공동체의 집합적 관습을 가리키는 반면(여기서 의례는 중요한 역할을 하는데, 이것이 의례의 유일한 기능이기 때문이다), 세속적인 것은 개인의 이기심 추구를 가리킨다. (흥미롭게도, 주술은 한편으로는 일정한 초자연적 차원을 종교와 공유하지만 완전히 종교적이지는 않다. 왜냐하면 주술은 실용적이며 개인들을 공동생활에서 통합하지 않기 때문이다.) 뒤르켐은 따라서 종교가 인간의 협력과 도덕에서 독특한 역할을 한다고 강조한다. 다른 사회제도들은 보상 약속과 처벌 위협을 통해 협력과 도덕을 장려하는 반면(그리고 개인들은 또한 사회적·문화적 상호작용을 통해 개인적인 의무 감각을 구성할 수 있다), 종교는 협력적·도덕적 활동을 추구해야 할 더 높은 어떤 목표로 개념화한다. 종교적인 이유로 도덕적인 개인은 대체로 의무 감각보다는 원대한 목표를 향한 추구에 지배된다. "도덕 규칙이 더 신성해질수록 의무의 요소가 줄어드는 경향이 있다." (Durkheim, 1974, p. 70)

종교적 집단은 정치체와 결부되어 있는지 여부와는 상관없이, 언제나 내집단/외집단 도덕에 관한 감각을 아주 강하게 갖는다(Wilson, 2002). 따라서 서양 문명사의 상당 부분은 종교 집단과 '이교도들'이 이런저런 식으로 대결하는 갈등의 이야기다. 하이트(Haidt, 2012)는 이처럼 강한 내집단/외집단 사고방식은 어떤 시점에 인간의 혐오 반응과 결합하여 인간 도덕의 또 다른 중요한 차원(순수 또는 신성함)을 창조했다고 주장한다. 인간의 혐오 반응의 원형은 인체 밖으로 배출된 물질, 예컨대 침이나 똥에 대한 반응인데, 이 반응이 집단 밖에서 생겨난 것들로 은유적으로 이전된다는 것이다. 우리 집단의 공통된 행동 방식 밖에서 생겨난 것들, 특히 신체와 관련된 것들은 혐오스럽다. 하이트는 더 나아가 인간은 실체와 활동을 집단의 행동 방식 밖으로 밀어낼 때 그것들을 도덕화하는 경향이 있다고 지적한다. 예를 들어, 현대인의 생활에서 원래는 흡연과 흡연자를 그냥 조금 싫어하던 많은 사람들이 이제 흡연 자체를 혐오스럽게 생각한다. 우리에게 외부적인 것들에 대한 혐오는 따라서 우리 생활방식에 내면적인 것들의 신성함에 대한 가장 강력한 대조를 제공한다.

그리하여 현대 인류는 자연적이고 집단 중심적인 도덕에 더하여 법적·종교적으로도 도덕적인 존재가 되었다. 그러나 특정한 문화집단의 구체적인 도덕규범은 (법적 제도와 종교적 제도가 기여하든 않든 간에) 역사적 시간의 흐름에 따라 바뀔 수 있다. 따라서 한 문화 안에는 종종 상이한 '목소리들'이 존재하며 일부는 자본과 정치권력을 더 많이 갖고 일부는 덜 갖는다. 만약 한 문화의 이런 상이한 하위 집단들을 한 문화집단과 유사한 것으로 생각한다면, 상이한 '목소리들'이 한 의제를 밀어붙이기 위해 경쟁하는 가운데 인구 집단 안에서 일종의 문화집단선택이 이루어진다고 상상해 볼 수 있다. 필립 키처Philip Kitcher(Kitcher, 2011)는 이런 과정을 유창하게 설명하면서 한 문화 안에서 개인들과 하위 집단들이 어떻게 그 문화집단 전체의 규범, 가치, 제도에 영향을 미치려고 시도하면서 도덕적 담론을 벌이는지를 강조한다. 경우에 따라서는, 예컨대 60년 전 미국의 아프리카계 미국인이나 동성애자들과 같은 하위 집단은 '발언권'이 거의 없었고, 도덕적 담론에 영향을 미칠 힘도 없었다. 인간 도덕과 정의는 어느 정도 동등한 사람들 사이에서만 생겨날 수 있다는 흄의 비판 기준에 귀를 기울이면, 힘의 불균형이 큰 상황은 협력적 도덕에 불리하게 작용한다(Hume, 1751/1957을 보라).

그러나 현실은 바뀔 수 있다. 이른바 규범 모험가가 위험을 무릅쓰고 아직 집단 내에서 공유되지 않은 어떤 새로운 방식으로 하나의 가치를 장려하려 하거나(행동적 수렴), 또는 많은 개인들이 모두 사적으로 일정한 태도를 갖고 있는데 그것이 상호 간에 알려지게 될 때면, 그 태도가 공유되는 일(인식적 수렴)이 있을 수 있다. 문제는 이 담론에서 '발언권'이 전혀 없는 사람들은 지도자로 간주되지 않고 다수의 소통 네트워크에 속하지 못할 것이 거의 확실하다는 점이다. 그러나 이런 상황에서 효과가 입증된 한 가지 방법이 있는데, 그것은 모든 인간이 소유한 '자연적' 도덕을 아주 잘 보여준다. 마하트마 간디Mahatma Gandhi와 마틴 루서 킹Martin Luther King이 완성한 그 방법은 목소리가 없는 사람들이 목소리를 가진 사람들의 눈앞에 그들이 어떻게 대접받고 있는지를 보여주는 것이다. 일종의 분명한 2인칭 항의다. 예를 들어, 1960년대 미국 남부에서 아프리카계 미국인들은 백인 전용 식당에 자리를 차지하고 앉아서 나가라는 요청을 거부함으로써 예상대로 경찰의 폭력 진압을 당했다. 관건은 많은 사람들이 보는 가운데, 무엇보다도 텔레비전 카메라 앞에서 해야 한다는 것이었다. 전에는 그저 이런 일을 생각해 보지 않거나 생각하지 않으려 한 다수의 백인 개인들이 자신들의 문화적 공통 기반 위에서(대부분 거실에서) 지금 무슨 일이 벌어지고 있는지를 지켜본 것이다. 아프리카계 미국인들의 항의는 다수의 백인에게 정확히 무엇을 해야 하는지를 말해 주지 않았다. 다만 자신들의 분한 감정을 보여주었을 뿐이다. 다수의 백인은 이미 자신들이 해야 하는 옳은 일이 무엇인지 알고 있다고 생각했기 때문이다. 그 순간 발언권을 가진 일부 사람들이 부도덕한 대우를 비난하는 데서 지도적인 역할을 맡기 시작했다. 그것은 다수가 이미 갖고 있는 공감과 공정성의 가치를 건드렸기 때문에 그만큼 효과가 있었다.

따라서 우리는 문화적 도덕의 진화가 집단들 사이에서뿐만 아니라 집단들 내에서도 벌어지고 있음을 알 수 있다. 농업의 등장으로 이어진 수천 년 동안의 문화집단선택은 특정한 인구 집단들을 협력과 도덕을 강화하는 방향으로 형성하고 있었다. 농업이 시작된 이후 다문화 시민사회들은 자기 내부의 상이한 하위 집단들의 서로 다른 문화적 도덕을 좋은 방향으로 화해시키는 길을 찾기 위해 분투하고 있다.

5장

협력 그 이상인 인간 도덕

인간만의 전유물, 도덕에 깃든 사회성

협력에 의한 것 말고는 완벽한 도덕적 자율성이란 없다.
장 피아제, 《어린이의 도덕 판단(The Moral Judgment of the Child)》

인간 협력에 관한 진화 이론들은 상대적으로 초기 인류의 소규모 집단 과정(예를 들어 Cosmides and Tooby, 2004)이나 최근 인간들의 대규모 집단 과정(예를 들어 Richerson and Boyd, 2005)을 강조하는 경향이 있다. 우리는 완전한 설명을 위해서는 이 두 진화 단계가 모두 필요하다고 생각한다(Tomasello et al., 2012). 그러나 우리는 관련된 사회적·심리적 과정이 정확히 어떤 성격인지에 대해 두 유형의 이론가들과 견해가 다르다. 특히 사회적 상호작용의 일반적 양상으로서 협력의 밑바닥을 파헤쳐서 실제로 작용하는 도덕심리로 다가갈 때는 더욱 그러하다.

우리는 첫 번째 단계에서 핵심 열쇠는 집단들이 작았을 뿐 아니라

(물론 집단들이 작았고, 이것이 하나의 역할을 했다) 초기 인류가 협동의 맥락에서 2인 쌍의 대면적 관여를 위해 새로운 도덕심리를 진화시키기도 했다는 사실이라고 생각한다. 2인 쌍의 상호작용이 의사소통 중의 눈동자 접촉이나 음성 지시, 자세 조정 같은 독특한 특징이 있음을 보여주는 증거는 충분하며, 따라서 몇몇 인류학자들은 2인 쌍의 대면적 상호작용에 맞춰진 인간의 '상호작용 엔진'이 인간에게 독특한 사회성의 사실상 모든 형태를 설명해 준다고 가정한 바 있다(예를 들어 Levinson, 2006). 게다가 인간의 사회적 상호작용의 수많은 기본 형태들은 예컨대 우정, 낭만적 사랑, 대화처럼 근본적으로 2인 쌍의 성격을 띠며, 이런 2인 쌍 관계와 결부되어 진화된 감정들은 집단 상호작용과 결부된 감정들과 질적으로 구분된다(Simmel, 1908. 최근의 사회심리학 연구에 관한 논평으로는 Moreland, 2010을 보라). 그리고 최근의 철학적 분석은 우리가 자세하게 이야기했듯이 인간의 2인칭 관여의 많은 특별한 특징들을 강조한다(예를 들어 Darwall, 2006, 2013; Thompson, 2008).

우리는 두 번째 단계에서 핵심 열쇠는 집단들이 더 컸을 뿐 아니라(물론 이번에도 역시 집단들이 컸고, 이것이 하나의 역할을 했다) 현대 인류가 새로운 집단 중심적 도덕심리를 진화시키기도 했다는 사실이라고 생각한다. 인류학 연구에서 문화집단이 다른 집단과 구별하기 위해 사용하는 특별한 형태의 의복, 언어, 의례 같은 '종족 표지'를 수반하는 문화적 동일시 과정만큼 많은 자료로 증명된 현상은 거의 없다(예를 들어 Boyd and Silk, 2009). 앞서 이야기했듯이, 사회심리학 연구에서는 인간들이 아주 강한 내집단/외집단 지향을 갖고 행동하며, 큰 집단(특히 문화집단)이 단명하는 2인 쌍 관계에 비해 개인의 정체성 감각에서 더 큰 역할을 한다는 점이 무수히 많은 실험 양식에서 확실하게 증명되었다(Fiske, 2010). 그리고 헤겔에서 미드에 이르기까지 많은 철학자들은 개별적인 인간의 합리성과 사고가 어떻게 사회적 차원의 과정에 의해 규정되고, 그 결과 특별한 종류의 집단 중심적 사고가 존재하게 되었는지를 강조한 바 있다. 그 경험적 증거는 레프 비고츠키Lev Vygotsky(Vygotsky, 1978)를 시작으로 현대 문화심리학(Tomasello, 2011)으로까지 확대되는 많은 계열의 연구에서 나온다.

따라서 우리의 제안은 인간 도덕의 자연사에서 우리가 정리한 두 진화 단계는 근본적이고 구별되는 사회적 관여의 두 형태(2인칭 형태와 집단 중심적 형태)를 반영한다는 것이다. 그리고 이 두 가지 구별되는 사회적 관여의 형태는, 논리적으로 보면 실제로 나타난 순서대로 등장해야 했다. 인류는 언제나 사회집단 안에서 살았지만, 현대 인류의 집단 중심성(여기서 문화집단은 무임승차자와 경쟁자를 배제하는 협동 기획으로 이해된다)이 협동하는 2인 쌍이나 그와 비슷한 것의 초기 단계 이전에 등장할 수 있었다고 생각하기는 어렵다. 이런 새로운 형태의 사회적 관여는 각각 대체로 비슷한 진화의 연속에서 등장했다. (1) 생태 환경의 변화(처음에는 개별적으로 얻을 수 있는 먹을거리가 사라지고 뒤이어 인구 규모와 집단 경쟁이 커졌다)에 이어 (2) 상호 의존과 협력이 증대하고(처음에는 필수적인 협동적 먹이 찾기가 있었고 뒤이어 집단 생존을 위한 문화적 조직화가 이루어졌다), 그다음에 (3) 이런 협력의 새로운 형태들의 조정을 위해서는 지향점 공유의 새로운 인지 기술(처음에는 공동 지향성, 다음에는 집단 지향성), 새로운 협력 능력의 사회적 상호작용 기술(처음에는 2인칭 능력, 다음에는 문화적 능력), 새로운 사회적 자기규제 과정(처음에는 공동 헌신, 다음에는 도덕적 자기관리) 등이 필요했다. 각각의 사회적 관여 양식은 따라서 서로 다른 사회생활 형태에 대처하기 위한 일단의 상이한 생물학적 적응을 드러낸다.

이제까지 이야기했듯이, 물론 전체적인 이야기는 한결 많은 세부적인 굴곡과 전환으로 이루어진다. 우리는 지금까지 인간 도덕의 많은 상이한 측면들을 되도록 종합적으로 자세히 설명하고자 했다. 이 측면들은 진화의 시간을 가로질러 인간 특유의 협동과 문화의 많은 상이한 측면들과 관계가 있기 때문이다. 이렇게 광범위한 초점을 지닌 진화론적 설명은 거의 없기 때문에 지금까지 우리는 여타 대규모 이론들을 거의 참조하지 못했다. 그러나 인간 협력과 도덕 일반의 진화에 관한 설명들이 많이 있으며, 이 이론들을 폭넓게 살펴보면 상호의존 가설을 현재의 이론적 맥락 안에 자리매김하는 데 도움이 될 것이다.

도덕 진화 이론들

현대의 인간 도덕 진화 이론들은 광범위한 세 가지 범주 중 하나에 속한다. 진화윤리학, 도덕심리학, 유전자-문화 공진화가 그것이다.

이 범주들을 각각 살펴보기로 하자.

진화윤리학이라는 일반적인 명칭 아래 묶이는 일군의 접근법은 진화에서 협력의 이론적 원리와 그 원리가 인간의 경우에 어떻게 적용되는지에 초점을 맞춘다. 이 관점에서 바라본 기초적 연구는 리처드 D. 알렉산더Richard D. Alexander의 《도덕 체계의 생물학The Biology of Moral Systems》(1987)인데, 이 책에서 알렉산더는 호혜성, 특히 인간의 경우에는 간접적 호혜성을 강조한다. 진화심리학자인 레다 코스마이즈Leda Cosmides와 존 투비John Tooby(Cosmides and Tooby, 2004) 역시 호혜성과 사회적 교환에 초점을 맞추면서 인간이 이런 교환에서 속임수를 쓰는 이들을 탐지하는 데 특별히 대비가 되어 있음을 강조한다. 엘리엇 소버Eliott Sober와 윌슨(Sober and Wilson, 1998), 그리고 프란스 드 발(de Waal, 1996) 역시 호혜성이 중요하다는 데 동의하지만, 그들은 또한 인간 협력과 도덕의 토대로서 감정이입과 공감을 강조한다. 비인간 영장류의 행동에서 감정이입과 호혜성을 발견한 드 발(de Waal, 2006)은 인간의 도덕이 주로 인간의 더 큰 인지적·언어적 능력에서 나온다고 생각한다(그러나 이런 점은 더 자세히 설명되지 않는다). 또한 소버와 윌슨(Sober and Wilson, 1998)은 인간이 특별한 집단선택 과정을 거치면서 개인들이 자기 집단에 속한 타인들에 공감하고 도와주는 것이 이점이 되었다고 믿는다. 다른 집단들과 비교해서 자기 집단에 이런 이점이 축적되었기 때문이다. 키처(Kitcher, 2011) 또한 인간 진화에서 이타주의의 역할을 강조하지만, '규범적 지도' 같은 다른 것들 역시 발달하는 개인들을 그 집단의 규범적 기준에 부합하게 문화적으로 변용하기 위해 진화하지 않았다면, 이타주의가 인간 도덕을 진정으로 지원할 수 없었다고 믿는다.

이런 일반적인 관점에 속하는 최근의 다른 두 이론은 파트너 선택과 사회적 선택social selection의 역할을 강조한다. 봄(Boehm, 2012)은 서열 우위에 바탕을 둔 사회, 즉 대형 유인원 일반과 어쩌면 초기 인류에서 더 평등한 사회로의 이행에 초점을 맞춘다(Boehm, 1999도 보라). 여기서 제안하는 주된 기제는 온갖 종류의 얌체와 깡패에 대항하는 연합의 형태로 이루어지는 집단적 응징(각 응징자의 응징 비용이 줄어든다)에 의해 강제되는 '평판에 의한 선택selection by reputation'이다. 평판의 힘은 언어의 등장으로 더욱 커지며, 이제 만난 적도 없는 사람들의 평판에 관해 뒷소문을 퍼뜨리는 것도 가능해진다. 봄은 이런 과정의 내면화(개인적인 평가와 더 나아가 죄의식을 통한 자기응징)가 이른바 도덕적 양심에 이른다고 말한다(Sterelny, 2012도 보라). 보마르 등(Baumard et al., 2013)은 도덕적 개인을 창조하는 응징(파트너 통제)의 힘에 대해 그렇게 낙관적이지 않다. 그들은 파트너 선택(이 책에서와 마찬가지로, 상호주의적 기획을 위한 파트너 선택), 그리고 그것이 전리품을 획득하는 과정에서 개인들의 상대적인 기여에 근거하는 공정성에 대한 개인들의 성향을 창조하는 데 이바지하는 방식에 초점을 맞춘다. 일부 개인들이 (예를 들어 어떤 상호주의적 기획에서 특별한 재능을 가짐으로써) 남들보다 더 많은 '영향력'을 갖는 생물학적 시장에서 다른 이들은 오직 외부의 다른 선택지가 없을 때에만 그런 영향력을 받아들일 것이다. 만약 모두가 선택지를 갖는다면, 자신의 영향력을 활용하려는 이들은 사회적으로 역선택을 받을 것이다. 보마르 등(Baumard et al., 2013, p. 65)은 개인들을 통제하는 데서 평판과 뒷소문이 특별히 중요하다고 본다. 그들은 진정한 도덕이 진화한 것은 "좋은 도덕적 평판을 확보하는 가장 비용 효율적인 방식이 진정으로 도덕적인 인간이 되는 데 있기" 때문이라고 주장한다. 특히 모든 사람이 가짜 평판을 만들려고 하는 개인들을 경계하기 때문이다. 그렇지만 그들은 어디서도 "진정으로 도덕적인 인간이 된다"는 것이 무엇을 의미하는지 자세히 설명하지 않는다.

우리가 보기에, 이 모든 견해에는 장점이 있고 인간 도덕 진화의 중요한 측면들을 포착한 것 같다. 거의 모든 이론가들은 공감이 도덕 진화의 큰 그림에서 중요한 부분이라는 데 동의한다. 하지만 그렇다면 주된 경향은 이런저런 형태의 호혜성으로 다른 모든 것을 덮으려고 하는 것이다. 2장에서 자세히 설명했듯이, 우리는 호혜성으로 설명하는 데 한계가 있고, 상호 의존(이것은 또한 다양한 종류의 공생으로 간주될 수 있다) 개념이 훨씬 더 유력하다고 본다. 그러나 더 나아가 호혜성 개념은 공동 또는 집합적인 헌신과 약속을 하는 것, 사회규범을 만들고 강제하는 것, 분한 감정을 느끼는 것, 그리고 무엇보다도 책임감·의무·죄의식 등의 감정으로 자신의 행동을 스스로 규제하는 것과 같은 인간 도덕심리의 무수히 많은 측면을 모두 아우르지 못한다. 이런 현상들을 모조리 호혜성이라는 우산으로 덮을 수는 없다. 이런 사회심리적 현상들은 (1) 남들이 내게 의존하는 것과 똑같이 내가 남들에게 의존한다는 감각(상호 의존)에서 생겨나며, 이런 감각은 진화적으로 (2) 우리가 하는 모든 일에서 '우리weness' 감각(특히 공동 헌신이라는 형태로 나타나는 지향점 공유)과 자타 등가성의 감각(불편부당성)이 등장하는 길을 닦는다. 따라서 우리는 진화윤리학의 이처럼 다양한 설명의 주된 한계가 이 설명들이 개인들이 근접한 심리적 수준에서 협력적 동기와 태도로 사회적으로 상호작용하는 가운데 인간 도덕이 '우리' 감각과 자타 등가성의 감각에 어떻게 의존하는지를 충분히 평가하지 못하는 것이라고 본다.

두 번째 접근법은 도덕심리학에서 나온다. 이름이 함축하듯이, 이 접근법은 진화 과정보다는 근접한 심리적 기제에 초점을 맞춘다. 사회심리학에는 친사회적 행동을 탐구하는 오랜 전통이 있고(예를 들어 Darley and Latane, 1968; Batson, 1991), 발달심리학에는 아동의 도덕 판단력 발달을 탐구하는 오랜 전통이 있다(예를 들어 Piaget, 1932/1997; Kohlberg, 1981; Turiel, 1983). 그러나 이 전통 가운데 어느 것도 진화에 관해서는 많은 이야기를 하지 않았다. 도덕심리학이라고 알려지게 된 분야는 조슈아 D. 그린Joshua D. Greene 등(Greene et al., 2001. 논평으로는 Greene, 2013을 보라)의 신경심리학 연구에서 시작되었고, 생물학이나 진화론과 좀 더 직접 연결되었다. 도덕심리학은 주로 피해에 대한 사람들의 판단에 초점을 맞추는데, 주된 방법론은 이를테면 유명한 전차 문제에서 다양한 순열에 관해 사람들에게 공공연한 질문을 던지는 것이다. 전차 문제에서 가정하는 행위자들은 폭주하는 전차가 다양한 종류와 양의 피해를 언제 어떻게 유발할지에 대해 다양한 종류와 양의 통제를 행사한다. 전 세계 사람들은 대부분이 질문에 비슷하게 대답하는데, 이것을 보면 피해에 관한 인간의 직관에 어떤 보편적인 틀이 있는 것 같다. 존 미카일John Mikhail(Mikhail, 2007)은 이런 직관을 법적 관점에서 두 가지 기본 원리로 요약한다. 누군가 의도적으로 다른 사람에게 피해를 줄 때 비난하지만, 피해를 야기하는 의도적인 행위가 좋은 일을 목표로 할 때(그리고 실행 가능한 다른 대안이 없을 때)는 비난을 면해 준다는 것이다. 이 전통에 속하는 연구자들은 니콜스(Nichols, 2004)와 제시 프린즈Jesse Prinz(Prinz, 2007) 같은 철학자들과 함께 인간의 도덕적인 의사 결정에서 (도덕적 추론보다는) 감정과 직관의 역할을 강조한다.

도덕심리학 전통에서 단연코 가장 철저하고 상세한 설명은 하이트(Haidt, 2012)의 연구다. 다른 도덕심리학자들과 마찬가지로 하이트 역시 종종 감정이 가득한, 신속하고 직관적인 도덕적 판단으로 이어지는, 이른바 선천적인 성향에 초점을 맞춘다. 그는 또한 인간이 걸핏하면 관여하는 도덕적 쟁점들에 대한 명시적인 추론은 실제로는 사후적인 정당화일 뿐이라고 말한 바 있다. 즉 이 추론은 이미 이루어진 직관적 판단을 합리화하고 정당화한다는 것이다. 이 추론의 기능은 이 판단이 최선의 것이며, 따라서 어떤 논쟁이 벌어져도 이것을 지지해야 한다고 다른 사람들을 설득하는 것이다. 또한 하이트는 피해라는 단일한 쟁점을 넘어서 다양한 문화적 배경의 사람들이 내리는 다양한 도덕적 판단을 명시적으로 다룬다. 다른 도덕심리학자들이 비서구非西歐의 도덕적 직관과 문화적 변이를 지적하는 반면, 하이트는 그런 직관과 변이에 바탕을 두는 이론을 창조하고 있다. 그는 인간의 도덕적 판단은 보편적으로 다섯 개의 기둥(돌봄/위해, 공정/속이기, 충성/배신, 권위/전복, 신성/타락)에 의지한다고 제안한다. 하이트는 또한 주로 명시적인 질문 던지기를 활용해 사람들의 도덕적 판단의 다양성은 대부분 특정한 상황에서 이런 도덕적 기둥들의 다양한 비중 두기에 의해 설명될 수 있음을 실험을 통해 보여준 바 있다. 진화의 관점에서 보면, 하이트는 개인의 적응성이 그가 속한 집단이 다른 집단과의 경쟁 또는 더욱 효과적인 사회집단을 창조하는 친사회적이거나 도덕적인 경향을 보이는 개인들과의 경쟁에서 어떻게 행동하는지와 밀접하게 관련되는 집단선택 또는 다수준 선택의 과정에 강하게 의존한다.

데이비드 랜드David Rand 등(Rand et al., 2012; Greene, 2013도 보라)은 이 모든 연구만이 아니라 친사회적 행동에 대한 각각의 연구도 I유형의 인지 과정과 II유형의 인지 과정이라는 유명한 구분으로 범주화했다. I유형 과정은 종종 감정에 근거하는 신속하고 직관적인 판단인 반면, II유형 과정은 명시적인 추론을 통해 도달되는 느리고 신중한 판단이다. 분명 대부분의 도덕심리학 실험에서 대다수 실험 대상은 I유형 과정에 의존한다. 진화의 관점에서 보면, 강한 감정에 의해 뒷받침되는 신속하고 직관적인 판단은 생각할 시간이 없고/없거나 너무 많이 생각하면 문제가 혼란스러워질 뿐인 생물학적으로 긴급한 상황에 대처하기 위한 적응일 공산이 크다. 도덕심리학 연구의 대다수는 따라서 선천성 관점nativist perspective에서 나온다. 이 관점에서 추구하는 목표는 인간이 자신이 결정을 내리기 위해 사용한다고 믿는 의식적인 사고가 사실 결정적이지 않다는 점을 보여주는 것이다. 오히려 결정적인 것은 우리 대부분이 알지 못하는 타고난 성향이라는 것이다.

도덕심리학자들 가운데 인간에게 특유한 도덕심리로 이어지게 된 적응적 조건에 대해 숙고한 이는 거의 없다. 하이트(Haidt, 2012)와 그린(Greene, 2013)은 주요 예외로서, 두 사람 모두 인간이 만든 문화집단과 그로 인해 개인이 갖게 된 집단 중심적 사고의 중요한 역할에 초점을 맞춘다. 무엇보다 중요한 점으로, 도덕심리학자들은 대부분 감정에 근거한 직관적 판단을 넘어서 도덕의 다른 측면들, 특히 합리적 의사 결정과 그로 인한 의무 감각을 포함하는 측면들에 별 관심을 기울이지 않는다. 따라서 우리는 도덕심리학 분야가 비록 인간이 실제로 하는 도덕적 판단의 상당 부분을 차지하는 I유형 의사 결정 과정을 확인하고 연구하는 데서 혁명을 일으키긴 했지만, 인간이 자신의 사회 세계를 합리적으로 이해하고 이런 이해에 근거해 합리적 결정을 내리는 독특한 방식에서 연유하는 인간 도덕의 측면들을 충분히 주의하지 않았다고 본다.

인간 도덕의 진화에 관한 세 번째 접근법은 문화의 중요한 역할에 좀 더 특별히 초점을 맞춘다. 생물학적 진화가 아무런 역할도 하지 못한다는, 순수한 문화적 견해를 신봉하는 사람이 있는지는 분명하지 않지만(그렇지만 Prinz, 2012를 보라), 그럼에도 많은 문화인류학자들과 문화이론가들은 개인이 특정한 '도덕규범'을 받아들이도록 문화화되는 방식을 강조하는 쪽을 선택한다. 그리고 이런 규범은 문화들마다 아주 근본적으로 다를 수 있다. 예를 들어 리처드 A. 슈웨더Richard A.

Shweder 등(Shweder et al., 1987; Miller, 1994도 보라)은 좀 더 도덕심리학적인 관점에서 자율적인 개인들이 자유롭게 도덕규범에 동의하고 따른다고 보는 도덕심리에 관한 서구식 견해를 비판한다. 그들은 어떤 합의가 가능하기 전에 먼저 자율적인 개인을 창조하는 데서 문화가 주요한 힘이라는 견해가 더 정확하다고 주장한다. 따라서 슈웨더 등(Shweder et al., 1987)이 가장 집중적으로 연구한 인도의 힌두교 문화에서 개인은 자신을 완전히 자율적인 행위자로 보지 않는다. 오히려 자신은 자기 문화의 다양한 관례와 교의에서 정해진 대로 자연법과 객관적인 의무에 종속되어 움직인다고 생각한다. 슈웨더 등(Shweder et al., 1987, p. 35)의 전반적인 결론은 "성인의 태도 및 교의와 관계가 없는, 아동기의 자생적인 보편적 도덕을 뒷받침하는 증거는 상대적으로 거의 없다"는 것이다.

현재 통용되는 견해에 더 어울리는 것은 진화적 맥락 속에서 문화의 역할을 탐구하는 접근법이다. 예를 들어 피터 리처슨Peter Richerson과 로버트 보이드Robert Boyd(Richerson and Boyd, 2005)는 인간의 협력과 도덕의 진화에서 문화집단선택이 결정적 역할을 했다고 강조한다. 앞서 언급했듯이, 일단 문화가 진화를 시작하면 상이한 문화집단들이 서로 경쟁할 수 있고, 가장 협력적인 개인들을 가진 집단이 성공할 가능성이 높다는 것이다. 따라서 각 문화집단 내에는 특히 성공적인 개인들의 모방과 순응에 대한 선택의 압력이 존재했으며 다른 집단에서 온 이주자들도 모방을 했다. (그리하여 문화집단선택이 생물학적 집단선택보다 더 그럴듯해진다. 생물학적 집단선택에서는 이주자 유입이 집단의 유전적 통합성을 훼손하기 때문이다.) 그리하여 인간은 유전자-문화 공진화 과정에서 문화집단 안에서 효과적으로 생활하고 기능하기 위해 협력적 성향과 '부족적 본능'을 진화시켰다. 새뮤얼 볼스Samuel Bowles와 허버트 진티스Herbert Gintis(Bowles and Gintis, 2012)는 이와 관련된 개인의 심리는 '강한 호혜성'을 향하는 성향이라고 강조한다. 개인들은 서로 협력하는 동시에 비협력자를 응징한다는 것이다.

우리 이야기의 두 번째 단계의 끝에서 인간이 집단 중심적 사고라는 특별한 감각을 서서히 끌어올린 과정을 설명하기 위해 문화집단선택 과정을 언급했다. 그러나 문화집단선택이 인간 진화의 지난 몇만 년 동안 왜 특정한 문화집단의 특정한 사회규범과 제도가 우세해졌는지만을 설명해 줄 수 있을 뿐이라는 것은 분명하다. 이 개념은 애초에 사회규범과 제도를 창조하기 위한 인간 종의 보편적인 기술과 동기를 설명하지 못한다. 이런 인간 종의 보편적인 기술과 동기는 그와 같은 문화적 진화 과정이 시작되기 전에 존재해야 했을 것이며, 우리는 관련된 사회·도덕심리의 측면에서 문화적 진화가 어떻게 일어났는지에 대해 한 가지 설명을 제안한 바 있다. 문화집단선택은 따라서 전체적인 이야기에서 중요한 부분인 것은 분명하지만, 마지막 단계에서만 중요할 뿐이라고 우리는 주장하고 싶다.

우리는 이 책에서 진화윤리학, 도덕심리학, 유전자-문화 공진화의 이처럼 다양한 접근법에 비해 더욱 포괄적인 설명을 하고자 했다. 이것은 세 가지 핵심적인 면에서 분명히 나타난다. 첫째, 우리의 설명은 인간 도덕의 진화에 필요한 두 가지 구별되는 단계를 가정한다. 첫 번째 단계는 소규모 집단의 맥락에서 2인 쌍 상호작용과 관련된 것이고, 두 번째 단계는 문화적 맥락에서 집단 중심적 상호작용과 관련된 것이다. 둘째, 우리의 설명은 이 두 단계 각각에 적응적 맥락을 제공한 인간 사회생태의 변화들을 어느 정도 분명하게 가정한다. 우선 파트너 선택과 더불어 필수적인 협동적 먹이 찾기가 등장했고, 그다음으로 다른 비슷한 집단과 자원을 놓고 경쟁하는 부족적으로 조직된 문화집단이 등장한 것이다. 셋째, 우리의 설명은 인간의 도덕심리를 개인들이 새로운 사회적 맥락에서 서로를 대하는, 협력적이고 합리적인 방식을 구성하는 것으로 규정한다. 첫 번째 단계에서 공동 지향성과 2인칭 행위의 기술을 가진 개인들은 일종의 협력적 합리성에 근거해 공동 헌신을 했고, 두 번째 단계에서 집단 지향성과 문화적 행위의 기술을 가진 개인들은 일종의 문화적 합리성에 근거해 자신이 속한 사회집단의 규범과 제도에 집합적 헌신을 했다. 이 모든 설명은 도덕철학과 사회 이론에서 빌려온 개념들에 크게 의존했으며, 아마 이것이 우리의 진화적 설명에서도 두드러지는 특징일 것이다.

지향점 공유와 도덕

우리는 이 설명에서 인간 도덕을 인간의 협력으로 환원하지 않은 채 도덕의 근거를 협력에서 찾고자 했다. 이에 대해 우리는 인간의 협력이 다른 영장류 종들의 협력과 구별되는 여러 상이한 방식을 증명함으로써 경험적으로 설명하고자 했다. 또한 인간 종에 특유한 협력의 특징을 전략적 목표만을 겨냥하지 않는, 진정으로 도덕적인 결정과 연결함으로써 이론적으로 설명하고자 했다. 이 자연주의적 접근법과 일관되게 우리는 인간 심리의 여러 과정을 통해 이러한 연계를 만들었다. 그렇다면 바로 앞에서 열거한 다른 많은 견해들과 좀 더 자세히 비교하기 위해 추측에 근거한 이 진화 서사에서 가장 중요한 점 몇 가지를 대략적으로 개괄해 보자.

• 대형 유인원은 어느 정도 지능적인 결정을 하는 도구적 합리성을 갖춘 존재다. 그들의 사회적 삶은 주로 경쟁에 의해 구조화되며, 대부분의 협력(예컨대 연합과 동맹 속에서 이루어지는 협력)은 경쟁 목표에 이바지한다. 가장 강한 사회적 선택은 따라서 유능한 경쟁자에게 유리하다. 그들은 연합 파트너 같은 가까운 친척과 '친구'에게 공감을 보이며(예를 들어 우선적으로 털 고르기를 해준다), 때로는 도움 주기의 비용이 너무 크지 않은 경우에 다른 궁핍한 친구에게도 공감을 보인다.
• 침팬지와 보노보는 집단을 이루어 소형 포유류를 사냥하지만, 그 활동이 협력적으로 구조화된다는 징후는 거의 없다. 그들은 참가자들끼리 너그럽게 전리품을 공유하지 않는다(오직 괴롭힘을 당할 때에만, 또는 때로 연합 파트너들끼리 공유한다). 또한 그들은 무임승차자를 전리품에서 배제하려고 노력하지 않는다. 공정성 감각이 전혀 없는 것처럼 보인다. 일반적으로 대형 유인원은 (다른 포유류를 넘어서) '상호 이득을 위한 협력적 모험 사업'에 특별히 적응하는 것 같지 않다.

• 초기 인류는 (적어도 지금으로부터 40만 년 전까지만 해도) 필수적인 협동적 먹이 찾기라는 생태적 지위를 강요받았다. 개인들은 생존을 위해 열심히 상호 의존했으며, 따라서 잠재적인 파트너의 안녕에 공감하고 관심을 가졌다. 그들은 이러한 상호 의존을 인지적으로 인식했기 때문에, 상호 의존은 유연하고 전략적인(그리고 이제 협력적인) 합리성의 필수적인 일부분이었다.

• 따라서 초기 인류의 협업은 공동 지향성의 이중 수준 구조화를 갖게 되었다. 공동 행위자인 '우리'는 상호 의존하는 두 파트너인 '나'와 '당신'으로 이루어진다(양자는 상호적으로 규정된다). 각 파트너는 협동에서 자신의 역할이 있으며, 두 파트너 모두 공동의 성공을 위해 각자의 역할을 해야 하는 이상적인 방식을 공통 기반 위에서 알았다. 파트너들은 공동의 성공을 위해 둘 다 필요하다는 점을 이해했기 때문에, 그리고 그들은 각자의 역할 이상이 행위자 독립적이고 교환 가능하다는 것을 알았기 때문에, '조감적 시각'에서 파트너(자신과 타인)의 등가성에 대한 감각이 생겨났다.

• 초기 인류의 협업은 잠재적 파트너들이 파트너를 선택하는 데 있어 협력 성향을 서로 평가하면서 이루어졌다. 대형 유인원과 달리, 초기 인류는 남들도 자신을 평가하고 있다는 것을 알았고(그리고 실제로 그들은 역할을 바꿔서 남들의 평가를 흉내 낼 수 있었다), 따라서 남들에게 자신이 파트너로서 갖는 가치를 알았다. 이러한 사실은 파트너의 등가성에 대한 감각과 결합되어 파트너들 사이의 상호 존중의 감각으로 이어졌다. 무임승차자를 배제하면서 파트너들은 또한 (이번에도 역

시 파트너의 등가성에 대한 감각과 결합되어) 무임승차자가 아닌 파트너들이 전리품을 동등하게 공유할 자격이 있다는 감각을 진화시켰다. 초기 인류 개인들은 동등한 자격이 있는 파트너로 남을 대함으로써 협력적 정체성을 가진 2인칭 행위자로 변신했다.

- 초기 인류는 공동 행위자인 '우리'를 활용해 협업을 자기규제하는 공동 헌신을 만들 수 있었다. 이런 공동 헌신은 협력적 소통의 2인칭 말 걸기를 통해 만들어졌고, 두 파트너 모두 정당한 보상을 받을 때까지 한눈을 팔거나 유혹되지 않고 버티도록 보장해 주었다. 이상적인 역할 수행에서 벗어나면 스스로 교정하라고 정중하게 요청하는 2인칭 항의에 맞닥뜨렸고, 선량한 파트너라는 자신의 협력적 정체성을 유지하기 위해서는 이 요청을 따라야 했다. 이렇게 스스로 교정하는 것은 비단 응징이 두려워서가 아니라 이 항의가 정당한(받아 마땅한) 것이었기 때문이다. 항의는 우리의 협력적 정체성 속에서 '우리'로부터 나온 것이었다. 이 과정을 내면화한 결과로 각 파트너는 이 책임에 부합하지 못했을 때 상대에 대한 2인칭 책임감과 2인칭 죄의식을 느끼게 되었다. 이 모든 '우리 〉 나' 자기규제 방식은 근본적으로 새로운 형태의 협력적 합리성을 이루었다. 각 파트너가 자신이 한 구성 부분인 공동 행위자에게 자기 행동에 대한 개인적 통제권의 일부를 자유롭게 넘겨주었다는 의미에서 말이다. 그 결과로, 상호 합의한 불편부당한 규범적 이상을 통해 두 명의 2인칭 행위자가 협동을 자기규제하게 되었다.
- 어떤 시점에 현대 인류는 더 크고 응집적이며 부족적으로 구조화

된 문화집단(이 집단들은 자원을 놓고 서로 경쟁했다) 속에서 살기 시작했다(적어도 지금으로부터 10만 년 전쯤). 이런 변화는 뚜렷한 집단 중심적 사고로 이어졌고, 개인들은 집단이 자신에게 의존하기보다는 자신이 집단에게 더 의존한다는 사실을 알았기 때문에 집단의 구속에 순응했다. 내집단 성원들의 상호 의존은 그들로 하여금 서로에게는 특히 공감적이고 충성하지만, 모든 외집단 야만인들에게는 비협조적이고 불신하게 만들었다.

• 현대 인류의 모든 문화적 상호작용은 문화적 공통 기반 감각을 바탕으로 한 집단 지향성에 의해 구조화되었다. 그 결과는 관습적인 문화적 관행(창 만들기부터 아이 기르기에 이르기까지)이었고, 이론상 이 관행은 문화적인 능력이 있는 개인이라면 누구나 똑같이 이상적으로 실행했다. 이 관행에서의 역할(2인 쌍 협동에서 개인의 역할과 유사하다)은 따라서 완전히 행위자 독립적이었고, 단순히 집단에 기여하는 성원이 되는 역할은 적어도 이론상으로는 집단 내에서 완전히 불편부당한 분배 정의에 대한 감각으로 이어졌다. 이러한 새로운 협력 방식은 개인들이 완전히 행위자 독립적이고 객관적이며 불편부당한 세계관을 구성하는 조건을 만들었다. 이 세계관은 무엇보다도 역할 이상이 일을 하는 옳고 그른 방식으로 객관화되는 결과를 낳았다.

• 현대 인류의 사회 통제 과정은 (초기 인류의 2인칭 항의의 변형으로서) 사회적 규범과 제도 속에 나타났다. 개인들은 이미 존재하는 문화적 현실에서 태어났는데, 이 현실은 대체로 그들에게 '사람은 이런 일을 해야 한다'거나 '이것이 그런 일을 하는 올바른 방식이다'와 같은 일반

적인 규범적 언어의 목소리로 제시되었다. 이런 목소리는 개인으로서의 화자가 아니라 사실과 가치의 객관적인 세계로부터 나오는 것처럼 보였다. 이처럼 객관적인 옳고 그름의 세계는 문화에 속한 공경하는 조상들에 의해 개인들에게 전수되었다. 이런 가치에 구현된 긍정적인 열망에 부응하는 것은 고결해지는 일이었고, 그런 열망에 부응하지 못하는 것은 우리의 문화적 삶의 협력적 합리성, 더 나아가 자기 자신의 문화적·도덕적 정체성을 훼손하는 일이었다.

• 현대 인류 개인들은 2인 쌍을 자기규제하기 위해 파트너들과 공동 헌신을 창조했을 뿐 아니라 자기 문화에 이미 존재하는 사회계약(즉 사회의 규범과 제도)을 믿고 그것을 활용해 자기규제를 했다. 또한 그들은 응징에 대한 두려움 때문만이 아니라 실제로 스스로 공저자라고 생각하는, 이런 초개인적 사회구조의 정당성을 존중하기 위해서 그렇게 했다. 따라서 자신이 속한 문화집단과 조화롭게 행동해야 한다는 의무감은 협력적 합리성의 또 다른 확장 형태를 나타냈다. 공동 행위일 뿐 아니라 문화적 행위이기도 한 문화적 합리성이었던 것이다. 그러므로 현대 인류가 생각하는 '우리 〉 나'의 자기규제는 도덕적 자기관리의 형태를 띠었다. 개인은 자신의 도덕적 정체성의 일부로서 그 집단의 객관적 가치를 존중하고 내면화하는(이와 동시에 이 가치에 의문을 던지고 또 필요한 경우에는 '반성적 승인'을 보내는) 것이다. 이 개인은 어긋나는 행동에도 불구하고 문화집단이 공유하는 가치에 근거하여 그 행동을 창의적으로 해석하고 정당화함으로써, 또는 집단의 도덕적 판단과 동일시하는 방식으로 죄의식을 나타냄으로써 자신의

도덕적 정체성을 유지하려고 했다.

• 어떤 시점에 서로 다른 문화집단들이 다소 상이한 관습과 규범, 제도를 만들기 시작했고, 좀 더 효과적인 관습과 규범, 제도를 가진 집단이 다른 집단을 경쟁에서 이겼으며(협력적인 개인을 선택하는 유전자-문화 공진화와 나란히 이루어지는 문화집단선택), 이 과정은 성문법과 조직화된 종교를 가진 시민사회에서 강화되었다.

인간 도덕의 진화에 대한 상호 의존 가설은 초기 인류와 현대 인류가 새롭게 갖게 된 상호 의존적이고 협력적인 생활방식을 지지하면서 나타난 근접한 심리적 기제에 관한 것이다. 이러한 생활방식은 물론 대형 유인원이 이미 가진 사회적 생활방식을 진화적 출발점으로 삼았다. 전체적인 설명을 아주 도식적으로 요약하면 〈그림 5-1〉과 같다. 화살표는 한 행동방식이 자연선택 과정과 사회적 선택 과정—그리고 경우에 따라서는 문화적 창조와 학습 과정—을 통해 다른 행동방식으로 바뀌는 진정한 질적 변화를 반영하기 위한 것이다.

그러나 이런 서술을 넘어서 이 책에서 추구하고자 하는 좀 더 야심 찬 목표는 인간 종이 어떻게 대형 유인원의 전략적 협력을 진정한 인간의 도덕으로 변화시켰는지를, 특히 진화론적으로 설명하는 것이다. 진화론적 설명은 개인들이 일반적으로 자신의 번식 적합도를 향상하려고 행동한다고 가정하기 때문에 진정으로 도덕적인 개인들—타인의 복지에 신경을 쓰고, 타인의 관심을 자신의 관심과 동등하게 여기며, 자기규제하는 복수의 행위자 '우리'에게 자신의 개인적 행동

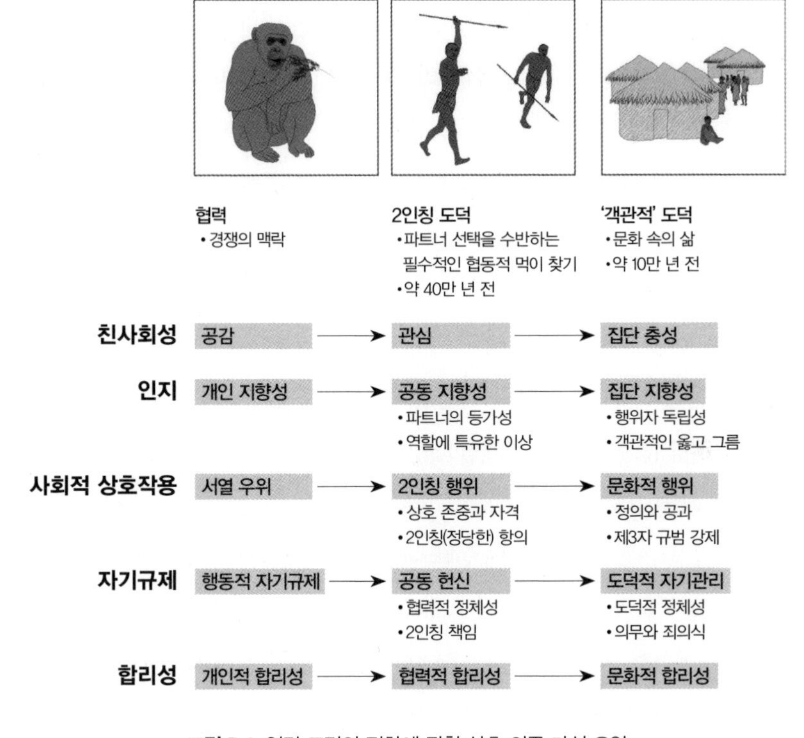

그림 5-1 인간 도덕의 진화에 관한 상호 의존 가설 요약

에 대한 통제권을 양도하는 개인들—을 낳는 자연선택은 마치 마술사가 모자에서 토끼를 꺼내는 것처럼 보일지 모른다. 그러나 진화는 (언제나 진화적으로 새로운 것을 만들어 낸다는 의미에서) 항상 모자에서 토끼를 꺼내며, 따라서 이 경우에 문제는 어떻게 토끼를 꺼냈는지를 설명하는 것이다.

가장 기본적인 이론적 개념은 물론 상호 의존 개념이다. 우리는 호혜성(직접적 그리고/또는 간접적 호혜성)이 비용-편익 분석 측면에서 일정한 행동 패턴을 설명하는 데 적합하기는 하지만 인간의 도덕심리학을 설명하는 데는 큰 도움이 되지 못한다고 주장한다. 관련된 행위자의 객관적 비용과 편익이라는 면에서 사회적 상호작용에 초점을 맞추는 대신, 우리는 관련된 행위자들 사이의 의존, 그리고 적어도 지금의 논의에서 볼 때 이 행위자들이 어떻게 이런 의존을 이해하는지에 초점을 맞추는 것이 훨씬 도움이 된다고 주장하고자 한다. 의존은 진화생물학자들이 다양한 종류의 공생에서 다른 종 사이의 상호작용을 통상적으로 개념화하는 방식이며(예를 들어 기생생물과 편리공생생물commensal은 숙주에게 비대칭적으로 의존하는 반면, 상리공생생물symbiont은 서로에게 대칭적으로 의존한다), 상호 의존 개념은 단순히 한 사회집단에 속하는 동종 개인들에 대해 이러한 개념화 방식을 채택한다. 이러한 의존 개념화는 호혜적 이타주의의 많은 유명한 문제들(특히 속이기의 훼손 효과)을 피하며, 우리는 이 개념화가 또한 인간 도덕심리의 진화적 기원을 설명하기 위한 적절한 틀을 제공한다고 주장하고자 한다.

이 개념화는 두 가지 중요한 방식으로 이루어진다. 첫째, 의존 개념화는 상대의 복지에 신경을 쓰고 서로 돕는 개인들을 사회적 삶의 자연스러운 한 부분으로 만든다. 이런 시각에서 바라보면, 심리적 과정은 협력하는 개인이 과거의 행위에 대해 다른 개인에게 보답한다는 의미에서 주고받는 것이 아니라 미래를 내다보면서 자신이 의존하는 개인의 안녕에 투자를 하는 것이다. 2장에서 설명했듯이, 분명 여기에는 수학적 계산이 관여되기 때문에 개인들은 지나치게 자기희생을 할 수 없으며(친족을 돕는 일에서 지나치게 자기희생을 할 수 없는 것처럼), 물론 사실 그 개인은 결국 장기적으로 이익을 얻는다. 그러므로 일부 이론가들은 그렇다면 상호 의존에 바탕을 두는 도움 행동을 타인의 복지에 대한 돌봄으로 생각해서는 안 된다고 결론을 내릴지 모른다. 그러나 이것은 분석의 진화적 차원과 심리적 차원을 혼동하는 것이다. 심리적 차원에서 돌봄은 많은 경우에 전적으로 진실한 것이다.

이제 진화적 차원과 심리적 차원을 분명히 구분하도록 하자. 인간의 사례에 초점을 맞추면, 개인들이 상호 의존의 논리를 상당히 잘 이해하고 따라서 타인을 전략적으로 돕는 상황이 많이 있다(이것은 물론 진화적 차원에서도 적응적일 것이다). 예를 들어, 어떤 개인은 자신의 협동 파트너를 도우면 둘의 공동 목적이 진전된다는 것을 알기 때문에 그를 돕거나, 또는 자신의 적합도에 중요하거나(예컨대 짝) 자신의 좋은 평판을 유지하는 데 중요한 사람을 도울 수 있다. 따라서 우리는 심리적 차원과 진화적 차원의 용어를 나란히 쓰면서 이런 행동을 **전략적-적응적**이라고 부를 수 있다. 두 차원 모두에서 이기적이고, 그렇게 도덕적이지는 않기 때문이다. 그러나 우리는 많은 사례에서 어린아이들도 타인의 복지에 대한 진정한 관심에 근거해 상대를 돕고, 이때 심리적 차원에서 어떤 전략적 계산도 고려하지 않는다고 주장하며 그 증거를 제시했다. 대다수 사람들이 공감의 도덕 같은 개념을 구현한다고 생각하는 것이 바로 이런 경우다. 만약 정말로 이런 돌봄과 도움 주기의 진화적 기원이 상호 의존이라면, 이런 행동들은 실제로 비록 그 개인이 알지 못할지라도 그에게 진화적으로 이익이 될 수 있다. 이 경우에 심리학과 진화론의 용어를 나란히 써서 우리는 이런 행동을 **도덕적-적응적**이라고 부를 수 있다. 설령 그 개인에게 자기도 모르는 사이에 적응적 이익이 있다고 하더라도, 그는 공감적 관심의 진정한 느낌에 근거해 도움을 주고 있기 때문이다. 그러므로 상호 의존이 인간 도덕심리의 진화적 기원을 설명하는 데 도움이 되는 첫 번째 방식은 어떤 이들이 '실수'라고 부른 행동이라고 생각할 수 있다. 그 개인은 자신이 타인에 대한 진정한 관심에서 행동한다고 생각하지만, 진화적 차원에서 보면 그 자신이 이익을 얻기 때문이다. 어쨌든 여기서 우리가 염두에 두는 것은 어떤 진화적 이익과 무관하게 진정으로 도덕적인 심리에서 우러나는 행동이다.

상호 의존이 인간 도덕심리의 진화적 기원을 설명하는 데 도움이 되는 두 번째 방식은 좀 더 간접적이며, 착오가 아니라 오히려 상황에 대한 합리적 평가에 기반을 둔다. 최초의 단계는 초기 인류가 협동적 활동과 더 나아가 문화적 활동을 조정하기 위해 일군의 새로운 인지 기술(지향점 공유)을 발전시킨 것이었다. 지향점을 공유하는 활동의 이중 수준 구조—위층에 있는 '우리'가 아래층에 있는 '당신'과 '나'(관점에 의해 정의된다)를 통제한다—때문에 참가자들은 지향점을 공유하는 활동에서 함께 성공하기 위해 누가 어떤 역할을 하든 간에 각자의 역할을 어떻게 해야 하는지에 대한 공통 기반 이해를 발전시켰다. 또한 지향점을 공유하는 활동에 참가함으로써 참가자들은 결국 상대의 관점을 받아들이고, 실제로 협력적 소통 행위를 통해 상대의 관점을 조종하려고 했다. 따라서 개인과 독립적인 역할 이상을 갖고 움직이는 과정의 필수적인 한 부분으로서 개인들은 협동적 또는 문화적 활동에서 '조감적 시각'으로 참가자, 또는 자신과 타인의 등가성에 관한 감각을 발전시켰다. 이러한 협동적 또는 문화적 활동의 개념화 속에서 수반된 역할 바꾸기는 참가자들이 타인의 역할 수행을 관찰하고 평가하는 것과 똑같이 자신의 역할 수행을 관찰하고 평가할 수 있음(어쩌면, 심지어 그렇게 할 수밖에 없음)을 의미했다.

우리가 말하는 요점은 (협력적 소통을 포함한) 지향점 공유의 인지 기술은 개인들이 자신의 협동적 활동과 문화적 활동을 더 잘 조정할 수 있게 하는 진화된 적응이라는 것이다(Tomasello, 2014). 이 인지 기술은 도덕과 직접적으로 관련된 것이 아니라, 개인들이 자신의 협동적 상호작용과 그 참여자들을 이해하는 방식을 구조화한다. 우리의 주장은 초기 인류 개인들이 파트너 선택의 맥락에서 타인과 상호작용하는 과정에서 어느 순간 이미 자타 등가성에 대한 이해를 새롭게 갖추었고, 이런 이해가 자연 세계에서 근본적으로 새로운 무언가로 이어졌다는 것이다. 초기 인류는 비교적 평등한 생물학적 시장에서 상호작용했기 때문에 남에게 이용당하거나 남을 지나치게 이용하는 것은 어느 쪽이든 개인들에게 이익이 되지 않았다. 이런 사실은 그 자체로 단순히 힘의 균형을 낳았을 것이다. 그러나 이미 발전된 자타 등가성의 개념화—협동 파트너(무임승차자 제외)는 도구적 성공에 동등하게 중요하고 같은 이상적 기준에 따라 동등하게 소중하다—와 결합되어 이러한 존중은 힘의 문제가 아니라 '자격'의 문제가 되었다.

만약 우리가 협동 과정에서 대등하다면, 우리는 동등한 대우와 이득을 받을 **자격이 있는** 것이다.

그리하여 토끼의 첫 번째 다리를 모자 밖으로 끄집어냈다. 다른 영장류들이라면 힘에 의해 구성된다고 간주할 상황을 초기 인류 개인들은 존중 및 자격(다월[Darwall, 1997]의 인정 존중)과 관련된 모종의 지위—사실상 동등한 지위—에 의해 구성된다고 지각했다. 이러한 개념상의 변화를 낳은 것은 자타 등가성에 대한 이해로, 이것은 순전히 협업을 조정하려는 시도의 맥락에서 인지적 판단으로 진화한 것이었다. 타인을 동등한 자격이 있는 2인칭 행위자로 존중하며 인식하고 대우하게 된 것은, 따라서 특별한 사회적 상호작용 조건—특히 일정한 범위의 파트너 선택—과 전에 다른 기능을 위해 진화된 특별한 인지 능력이 공동으로 낳은 결과였다. 만약 여기서 근본적인 도덕 개념이 '자격'—개인은 자기가 받아 마땅한 존중을 받지 못하는 것에 대해 분한 감정을 느낀다—이라면, 그것은 초기에 인간들이 역시 순전히 조정을 목적으로 진화된 불편부당한 관점을 느낌으로 알아챈 덕분이었다. 그렇다면 우리는 진화적 수준과 심리적 수준을 동시에 가리키는 우리의 꼬리표 관습을 계속 이으면서 동등한 자격이 있는 2인칭 행위자의 창조에 **도덕적-구조적**이라는 꼬리표를 붙일 수 있다. **구조적**이라는 용어는 진화적 수준에서 인간 도덕의 이 차원이 원래 이 기능에 기여하기 위해 선택된 것이 아니었음을 가리킨다. 이것은 다른 기능에 기여하기 위해 생긴 것이었다. 물론 만약 자타 등가성에 대한 인식이 우리가 지금 검토하는 사회적 상호작용의 맥락에서 적응하지 못했다면 이 차원은 작동하지 않고, 이런 맥락을 인지적으로 구조화하는 비용 중립적인 '스팬드럴'이 되었을 것이다.

우리는 또한 헌신, 책임, 의무, 정당성 등에 대한 인간 감각의 진화적 기원을 도덕적·구조적 변이로 특징지을 수 있다. 공동 헌신이나 집합적 헌신을 위한 사회적 상호작용의 맥락은 협동적 기획의 위험성을 줄이는 것이며, 따라서 파트너들은 공동으로 구성하는 복수의 행위자가 그들의 공동 행위나 집합적 행위를 자기규제한다는 데 '동의한다.'(우리 〉 나) 이런 식의 자기규제에 동의하는 것은 물론 전략적인 차원을 갖지만(동의하지 않으면 매력적인 협력 파트너로서의 지위가 위험에 처할 것이다), 그와 동시에 도덕적 차원도 갖는다. 도덕적 차원은 참가자들이 복수의 행위자에 의한 자기규제를, 그리고 그에 따르는 제재까지 정당한(받아 마땅한) 것으로 간주하고, 따라서 그것이 참가자들의 협력적 정체성 또는 도덕적 정체성의 일부가 된다는 것이다. 그러므로 이런 정당성의 감각은 그것이 작동하는 방식의 불편부당성—우리는 (일종의 '무지의 장막' 아래서) 우리 중 누구든 우리의 역할 이상에 부합하지 못한다면 제재하기로 동의했다—과, 개인들이 타인을 평가하는 것과 똑같은 방식으로 자신을 불편부당하게 평가할 수밖에 없게 만드는 역할 바꾸기 평가의 부수적 가능성 둘 다에 근거한다. 이러한 공동 헌신의 불편부당성과 역할 바꾸기 평가 모두 결국 다시 한 번 자타 등가성의 감각에 근거한다. 따라서 이런 식의 사고와 행동이 타인과의 관계에서 도구적 성공만이 아니라 공정성의 감각에도 근거하는 새로운 종류의 협력적 합리성을 구성하는데, (이것은 여전히 합리성과 의사 결정의 형태이기 때문에) 우리가 공유하는 이상에 부합해야 한다는 파트너나 동료에 대한 규범적 의무감을 수반한다. 그리하여 이번에도 역시 우리는 일종의 불편부당한 '조감적 시각'에서 자신과 타인을 개념화하는 기존의 방식에 의해 구조화되는 사회적 상호작용 영역을 갖게 되며, 따라서 우리는 이 모든 것을 다시 도덕적·구조적으로 말할 수 있다.

마지막으로, 우리는 또한 현대 인류가 자연적인 2인칭 도덕에서 문화적인 '객관적' 도덕으로 이동하는 과정의 요소들 대부분을 도덕적·구조적인 것으로 특징지을 수 있다. 무엇보다, 사회규범의 밑바탕을 이루는 가치가 옳고 그름의 가치로 객관화된 것(현대 인류 도덕심리의 가장 뚜렷한 특징)은 집단 지향성 과정의 결과였다. 이 과정에서 초기 인류의 특징인 자타 등가성과 역할 바꾸기 평가는 '특정한 시점'이 없는 시각에서 바라보는 완전히 행위자 독립적인 사고와 불편부당한 도덕적 판단으로 확대되었다. 현대 인류의 집단 지향성은 관습적인 문화적 관행·규범·제도의 집단 중심적인 세계에서 효과적으로 기능하는 개인들의 능력을 촉진하는 인지적 적응을 이루었고, 따라서 그 지향성은 그 자체로 어떤 종류의 도덕적 동기부여나 판단이 아니었다. 그리고 집단 지향성의 인지 기술이 없이는 도덕적 결정에 대한 반성적 승인이나 온전히 발달한 죄책감 같은 도덕적 자기규제 과정이 있을 수 없었다. 그러므로 우리는 다시 한 번 문화적 관행과 사회규범의 밑바탕을 이루는 도구적 가치가 옳고 그름의 도덕적 판단으로 객관화된 것이 도덕적·구조적인 것이었다고 말할 수 있다.

이런 관찰 방식의 중요한 함의는 도덕이 고립된 진화사의 한 활동 영역이 아니라는 것이다. 도덕은 하나의 규격화된 단위module(그 의미가 무엇이건)가 아니라 각각 나름의 진화사를 갖는 많은 상이한 과정의 복합적인 결과물이다. 인간의 도덕은 복수의 행위를 포함한 세계가 어떻게 작동하는지에 관한 일정한 인지적 통찰의 맥락에서 인간들이 서로와 상호작용하게 된 방식이다. 자원을 공정하게 나누는 데서 자신과 동등한 자격이 있는 존재로 타인을 대하거나 사회규범을 어긴 데 대해 타인을 질책하는 것과 똑같이 자신을 질책하는 것은, 적절한 존중심을 가지고 자신을 타인과 대등하게 보는 인식, 즉 불편부당한 관점에서 생겨나는 진정한 도덕을 반영한다. 이 책에서 우리가 하는 설명은 이런 식으로 진화적으로 자신의 이익을 타인의 이익에 종속시키거나 양자를 동등하게 보려고 하는 개인들에게 유리한 자연선택의 유령을 회피한다. 그 대신 개인들은 사회적 현실에 대한 정확한 인식에 근거하는 일종의 협력적 합리성을 가지고 행동하며, 이것은 인간 개인들의 상호 의존하는 사회성 때문에 진화적 수준에서 적어도 생명력이 있다. 우리는 상호 의존 가설의 전체적인 이론 구조를 〈그림 5-2〉로 요약할 수 있다.

그리하여 이제 토끼가 모자 밖으로 완전히 나왔고, 마술의 의미가 분명해졌다. 우리는 이 설명에서 아직 구성 요소들을 충분히 설명하지 않았고, 세부적인 진화 과정으로 들어가면 허점이 많다. 그리고 어떤 경우에는 모든 것이 작동하게 만들기 위해 일정한 상태(예를 들어 일정한 유형의 생물학적 시장)를 기본적으로 가정한다. 그러나 지

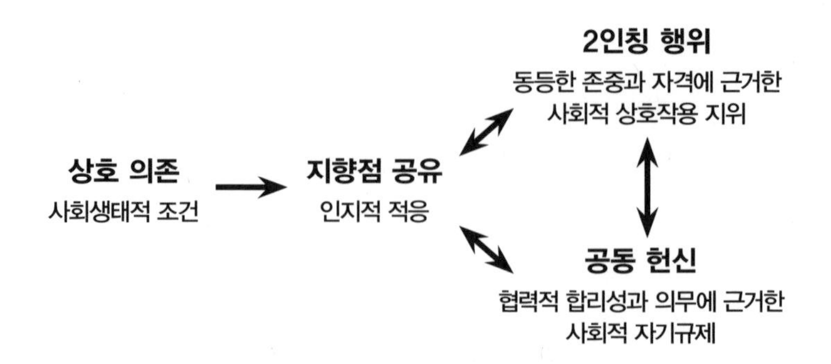

그림 5-2 상호 의존 가설의 전체적인 이론 구조. 우리는 두 진화 단계 사이의 중립적인 용어를 사용하려고 시도하지만, 많은 경우에 아직까지 이런 기능을 위한 모든 것을 아우르는 용어가 소개되지 않았다. 따라서 현재의 논의 목적상 **2인칭 행위**는 문화적 행위를, **공동 헌신**은 집합적 헌신을, **협력적 합리성**은 문화적 합리성을, **의무**는 2인칭 책임을 포함한다. **상호 의존**과 **지향점 공유**는 도덕적 현상은 아니지만, 이 둘이 진화한 직후에 일정한 종류의 협력적 상호작용이 벌어질 때 그 결과로 서로를 동등하게 존중하고 자격이 있다고 보며, 자신들이 서로 만든(또는 확인한) 사회적 헌신에 부합할 의무를 느끼는 개인들이 등장한다.

금 우리가 (도움이 될 만한 유물이나 다른 고인류학 데이터가 거의 없는 가운데) 수십만 년 전 과거의 역사적 사건들을 상상해서 재구성하려고 한다는 점을 감안하면, 당분간은 그렇게 해야 한다. 이 마지막 논의에서 우리가 한 시도는 단지 진정으로 도덕적인 존재, 즉 타인의 안녕에 진정으로 관심을 기울이고 타인의 이익이 어떤 의미에서 자신의 이익과 동등하다고 느끼는 도덕적 존재가 자연선택이라는 진화의 기본적인 원리를 전혀 침해하지 않고 인간의 자연사 과정 중에 등장할 수 있었음을 보여주기 위해 아주 일반적인 해설을 제공하는 것이었다.

개체발생의 역할

인간 진화의 두 단계 모두에서 어린이들은 오직 점진적으로, 그리고 사회적 맥락 안에서만 도덕적 존재가 되었다. 그러나 생물학적 적응은 무수한 방식의 사회적 맥락을 포함해서 무수한 방식으로 개체발생에서 나타날 수 있으며, 따라서 우리에게는 여전히 개체발생 과정에 관한 질문이 남아 있다.

이 질문들에 대한 단지 하나의 접근법으로서 우리는 많은 경험적 연구가 존재하는 현대 인류 어린이의 도덕적 발달을 검토할 수 있다(이런 연구에서 선별한 내용이 이 책에서 인용된다). 무엇보다도, 현재 우리 접근법의 진화적 관점에도 불구하고 현대 어린이의 도덕적 행동의 대부분이 성인들로부터 문화적으로 학습되는 것이고, 또 어린이의 도덕적 태도와 판단의 대부분이 어른들이 사회규범을 설명하고 강제하는 상호작용으로부터 내면화되는 것임은 의문의 여지가 전혀 없다. 그 증거로 상이한 문화에서 자라는 어린이들의 도덕적 행동과 판단의 문화적 차이에 관한 증거가 많이 있고, 이 책에서도 검토한 바 있다. 그리고 슈웨더 등(Shweder et al., 1987)과 하이트(Haidt, 2012)를 비롯한 연구자들은 상이한 문화적·종교적 맥락에서 성인이 된 사람들의 도덕적 감수성이 얼마나 다른지를 입증했다.

그러나 이와 동일한 문화적·종교적 맥락에서 자란 애완동물들이 그 때문에 도덕적 존재가 되지는 않는다. 그리하여 인간 어린이가 생물학적으로 이 과정에 대해 준비가 되어 있다는 점도 의문의 여지가 전혀 없다. 조이스(Joyce, 2006, p. 137)는 인간 도덕의 진화에 관한 분석에서 사회 환경의 잠재적 역할을 문제 삼아 이 사실을 강조한다. "아무리 풍부하고 다양한 환경일지라도, 도덕적 위반 개념을 발전시키기 위해 일반화된 학습 메커니즘이 자기 것으로 붙잡을 만한 어떤 것이 그 환경 속에 **존재할 수 있다**는 것은 당혹스럽다. (…) 범용 지능에 원하는 만큼 많은 징벌적 구타를 가해 보라. 어느 시점에서 이런 구타만으로 **도덕적 위반** 개념을 가르칠 수 있을까?" 발달 분석에서 언제나 그렇듯이, 문제는 개체발생 중에 생물학적 적응이 특정한 환경 맥락에서 어떻게 드러나는가 하는 것이다.

이 책에서 우리가 노력을 기울인 문제는 주로 장기간에 걸친 개체발생 과정 중에 도덕적 존재가 되기 위한 인간의 생물학적 준비의 핵심적 측면들을 구체적으로 설명하는 것이었다. 개체발생에 명확하게 적용된 토마셀로와 암리샤 바이시Amrisha Vaish(Tomasello and Vaish, 2013)의 제안은 현대의 어린이들이 몇 가지 중요한 차이에도 불구하고 실제로 두 가지 발달 단계를 거친다는 것이다. 이 책에서 계통발생에 대해 가정한 발달 단계와 다르지 않다. 3장에서 우리는 1~3세 어린이들이 다양한 상황에서 다른 개인들에 대해 도덕적으로 행동한다는 사실을 보여주는 많은 연구를 인용했다. 아이들은 자발적으로 서로 돕는데, 이런 도움 주기는 본래적으로 추동된다(Hepach et al., 2012). 아이들은 타인과 자원을 공유하고, 파트너와 협동할 때 동등하게 자원을 공유한다. 이를 위해 스스로 자원을 포기하기도 한다(Hamann et al., 2011). 아이들은 공동 헌신을 존중하며 타인도 존중하기를 기대하는 몇 가지 징후를 보여준다. 심지어 그런 약속을 어기면 공공연하게 인정하기도 한다(Hamann et al., 2012; Gräfenhain et al., 2009). 1~3세 어린이들은 적어도 때로는 공감과 공정성의 감각을 가지고 타인에 대해 행동한다. 아이들은 생의 첫 3년 동안 타인과 상호작용하면서 나타나는 자연적인 2인칭 도덕을 갖는다.

물론 현대의 1~3세 어린이들은 우리가 서술하는 진화 이야기의 첫 단계에서 등장한 초기 인류와는 상당히 다르다. 아이들은 문화적 세계에서 태어나며, 타인의 행동과 규범적 명령에 순응하는 등 모방과 문화적 학습에 관한 현대적인 인간의 기술과 동기를 갖고 있다. 그럼에도 불구하고 우리의 주장은 3세 이전의 어린이들은 아직 사회규범을 '우리의' 사회집단이 공유하는 기대로서 이해하지 못한다는 것이다. 즉 타인들의 규범적 명령(타인들이 사회규범으로 이해하는 것)을 따르려는 경향에도 불구하고, 어린이들이 사회규범 자체를 이해하는 것은 3세가 지난 뒤의 일이다. 이 연령이 되어서야 아이들은 처음으로 사회규범을 타인들에게 적극적으로 강제하기 시작한다는 점이 그 증거다. '우리'는 모두 올바른 방식으로 행동해야 한다는 어린이의 문화적 정체성 감각을 표현하는(그리고 타인들도 그렇게 하도록 만드는) 것은 바로 이런 제3자의 규범 강제다(Schmidt and Tomasello, 2012). 또 다른 증거는 3세가 지난 뒤에야 어린이들이—신체적·행동적 유사성 등에 근거해(그리고 단순히 낯익은 사람들과 낯선 사람들을 구별하는 것과는 반대되는 의미로)—자신을 집단 자체의 성원으로 이해하고 그 집단에 충성을 보인다는 사실이다(Dunham et al., 2008). 따라서 우리는 어린이들이 3세 이후에야 문화적 정체성에 근거한 집단 중심적·문화적 도덕의 일원이 되기 시작한다고 주장할 것이다.

그러므로 3세부터 시작되는 이 두 번째 발달 단계에 문화 안에서 이루어지는 특정한 유형의 사회적·문화적 상호작용과 어른들의 가르침이 결정적으로 중요해진다. 물론 무엇보다도 어린이들은 어른들로부터 자기 문화의 특정한 관습규범과 도덕규범을 배워야 한다. 이것은 분명한 사실이다. 그러나 또한 어린이들에게 이런 규범을 내면화하고 더 나아가 그들 스스로 이런 규범에 근거해 협력적·도덕적 결정을 내리기 시작하도록 장려하는 사회화 관행을 연구한 풍부한 역사가 존재한다(종합적인 논평으로는 Turiel, 2006을 보라). 핵심적인 연구 결과는 양육 방식이 권위주의적일수록 가치의 내면화가 감소하고 따라서 전략적인 규범 추종이 증가하는 반면, 양육 방식이 아이에게 행동의 이유를 제시하는 데 집중하는 식으로 유도적일수록 가치의 내면화와 그에 따른 도덕적 자기규제가 증가한다는 것이다(Hoffman, 2000).

그러나 장 피아제Jean Piaget(Piaget, 1932/1997) 이후, 어쩌면 훨씬 더 중요한 것은 어린이들이 또래들과의 상호작용을 통해 배운다는 점일 것이다. 사회규범을 따르는 것이 오로지 순응과 관련된다는 이 책의 분석과 일관되게, 피아제는 오직 성인의 권위와 응징의 두려움에 근거하여 규범에 순응하는 것은 단지 신중한 태도일 뿐이라고 주장한다. 진정한 도덕을 발달시키려면 다른 어떤 것이 필요하다. 피아제는 어린이들이 진정으로 도덕적인 개념과 태도를 발달시키는 것은 또래들(동등한 지반 위에서 논쟁하고 교섭해야 하는, 동등한 힘을 가진 개인들)과의 상호작용을 통해서라고 주장한다. 이 책의 용어로 말하면, 어린이들은 실제로 동등한 타인들과의 상호작용을 통해서만 동등한 자격이 있는 2인칭 행위자로서 타인을 이해하는 법을 배울 수 있다. 그리하여 아이들이 자연스럽게 발달하는 공감과 공정성의 도덕적 태도를 창의적으로 적용함으로써 도덕적 갈등을 해결하는 법을 배울 수 있는 것은 어른들의 가르침이 아니라 또래들과의 상호작용을 통해서다. 그리고 아이들이 상이한 사회규범 사이의 갈등을 해결하고, 따라서 개인적인 도덕적 정체성을 스스로 창조하는 법을 배울 수 있는 것도 어른들의 가르침이 아니라 또래들과의 상호작용을 통해서다. 피아제, 그리고 우리가 보기에는 권위에 복종하는 것과 타인에게 관심을 갖고 그를 존중하면서 공정하게 대하는 것은 별개의 일이며, 이런 태도는 또래들과의 상호작용에서만 생겨날 수 있다. 도덕은 우리가 권력과 권위가 **아닌** 다른 수단을 가지고 타인과 일을 해결하는 방법이며, 앞선 세대들로부터 어느 정도 암시를 얻을 수는 있지만 결국 우리 자신의 도덕적 관계를 성사시켜야 하는 것은 현 세대에 속한 우리들이다.

일반적으로 이 책의 설명에서 나올 만한 예상은 모든 인간 문화에 걸쳐 3세가 되기 전 어린이들은 협력과 도덕 양 측면 모두에서 무척 비슷하며, 3세 이후에야 자신이 속한 문화집단의 특정한 사회규범과 자신을 동일시하고 따라서 문화적 도덕을 구축하기 시작한다는 것이다. 문제는 3세가 되기 전 어린이들의 사회적 행동에 관한 비교문화 연구가 거의 없다는 점이다. 한 가지 주목할 만한 예외는 타라 캘러헌 Tara Callaghan 등(Callaghan et al., 2011)의 연구인데, 그들은 서구의 산업화된 한 문화의 아이들과 소규모의 전통적인 두 문화(인도와 페루)의 아이들을 대상으로 일련의 실험을 했다. 도움 주기와 협동의 과제에서 세 문화의 비슷한 연령대 아이들은 비슷한 행동을 했다. 이런 양상은 적어도 이 책의 예상과 일치한다. 이러한 가설적인 발달 궤적을 뒷받침하는 또 다른 근거는 자원 공유에서의 분배 정의에 관한 비교문화 연구다(4장의 논평과 인용을 보라). 여기서 각기 다른 문화에 속한 어린이들은 비슷하게 시작해 발달 과정에서 점차 자기 문화의 규범을 따라간다. 자연스럽게 우리는 상이한 문화규범의 상이한 내용만이 아니라 상이한 양육 방식이나 또래의 상호작용이 상이한 정도로 도덕적 가치의 내면화를 장려하는 방식에도 근거해서 발달 과정에 걸쳐 문화 간 차이가 커진다고 가정한다.

따라서 인간은 개별적인 개체발생에 걸쳐 다양한 기술·감정·동기·가치·태도(일부는 생물학적으로 유전되고, 일부는 문화적으로 상속되며, 일부는 개인적으로 구축된다)를 발달시키며, 이것들은 도덕적 의사결정에 중요한 영향을 미친다. 그러나 개인들은 어떤 특정한 경우에 특정한 방식으로 행동하도록 생물학이나 문화에 의해 결정되지 않는다. 실제로 많은 복잡한 상황에서 생물학이나 문화가 예상할 수 있었던 최적의 해법이란 존재하지 않는다. 아니, 좋건 나쁘건 간에, (아무리 생물학적·문화적으로 준비를 갖추었다 하더라도) 스스로 도덕적 의사결정을 내리는 인간 개인들 말고 다른 대안은 존재하지 않는다.

결론

때로 이기적인, 그러나 결국은 도덕적인

어떤 인간 사회에서든 윤리적 개념은 그 사회의 개별 구성원들이
모두 공통되게 서로 사회적으로 의존한다는 사실로부터
이 개인들의 의식 속에서 생겨난다.
조지 허버트 미드, 《정신·자아·사회(Mind, Self, and Society)》

사회과학에서는 종종 인간 개인을 오로지 구체적인 개인적 이득의 가능성에 의해서만 추동되는 합리적인 극대화 추구자, 즉 호모에코노미쿠스homo economicus로 묘사한다. 이런 심리학 모델은 자본주의 시장 안에서 행동하는 개인들의 이른바 동기와 행위에 명시적으로 근거한다. 그러나 (인간 종이 존재한 시간의 95퍼센트를 특징짓는 평등주의적이고 공동체적인 사냥꾼-채집자 사회와 함께 시작된) 인간의 진화와 역사의 더 넓은 범위에서 보면, 자본주의적 시장이 협력적인 문화적 제도임은 분명하다. 시장은 규칙을 따르기로 합의하는 일단의 협력적 관습과 규범에 의해 창조되는데, 이 경우에는 다소 역설적으로 개인들이 일정한 맥락에서 다른 모든 것을 배제하고 개인적 이득을 추구할

수 있는 권한을 준다. 자본주의적 시장에서 개인의 이기심에 힘을 부여하는 규칙은 따라서 경기에서 상대를 이겨야 하는, 즉 애초에 경기를 구성하는 협력적 규칙의 맥락 안에서 테니스 선수의 이기심에 힘을 부여하는 규칙과 같다. 오직 인간 행동의 문화적·제도적 맥락을 무시할 때에만 경쟁적인 마차가 협력적인 말을 이끌고 있다고 착각할 수 있다.

그러나 현재의 설명처럼 진화에 토대를 둔 인간 행동 설명은 개인의 이기심을 협력적인 사회적 상호작용보다 한참 앞서고 훨씬 더 근본적인, 1차적인 것으로 간주해야 할까? 그렇기도 하고 아니기도 하다. 자연선택의 논리는 물론 유기체들이 자신의 번식 적합도를 높이거나 적어도 떨어뜨리지 않는 일을 한다고 규정한다. 우리는 이것을 이기심이라고 부를 수 있다. 그러나 우리가 보통 이기심이라고 지칭하는 것은 개인이 타인보다 자신을 더 선호하는 적극적인 선택을 하는 경우다. 지구상의 생명 형태들의 절대 다수는 그런 선택을 전혀 하지 않는다. 지구 생명체들은 단지 자신이 추구하는 목적을 향해 도구적으로 행동할 뿐이며, 성공적인 동물들에게 이것은 이런 목적이 자신의 지속적인 생존 및 번식과 양립 가능함을 의미한다. 하지만 이 동물들에게는 남들보다 자신을 선호해야 한다고 명시하는 심리적 기제가 전혀 없다. 이런 문제는 아예 생겨나지 않는다. 이 동물들이 이기심에서 우러난 행동을 한다고 말하는 것은 최종적인 인과관계와 근접한 기제를 혼동하는 셈이다.

그러나 영장류와 아마도 다른 포유류를 포함해 사회적으로 복잡한 일부 동물들에게 이기심의 문제는 발생하지 않는다. 따라서 우리는 대형 유인원들은 일부 제한된 경우에 자기보다 남을 선호한다고 주장하고 증거를 제시했다. 일종의 되갚기라는 측면에서 이런 행동에 대한 진화적 설명이 존재할 것이지만, 이 행동하는 유기체는 이런 되갚음을 전혀 알지 못한다. 예를 들어, 이 생물은 상대가 친구이기 때문에 그의 털을 골라 주거나 싸움에서 같은 편에 섬으로써 단순히 그를 돕는 것이다. 하지만 우리는 다른 여러 실험에서 대형 유인원들은 예컨대 다른 개체도 자원을 원한다는 것을 알면서도 그 자원을 독차지하는 식으로 남보다 자신을 선호한다고 주장하고 그 증거를 제시했다. 근접한 심리적 기제에 초점을 맞추는 이 책의 설명에서 우리는 오로지 이와 같은 일만을 이기심에서 우러난 행동이라고 부를 수 있다. 일반적으로 대형 유인원은 종종 남보다 자신에게 이익이 되는 일을 한다는(이렇게 하면 상대의 목표 추구에 방해가 된다는 것을 알면서도) 충분한 실험 증거가 있기 때문에 우리는 대형 유인원은 종종, 아마 무척 자주 이기심에서 우러난 행동을 한다고 말할 수 있다.

분명 인간 또한 이기심에서 우러난 행동을 할 능력이 있으며, 종종 그런 행동을 한다. 그러나 우리는 또한 심지어 어린이들조차 무척 자주 전략적 계산 없이 타인의 복지에 진정으로 관심을 기울인다고 주장하고, 그 증거를 제시했다. 아이들은 남이 목표에 도달하도록 돕고, 공정하게 자원을 나눠 가지며, 공동 헌신을 하면서 때로는 그것을 어기겠다는 허락을 구하고, '우리' 또는 집단의 이익을 위해 행동하며, 아마 집단 중심적 동기에 근거해 제3자에게 사회규범을 강제하고, (공감에서부터 분한 감정, 충성, 죄의식에 이르기까지) 이기적인 계산에서 나오지 않는 진정으로 도덕적인 감정을 갖는다. 이런 경험적 연구 결과와 또 다른 학문 분야의 많은 연구 결과(Bowles and Gintis, 2012를 보라)는 인간이 타인을 소중하게 여기고 타인의 안녕에 투자하도록 생물학적으로 진화되었음을 시사한다. 이 책에서 우리는 이런 사실에 대한 설명은 인간 개인들이 타인과의 상호 의존과 이것이 자신의 사회적 의사 결정에 대해 갖는 함의를 인식한다는 것임을 주장했다. 인간 개인들은 (1) 가능할 때면 언제나 파트너와 동료를 도와주는 것이 옳은 일이고, (2) 타인들도 자신과 마찬가지로 실재적이고 자격이 있으며(그리고 이와 동일한 인식을 그 대가로 기대할 수 있으며), (3) 사회적 헌신에 의해 만들어진 '우리'가 자신과 소중한 타인들을 위해 정당한 의사 결정을 하고, 이를 통해 도덕적 공동체 안에서 도덕적 정체성을 가진 사람들 사이에 정당한 의무가 생겨난다는 점을 의사 결정에서 고려한다는 점에서 **협력적으로** 합리적인 존재가 되었다.

개인의 관점에서 보면, 이 모든 것은 진짜다. 도덕적 공동체 안에서 자신과 타인이 내리는 도덕적 판단은 전체적으로 정당하고 마땅한 자격이 있는 것이다. 그러므로 우리는 현대의 대다수 성인 인간은 남들에게 자신의 행동이 보이지 않게 해주는 플라톤의 기게스의 반지Ring of Gyges가 주어진다 하더라도 여전히 대체로 도덕적으로 행동할 것이라고 생각한다. 투명인간이 된다면 사람들은 분명 2인칭 도덕과 아무런 연계가 없는 많은 사회규범을 어길 것이다. 그리고 분명 이기적인 동기가 강하다면 부도덕하게 행동할 것이다. 그러나 이기적인 욕망이 압도하지 않는다면, 투명인간들도 대체로 타인을 돕고 공정하게 대할 것이며, 그렇게 하지 않으면 죄책감까지 느낄 것이다. 물론 타인들을 자기가 속한 도덕 공동체의 일원으로 생각한다고 가정하면서 말이다. 그리고 모든 문화에 속한 모든 도덕 공동체의 모든 개인들도 마찬가지라고 우리는 가정한다. 다른 점이 있다면, 각기 다른 문화에 속해서 상이한 사회적·제도적 환경에서 살아가는 사람들이 특정한 맥락에서 무엇이 옳고 그른 행동 방식인지, 그리고 누가 도덕 공동체의 일원으로 여겨지는지를 이해하는 방식뿐이다.

따라서 우리의 설명은 자연적인 2인칭 도덕에 토대를 둔다. 그러나 현대 세계에서 이 자연적인 도덕은 사회규범의 문화적 도덕 안에 한 층으로 묻혀 있으며, 사회규범은 상이한 역사적 시기에 각기 다르게 되풀이되는 상황에 대처하기 위해 만들어졌기 때문에 때로는 서로 충돌한다. 그리하여 새로운 상황에 맞닥뜨리는 개인은 이 규범들 사이에서 판결을 내리고 자신의 도덕적 정체성을 지킬 수 있게 해주는 결정을 돕기 위해 자기 나름의 도덕 원칙을 창조해야 한다. 문제는 일종의 네커 정육면체Necker cube•처럼 보이는 진정한 도덕적 딜레마가 있는 것 같다는 점이다. 한 각도에서 보면 도덕적이지만, 다른 각도에서 보면 다른 방식으로 도덕적이거나 심지어 부도덕한 것이다. 이 딜레

• 모서리로 이루어진 정육면체. 육면체를 비스듬히 세워 놓고, 가운데에 있는 두 꼭짓점 중 어느 것에 주의를 두느냐에 따라 육면체의 3차원 구조가 두 가지로 보일 수 있다.—옮긴이

마에 일반적인 해법이란 없다. 이것은 단지 도덕적 힘들의 충돌을 나타낼 뿐이며, 개인은 이 딜레마를 조화시키는 어떤 방법을 찾아야 하는데, 거의 언제나 어떤 것을 억누르거나 무시해야 한다(Nagel, 1986, 1991). 그렇다면 생물학적 적응과 문화적 창조, 즉 각자의 '고유한 영역'에서는 잘 작동하지만 자연이나 문화 어느 쪽도 예견할 수 없는 새로운 상황에서는 인간 도덕을 서로 충돌하는 적응과 창조의 다채로운 역사라는 측면에서 설명하는 것 말고 다른 어떤 대안이 있을까?

많은 사람들이 여기서 우리가 그린 내용이 인간의 협력과 도덕에 관한 비현실적인 장밋빛 그림이라고 생각할 것은 분명하다. 우리가 공감과 평등의 감각을 보는 곳에서 사람들은 이기적인 이익을 충족시키기 위한 현명한 전략을 제안할 것이다. 내가 거리에서 걸인에게 돈을 줄 때, 사람들은 내가 **실제로** 하는 일은 타인의 눈앞에서 내 평판을 높이려고 시도하는 것이라고 주장할 것이다. 그런데 왜 **실제로**라고 말하나? 나는 왜 두 가지를 동시에 할 수 없을까? 두 목적을 동시에 달성하는 것만큼 더 나은 행동 결정에 도움이 되는 것은 없다. 나는 정말로 걱정스러워하는 가난한 사람을 도와주며, 그와 동시에 내 평판을 높인다. 꿩 먹고 알 먹기다. 나에게 전략적 동기가 있다는 사실에는 의문의 여지가 없지만, 내게는 또한 관대하고 평등주의적인 동기도 있으며, 나는 가능하다면 언제든지 이 모든 동기를 동시에 충족시키기 위해 행동한다. 그리고 이 동기들이 충돌할 때는 여러 가지를 고려해 어느 하나가 결국 승리를 거두지만, 어떤 주어진 상황에서는 나의 관대하거나 평등주의적인 동기가 원칙적으로 승리할 수 있다. 사람들이 매일같이 타인을 위해 자신을 희생하면서 입증하는 것처럼 말이다.

어떤 사람들은 또한 세계 언론에서 하루가 멀다 하고 모든 사람에게 인간의 부도덕을 보여주기 때문에 인간 도덕에 관한 우리의 그림이 너무 장밋빛이라고 생각할 것이다. 사람들은 하루가 멀다 하고 이기적인 욕심을 채우기 위해 거짓말을 하고, 속이고, 훔치며, 세계 곳곳에서 전쟁이 끊일 날이 없다. 그러나 거짓말을 하고, 속이고, 훔치는 사람들은 단지 어떤 이유에서든 간에 그 개인의 이기적인 동기가 승리를 거둔 사례일 뿐이다. 거짓말쟁이-얌체-도둑은 아마 그 일을 하면서 죄책감을 느꼈을 테고, 따라서 가해진 피해(또는 피해의 부재)를 창의적으로 해석하면서 그것을 정당화하려고 했을 것이다. 게다가 그는 분명 다른 경우의 다른 상황에서는 도덕적인 일을 많이 했을 것이며, 가족과 친구들에게는 거의 백 퍼센트 도덕적인 인간일 것이다. 그리고 전쟁에 관해 말하자면, 오늘날 세계에서 벌어지는 거의 모든 대규모 교전은 상황을 '우리'와 '그들', 이를테면 한 나라와 다른 나라의 대결로 바라보는 사람들의 소행이다. 또한 다양한 이유(대개 식민주의 같은 외부의 영향과 관련된다) 때문에 같은 정치적 우산 아래 공존을 강요받는 서로 다른 종족 집단들 사이에도 많은 분쟁이 벌어진다. 이것들 역시 내집단/외집단 충돌의 사례이며, 이번에도 역시 이런 충돌에 관여하는 이들이 일상적으로는 동료들과 많은 도덕적인 행동을 한다는 것도 거의 확실하다. 그리고 이 모든 사실에도 불구하고, 전쟁 같은 충돌은 다른 많은 유형의 폭력과 마찬가지로 역사적으로

쇠퇴하는 것이 분명하다(Pinker, 2011).

지나치게 장밋빛이라는 비판의 마지막 논점은 우리가 사람들 사이의 등가성이나 평등의 감각을 인간 도덕의 토대로 가정했다는 것이다. 기록된 인간의 역사를 중심으로 생각하는 데 익숙한 사람들은 계몽주의 시대에 이르러서야 서구의 사회이론가들이 모든 개인이 어떤 면에서 동등한 권리를 가진 평등한 존재라는 생각을 내세우기 시작했다고 지적할 것이다. 물론 지난 1만 년 동안 시민사회가 부상한 끝에 사회계약에 관한 명시적인 정치적 사고가 나타났다는 점에서는 사실이다. 그러나 그 직전 시기에(10배 이상 긴 시간 동안) 존재한 사냥꾼–채집자 사회는 어떤 면에서 보아도 대단히 평등주의적이었다(Boehm, 1999). 그렇다고 해서 이 개인들에게 어떤 이기적 동기도 없었다는 말은 아니다. 다만 그들은 일반적으로 해당 문화집단의 모든 성원들을 동등하게 존중하는 가운데 서로 만족스러운 방식으로 함께 일을 했다는 말이다. 그리고 우리의 가설이 네이글(Nagel, 1970)의 분석, 즉 타인을 동등한 존재로 인정하는 것은 (계몽주의 정치 문헌들의 경우처럼) 어떤 선호나 동기가 아니라 개인이 내리는 개인적 의사 결정이나 문화가 창조하는 사회규범에 영향을 미칠 수도, 미치지 않을 수도 있다는 인정, 아마도 달갑지 않은 인정이라는 분석을 따른다는 사실을 다시 상기하자. 실제로 사람들이 타인을 비인간적으로 대하는 행동을 정당화하는 주된 방법은 동기가 아니라 개념과 관련된다. 타인을 진정으로 인간으로 보지 않는 것이다. 대체로 어쩔 수 없이 자신과 대등한 존재로 타인을 인식하고, 그런 타인을 인정하고, 그와 상호작용하는 개인들이 없다면 인간 도덕과 비슷한 어떤 것도 생각하기 힘들어 보인다.

도덕이 어렵다는 것은 분명하다. 인간은 타인에게 공감과 공정을 보이는 자연스러운 성향이 있지만, 그래도 우리는 때로 이기적이다. 타인은 우리의 이기심에 책임을 묻고, 사회규범의 채찍으로 우리를 매질하고, 우리의 평판을 망치기 위해 우리 뒤에서 뒷소문을 낼지 모르지만, 그래도 우리는 때로 이기적이다. 우리 자신의 도덕을 위반하면 죄책감을 느끼고 우리의 정체성 감각이 허물어지지만, 그래도 우리는 때로 이기적이다. 전지한 신에 의해 적용되는 종교적 원리는 도덕적 위반에 대해 영원한 천벌을 약속하고 정부의 법률은 현세에서 더 즉각적이고 구체적인 형태의 천벌을 가하지만, 그래도 우리는 때로 이기적이다. 그렇다. 우리가 도덕적인 것은 기적이며, 우리가 꼭 이런 모습이었어야 했던 것은 아니다. 전체적으로 볼 때, 대체로 도덕적인 결정을 내리는 사람들이 대체로 더 많은 아이를 낳은 것은 우연일 뿐이다. 그리하여 또한, 이상한 말이지만(그리고 니체에도 불구하고), 우리는 도덕이 우리 인간 종과 우리의 문화, 우리 자신들에게—적어도 지금까지는—어쨌든 좋은 것으로 보인다는 사실에 그저 감탄하고 축하해야 한다.

옮긴이의 글

전작 《생각의 기원》에서 불가피한 상호 의존 상황에서 협력적 활동과 협력적 소통이 필요했기 때문에 인간 특유의 사고 능력이 진화하게 된 과정을 보여준 마이클 토마셀로는, 이 책에서는 비슷한 시기에 인간이 '공동 지향성'에서 '집단 지향성'으로 나아가는 과정을 추적하면서 인간의 정신이 아니라 마음을 들여다본다. 그리하여 특유의 상호 의존적인 사회적 삶이 생각의 기원이 된 동시에 도덕의 기원이 되기도 했음을 보여준다. 인간 사고의 자연사에 이어 인간 특유의 도덕 심리가 진화하게 된 과정을 아우르는 인간 도덕의 자연사를 추적해서 재구성하는 작업을 한 것이다. 그리고 기존의 고전적 철학에서 인간 도덕의 출발점으로 상정하는 호혜적 이타주의에 내재한 몇 가지 허점을 현대 진화심리학의 정교한 실험을 통해 메우려고 시도했다. 그 결과물로 내놓은 것이 상호주의와 호혜성을 통합한 '상호 의존 가설'이다. 이 가설로 들여다본 인간 도덕의 진화사는 다음과 같다.

600만 년 전쯤 아프리카 어딘가에 살았던 대형 유인원과 인류 최후의 공통 조상은 사회적 생활을 영위했다. 그 생활의 기본 원리는 서열과 경쟁이었다. 이 유인원들은 사회적 삶을 통해 도구적 합리성을 습득했고, 그리하여 일종의 '마키아벨리적 지능'을 갖고서 유연한 전략을 실행하고 심지어 동종 개체의 정신 상태를 예측하기도 했다. 이 과정에서 그들은 친족과 협동 파트너에 대해 공감의 감정을 갖게 되었다. 인간 도덕의 원형이라고 할 수 있는 '공감의 도덕'이 탄생한 순간이다.

시간이 흘러 40만 년 전 생태적 변화가 일어나면서 협동적 먹이 찾기가 필수적인 일이 되었다. 초기 인류는 원숭이, 대형 유인원과의 먹이 경쟁에 시달리는 가운데 나무 열매나 과일, 소형 포유류 대신 큰 사냥감을 노려야 했다. 이제 협동과 협업이 생존을 위한 필수 조건이 되면서 인간은 불가피하게 상대방을 인지하게 되었고, 복수의 행위자인 '우리'를 형성해서 함께 행동할 수 있었다. 인간은 상대와 자신이 어떤 목표를 공유한다는 공동 지향성의 인지 기술을 습득하게 되었고, 그리하여 '우리'가 함께 먹이를 찾고 양자 모두가 자격이 있는 파트너로서 전리품을 동등하게 공유했다. 신뢰와 존중, 책임, 의무, 자격 등의 감각을 공유하면서 인간 특유의 '공정성의 도덕'이 등장하게 되었다. 이제 초기 인류는 다른 어떤 동물 종과도 다른, 진정한 인간이 된 것이다. 다른 어떤 유인원도 인간만큼 상호 의존하는 사회적 삶을 영위하지 않았다.

15만 년 전 호모사피엔스사피엔스의 등장과 더불어 나타난 인구학적 변화는 다음 단계 도덕 심리의 배경이 되었다. 협동적인 2인 쌍을 이루어 협력하는 데 성공한 초기 인류는 그 덕분에 집단을 키울 수 있었지만, 이제 현대 인류는 집단들끼리 충돌하고 자원과 영역을 놓고 경쟁하는 상황에 놓이게 되었다. 바야흐로 2인 쌍의 공동 지향성을 넘어선 집단 지향성이 내면에 새겨졌다. '우리'와 경쟁 상대인 '그들'을 구분하게 되었고, 그런 구분을 위해 문화적 정체성을 창조할 필요가 있었다. 옳고 그름의 규범이 문화적으로 창조되고 객관화되면서 공정성을 체계화한 '정의의 도덕'이 등장했다. 이런 2단계 과정을 통해 당대 인류는 개인들이 대면적으로 관여하는 2인칭 도덕과 도덕 공동체의 성원으로 개인들을 묶는 집단 중심적인 '객관적' 도덕을 두루 갖게 되었다.

이런 과정을 추적하는 주요한 방법론은 영장류학의 성과를 바탕으로 침팬지와 보노보를 비롯한 대형 유인원(자연 상태와 반半자연 상태)과 3세 내외의 인간 아동을 대상으로 한 여러 가지 실험이다. 토마셀로는 자신의 연구실을 필두로 세계 곳곳에서 진행된 영장류와 아동 실험의 결과물을 조각조각 맞춰 보면서 가설을 시험하고 답을 찾는다. 다른 모든 조건은 배제한 채 먹이와 협동 등의 변수만을 놓고 진행하는 갖가지 실험을 통해 인간 도덕 심리의 면면을 세밀하게 추적하는 과정은 그 자체로 흥미진진하다.

토마셀로가 보기에 당대 인류인 우리는 이런 진화 과정을 거치면서 각 단계에서 획득한 도덕 심리가 켜켜이 쌓여 있는 존재다. 원시적인 '공감의 도덕'과 더 복잡한 '공정성의 도덕', 그리고 '정의의 도덕'까지 우리 내면에 똬리를 튼 채 때로는 충돌하고 때로는 조정되며, 그 결과로 우리는 어떤 도덕적 행동이나 비도덕적 행동을 한다. 이런 진화 과정은 개체 발생에서도 비슷하게 되풀이된다. 세 가지 도덕은 각각의 진화 단계에서 등장한 것이지만, 나중 단계의 도덕이 무조건 더 중요하거나 상위의 도덕인 것은 아니다.

토마셀로는 이 책에서 진화인류학과 도덕철학, 도덕심리학, 행동주의 경제학, 사회 이론에 이르는 여러 학문 분야를 자유자재로 넘나들면서 거대한 인간 도덕의 자연사를 구축한다. 철학적 고찰과 실험 연구를 결합한 이 책의 서술은 그야말로 과학과 철학의 융합이라고 할 수 있다. 그런데 추상적인 가설적 상황을 상상해서 서술하는 내용이기 때문에 일상적 언어와는 다른 독특한 표현이 많이 등장한다. 어쩔 수 없이 2인이 힘을 합쳐서 각자의 역할을 수행하면서 사냥이나 채집을 해야 하는 상황을 가리키는 '필수적인 협동적 먹이 찾기'나 이런 상황에서 두 사람이 같은 목표를 추구하는 것을 가리키는 '공동 지향성'처럼, 압축적인 설명을 위해 저자가 만들어 낸 표현은 언뜻 직관적으로 파악하기가 쉽지 않다. 이런 표현이 워낙 많이 나와서 번역하는 데 애를 먹었다. 그렇지만 지은이가 책 곳곳에서 여러 가지 방식으로 요약 설명을 제시하고, 그림과 표까지 적절하게 활용해 정리해 주기 때문에 약간만 참을성을 발휘하면 어느 순간 책장이 저절로 넘어가게 된다.

이 책이 현대 사회가 제시하는 갖가지 도덕적 딜레마에 대한 답을 주지는 않는다. 그렇지만 인간은 직립한 원숭이일 뿐 아니라 다른 어떤 동물 종과도 달리 새로운 종류의 협력을 할 수 있었다는 사실을 깨닫는 것만으로도 우리는 도덕을 다시 돌아보게 된다. 대형 유인원의 전략적 협력에서 진정한 인간 도덕이 탄생한 과정을 더듬는 것만으로도 도덕적 인간으로서 자신을 들여다볼 수 있다. 어쭙잖은 옮긴이의 요약보다는 지은이가 쓴 마지막 구절을 다시 한 번 음미해 보기를 권한다.

"우리가 도덕적인 것은 기적이며, 우리가 꼭 이런 모습이었어야 했던 것은 아니다. 전체적으로 볼 때, 대체로 도덕적인 결정을 내리는 사람들이 대체로 더 많은 아이를 낳은 것은 우연일 뿐이다. 그리하여 또한, 이상한 말이지만(그리고 니체에도 불구하고), 우리는 도덕이 우리 인간 종과 우리의 문화, 우리 자신들에게—적어도 지금까지는—어쨌든 좋은 것으로 보인다는 사실에 그저 감탄하고 축하해야 한다."

2018년 7월

유강은

참고문헌

Alexander, R. D. 1987. *The biology of moral systems*. New York: Aldine De Gruyter.

Alvard, M. 2012. Human social ecology. In J. Mitani, ed., *The evolution of primate societies* (pp. 141-162). Chicago: University of Chicago Press.

Bartal, I., J. Decety, and P. Mason. 2011. Empathy and pro-social behavior in rats. *Science, 334*(6061), 1427-1430.

Batson, C. D. 1991. *The altruism question: Toward a social-psychological answer*. Hillsdale, NJ: Erlbaum.

Baumard, N., J. B. André, and D. Sperber. 2013. A mutualistic approach to morality. *Behavioral and Brain Sciences, 36*(1), 59-122.

Bergson, H. 1935. *Two sources of morality and religion*. New York: Holt([국역] 앙리 베르그손 지음, 박종원 옮김, 《도덕과 종교의 두 원천》, 아카넷, 2015).

Bicchieri, C. 2006. *The grammar of society: The nature and dynamics of social norms*. New York: Cambridge University Press.

Bickerton, D., and E. Szathmáry. 2011. Confrontational scavenging as a possible source for language and cooperation. *BMC Evolutionary Biology, II*, 261.

Blake, P. R., and K. McAuliffe. 2011. "I had so much it didn't seem fair": Eight-year-olds reject two forms of inequity. *Cogniton, 120*(2), 215-224.

Blasi, A. 1984. Moral identity: Its role in moral functioning. In W. M. Kurtines and J. J. Gewirtz, eds., *Morality, moral behavior and moral development* (pp. 128-139). New York: Wiley.

Boehm, C. 1999. *Hierarchy in the forest: The evolution of egalitarian behavior.* Cambridge, MA: Harvard University Press.

————. 2012. *Moral origins: The evolution of virtue, altruism, and shame.* New York: Basic Books.

Boesch, C. 1994. Cooperative hunting in wild chimpanzees. *Animal Behavior, 48*(3), 653-667.

Boesch, C., and H. Boesch. 1989. Hunting behavior of wild chimpanzees in the Taï National Park. *American Journal of Physical Anthropology, 78*(4), 547-573.

Bonnie, K. E., V. Horner, A. Whiten, and F. B. M. de Waal. 2007. Spread of arbitrary conventions among chimpanzees: A controlled experiment. *Proceedings of the Royal Society of London, Series B: Biological Sciences, 274*(1608), 367-372.

Bowles, S., and H. Gintis. 2012. *A cooperative species: Human reciprocity and its evolution.* Princeton, NJ: Princeton University Press(〔국역〕 새뮤얼 보울스·허버트 긴티스 지음, 최정규·전용범·김영용 옮김, 《협력하는 종》, 한국경제신문, 2016).

Boyd, R., and J. Silk. 2009. *How humans evolved.* New York: Norton.

Bratman, M. 1992. Shared co-operative activity. *Philosophical Review, 101*(2), 327-341.

————. 2014. *Shared agency: A planning theory of acting together.* New York: Oxford University Press.

Bräuer, J., J. Call, and M. Tomasello. 2006. Are apes really inequity averse? *Proceedings of the Royal Society of London, Series B: Biological Sciences, 273*(1605), 3123-3128.

————. 2009. Are apes inequity averse? New data on the token-exchange paradigm. *American Journal of Primatology, 71*(2), 175-181.

Brosnan, S. F., and F. B. M. de Waal. 2003. Monkeys reject unequal pay. *Nature, 425*, 297-299.

Brosnan, S. F., T. Flemming, C. F. Talbot, L. Mayo, and T. Stoinski. 2011. Responses to inequity in orangutans. *Folia Primatologica, 82*, 56-70.

Brosnan, S. F., H. C. Schiff, and F. B. M. de Waal. 2005. Tolerance for inequity may increase with social closeness in chimpanzees. *Proceedings of the Royal*

Society of London, Series B: Biological Sciences, 272(1560), 253-285.

Brosnan, S. F., C. Talbot, M. Ahlgren, S. P. Lambeth, and S. J. Schapiro. 2010. Mechanisms underlying the response to inequity in chimpanzees, *Pan troglodytes. Animal Behaviour, 79*(6), 1229-1237.

Brown, P., and S. C. Levinson. 1987. *Politeness: Some universals in language usage.* Cambridge: Cambridge University Press.

Bshary, R., and R. Bergmueller. 2008. Distinguishing four fundamental approaches to the evolution of helping. *Journal of Evolutionary Biology, 21*(2), 405-420.

Bullinger, A. F., A. P. Melis, and M. Tomasello. 2011a. Chimpanzees *(Pan troglodytes)* prefer individual over collaborative strategies toward goals. *Animal Behaviour, 82*(5), 1135-1141.

Bullinger, A. F., E. Wyman, A. P. Melis, and M. Tomasello. 2011b. Coordination of chimpanzees *(Pan troglodytes)* in a stag hunt game. *International Journal of Primatology, 32*(6), 1296-1310.

Burkart, J. M., and C. P. van Schaik. 2010. Cognitive consequences of cooperative breeding in primates? *Animal Cognition, 13*(1), 1-19.

Buttelmann, D., J. Call, and M. Tomasello. 2009. Do great apes use emotional expressions to infer desires? *Developmental Science, 12*(5), 688-699.

Buttelmann, D., N. Zmyj, M. M. Daum, and M. Carpenter. 2013. Selective imitation of in-group over out-group members in 14-month-old infants. *Child Development, 84*(2), 422-428.

Call, J., and M. Tomasello. 2007. *The gestural communication of apes and monkeys.* Mahwah, NJ: Erlbaum.

———. 2008. Does the chimpanzee have a theory of mind? 30 years later. *Trends in Cognitive Science, 12*(5), 187-192.

Callaghan, T., H. Moll, H. Rakoczy, F. Warneken, U. Liszkowski, T. Behne, and M. Tomasello. 2011. Early social cognition in three cultural contexts. *Monographs of the Society for Research in Child Development, 76*(2), 1-142.

Carpenter, M. 2006. Instrumental, social, and shared goals and intentions in imitation. In S. J. Rogers and J. Williams, eds., *Imitation and the social mind: Autism and typical development* (pp. 48-70). New York: Guilford Press.

Carpenter, M., M. Tomasello, and T. Striano. 2005. Role reversal imitation in 12 and 18 month olds and children with autism. *Infancy, 8*(3), 253-278.

Carpenter, M., J. Uebel, and M. Tomasello. 2013. Being mimicked increases prosocial behavior in 18-month-old infants. *Child Development, 84*(5), 1511-1518.

Chapais, B. 2008. *Primeval kinship: How pair-bonding gave birth to human society.* Cambridge, MA: Harvard University Press.

Chwe, M. S. Y. 2003. *Rational ritual: Culture, coordination and common knowledge.* Princeton, NJ: Princeton University Press([국역] 마이클 S. 최 지음, 허석재 옮김, 《사람은 어떻게 광장에 모이는 것일까?》, 후마니타스, 2014).

Clark, H. 1996. *Using language.* Cambridge: Cambridge University Press([국역] 허어벗 클락 지음, 김지홍 옮김, 《언어사용 밑바닥에 깔린 원리》, 경진, 2009).

Clutton-Brock, T. 2002. Breeding together: Kin selection and mutualism in cooperative vertebrates. *Science, 296*(5565), 69-72.

Cosmides, L., and J. Tooby. 2004. Knowing thyself: The evolutionary psychology of moral reasoning and moral sentiments. *Business, Science, and Ethics, 4*, 93-128.

Crockford, C., and C. Boesch. 2003. Context specific calls in wild chimpanzees, *Pan troglodytes verus:* Analysis of barks. *Animal Behaviour, 66*(1), 115-125.

Crockford, C., R. M. Wittig, K. Langergraber, T. E. Ziegler, K. Zuberbühler, and T. Deschner. 2013. Urinary oxytocin and social bonding in related and unrelated wild chimpanzees. *Proceedings of the Royal Society of London, Series B: Biological Sciences, 280*(1755), 2012-2765.

Csibra, G., and G. Gergely. 2009. Natural pedagogy. *Trends in Cognitive Sciences, 13*(4), 148-153.

Darley, J. M., and B. Latane. 1968. Bystander intervention in emergencies: Diffusion of responsibility. *Journal of Personality and Social Psychology, 8*(4), 377-383.

Darwall, S. 1997. Two kinds of respect. *Ethics, 88*, 36-49.

————. 2006. *The second-person standpoint: Respect, morality, and accountability.* Cambridge, MA: Harvard University Press.

————. 2013. *Essays in second-personal ethics, Vol. 1: Morality, authority, and law.* Oxford: Oxford University Press.

Darwin, C. 1871. *The descent of man, and selection in relation to sex.* London: John Murray([국역] 찰스 다윈 지음, 김관선 옮김, 《인간의 유래》 1·2, 한길사, 2006).

Dawkins, R. 1976. *The selfish gene.* New York: Oxford University Press([국역] 리처드 도킨스 지음, 홍영남·이상임 옮김, 《이기적 유전자》, 을유문화사, 2010).

de Waal, F. B. M. 1982. *Chimpanzee politics: Power and sex among apes.* London:

Cape([국역] 프란스 드 발 지음, 장대익·황상익 옮김, 《침팬지 폴리틱스》, 바다출판사, 2004).
————. 1989a. *Peacemaking among primates*. Cambridge, MA: Harvard University Press([국역] 프란스 드 발 지음, 김희정 옮김, 《영장류의 평화 만들기》, 새물결, 2007).
————. 1989b. Food sharing and reciprocal obligations among chimpanzees. *Journal of Human Evolution, 18*(5), 433-459.
————. 1996. *Good natured: The origins of right and wrong in humans and other animals*. Cambridge, MA: Harvard University Press.
————. 2000. Attitudinal reciprocity in food sharing among brown capuchin monkeys. *Animal Behaviour, 60*(2), 253-261.
————. 2006. *Primates and philosophers: How morality evolved*. Princeton, NJ: Princeton University Press.
de Waal, F. B. M., and L. M. Luttrell. 1988. Mechanisms of social reciprocity in three primate species: Symmetrical relationship characteristics or cognition? *Ethology and Sociobiology, 9*(2-4), 101-118.
Diesendruck, G., N. Carmel, and L. Markson. 2010. Children's sensitivity to the conventionality of sources. *Child Development, 81*(2), 652-668.
Dubreuil, D., M. S. Gentile, and E. Visalberghi. 2006. Are capuchin monkeys *(Cebus apella)* inequality averse? *Proceedings of the Royal Society of London, Series B: Biological Sciences, 273*(1591), 1223-1228.
Duguid, S., E. Wyman, A. Bullinger, and M. Tomasello. (2014). Coordination strategies of chimpanzees and human children in a stag hunt game. *Proceedings of the Royal Society of London, Series B: Biological Sciences, 281*(1973).
Dunbar, R. 1998. The social brain hypothesis. *Evolutionary Anthropology, 6*(5), 178-190.
Dunham, Y., A. S. Baron, and M. R. Banaji. 2008. The development of implicit intergroup cognition. *Trends in Cognitive Sciences, 12*(7), 248-253.
Durkheim, E. 1893/1984. *The division of labor in society*. New York: Free Press([국역] 에밀 뒤르케임 지음, 민문홍 옮김, 《사회분업론》, 아카넷, 2012).
————. 1912/2001. *The elementary forms of religious life*. Oxford: Oxford University Press([국역] 에밀 뒤르켐 지음, 노치준·민혜숙 옮김, 《종교 생활의 원초적 형태》, 민영사, 2017).

———. 1974. *Sociology and philosophy*. New York: Free Press.

Engelmann, J. M., E. Herrmann, and M. Tomasello. 2012. Five-year olds, but not chimpanzees, attempt to manage their reputations. *PLoS ONE, 7*(10), e48433.

Engelmann, J., E. Herrmann, and M. Tomasello. In press. Chimpanzees trust conspecifics to engage in low-cost reciprocity. *Proceedings of the Royal Society B*.

———. Submitted. Yound children overcome peer pressure to do the right thing.

Engelmann, J. M., H. Over, E. Herrmann, and M. Tomasello. 2013. Young children care more about their reputation with ingroup members and potential reciprocators. *Developmental Science, 16*(6), 952-958.

Fehr, E., H. Bernhard, and B. Rockenbach. 2008. Egalitarianism in young children. *Nature, 454*, 1079-1083.

Fiske, S. T. 2010. *Social beings: Core motives in social psychology*. 2nd ed. Hoboken, NJ: Wiley.

Fletcher, G., F. Warneken, and M. Tomasello. 2012. Differences in cognitive processes underlying the collaborative activities of children and chimpanzees. *Cognitive Development, 27*(2), 136-153.

Foley, R. A., and C. Gamble. 2009. The ecology of social transitions in human evolution. *Philosophical Transactions of the Royal Society of London, Series B: Biological Sciences, 364*(1442), 3267-3279.

Fontenot, M. B., S. L. Watson, K. A. Roberts, and R. W. Miller. 2007. Effects of food preferences on token exchange and behavioural responses to inequality in tufted capuchin monkeys, *Cebus apella. Animal Behaviour, 74*(3), 487-496.

Friedrich, D., and N. Southwood. 2011. Promises and trust. In H. Sheinman, ed., *Promises and agreement: Philosophical essays* (pp. 275~292) New York: Oxford University Press.

Gibbard, A. 1990. *Wise choices, apt feelings: A theory of normative judgment*. Cambridge, MA: Harvard University Press.

Gilbert, M. 1990. Walking together: A paradigmatic social phenomenon. *Midwest Studies in Philosophy, 15*(1), 1-14.

———. 2003. The structure of the social atom: Joint commitment as the foundation of human social behavior. In F. Schmitt, ed., *Socializing metaphysics* (pp. 39-64). Lanham, MD: Rowman and Littlefield.

———. 2006. *A theory of political obligation: Membership, commitment, and the bonds of society.* Oxford: Oxford University Press.

———. 2011. Three dogmas about promising. In H. Sheinman, ed., *Promises and agreements* (pp. 80-109). New York: Oxford University Press.

———. 2014. *Joint commitment: How we make the social world.* New York: Oxford University Press.

Gilby, I. C. 2006. Meat sharing among the Gombe chimpanzees: Harassment and reciprocal exchange. *Animal Behaviour, 71*(4), 953-963.

Göckeritz, S., M. F. H. Schmidt, and M. Tomasello. 2014. Young children's creation and transmission of social norms. *Cognitive Development, 30*(April–June), 81-95.

———. Submitted. Young children understand norms as socially constructed—if they have done the constructing.

Goffman, E. 1959. *The presentation of self in everyday life.* New York: Anchor([국역] 어빙 고프먼 지음, 진수미 옮김, 《자아 연출의 사회학》, 현암사, 2016).

Gomes, C., C. Boesch, and R. Mundry. 2009. Long-term reciprocation of grooming in wild West African chimpanzees. *Proceedings of the Royal Society of London, Series B: Biological Sciences, 276*, 699-706.

Goodall, J. 1986. *The chimpanzees of Gombe: Patterns of behavior.* Cambridge, MA: Belknap Press.

Gräfenhain, M., T. Behne, M. Carpenter, and M. Tomasello. 2009. Young children's understanding of joint commitments. *Developmental Psychology, 45*(5), 1430-1443.

Gräfenhain, M., M. Carpenter, and M. Tomasello. 2013. Three-year-olds' understanding of the consequences of joint commitments. *PLoS ONE, 8*(9), e73039.

Greenberg, J. R., K. Hamann, F. Warneken, and M. Tomasello. 2010. Chimpanzee helping in collaborative and non-collaborative contexts. *Animal Behaviour, 80*(5), 873-880.

Greene, J. 2013. *Moral tribes: Emotion, reason, and the gap between us and them.* New York: Penguin Press([국역] 조슈아 그린 지음, 최호영 옮김, 《옳고 그름》, 시공사, 2017).

Greene, J. D., R. B. Sommerville, L. E. Nystrom, J. M. Darley, and J. D. Cohen. 2001. An fMRI investigation of emotional engagement in moral judgment. *Science,*

293(5537), 2105-2108.

Grocke, P., F. Rossano, and M. Tomasello. In press. Preschoolers accept unequal resource distributions if the procedure provides equal opportunities. *Journal of Experimental Child Psychology.*

Grüneisen, S., E. Wyman, and M. Tomasello. 2015. Conforming to coordinate: Children use majority information for peer coordination. *British Journal of Developmental Psychology, 33*(1), 136-147.

Guererk, O., B. Irlenbusch, and B. Rockenbach. 2006. The competitive advantage of sanctioning institutions. *Science, 312*(5770), 108-111.

Gurven, M. 2004. To give or not to give: An evolutionary ecology of human food transfers. *Behavioral and Brain Sciences, 27*(4), 543-583.

Haidt, J. 2012. *The righteous mind: Why good people are divided by politics and religion.* New York: Pantheon(〔국역〕 조너선 하이트 지음, 왕수민 옮김, 《바른 마음》, 웅진지식하우스, 2014).

Haley, K. J., and D. M. T. Fessler. 2005. Nobody's watching? Sbutle cues affect generosity in an anonymous economic game. *Evolution and Human Behavior, 26*(3), 245-256.

Hamann, K., J. Bender, and M. Tomasello. 2014. Meritocratic sharing is based on collaboration in 3-year-olds. *Developmental Psychology, 50*(1), 121-128.

Hamann, K., F. Warneken, J. Greenberg, and M. Tomasello. 2011. Collaboration encourages equal sharing in children but not chimpanzees. *Nature, 476*, 328-331.

Hamann, K., F. Warneken, and M. Tomasello. 2012. Children's developing commitments to joint goals. *Child Development, 83*(1), 137-145.

Hamlin, J. K., K. Wynn, and P. Bloom. 2007. Social evaluation by preverbal infants. *Nature, 450*, 557-559.

Harcourt, A. H., and F. B. M. de Waal, eds. 1992. *Coalitions and alliances in humans and other animals.* Oxford: Oxford University Press.

Hardy, S. A., and G. Carlo. 2005. Identity as a source of moral motivation. *Human Development, 48*(4), 232-256.

Hare, B. 2001. Can competitive paradigms increase the validity of social cognitive experiments in primates? *Animal Cognition, 4*(3–4), 269-280.

Hare, B., J. Call, B. Agnetta, and M. Tomasello. 2000. Chimpanzees know what conspecifics do and do not see. *Animal Behaviour, 59*(4), 771-785.

Hare, B., J. Call, and M. Tomasello. 2001. Do chimpanzees know what conspecifics know and do not know? *Animal Behaviour, 61*(1), 139-151.

Hare, B., and M. Tomasello. 2004. Chimpanzees are more skillful in competitive than in cooperative cognitive tasks. *Animal Behaviour, 68*(3), 571-581.

Hare, B., T. Wobber, and R. Wrangham. 2012. The self-domestication hypothesis: Bonobo psychology evolved due to selection against male aggression. *Animal Behavior, 83*, 573-585.

Haun, D., and H. Over. 2014. Like me: A homophily-based account of human culture. In P. J. Richerson and M. Christiansen, eds., *Cultural evolution* (pp. 75-85). Cambridge, MA: MIT Press.

Haun, D. B. M., and M. Tomasello. 2011. Conformity to peer pressure in preschool children. *Child Development, 82*(6), 1759-1767.

————. 2014. Great apes stick with what they know; children conform to others. *Psychological Science, 25*(12), 2160-2167.

Hegel, G. W. F. 1807/1967. *The phenomenology of mind.* New York: Harper and Row([국역] G. W. F. 헤겔 지음, 임석진 옮김, 《정신현상학》 1·2, 한길사, 2005).

Henrich, J., R. Boyd, S. Bowles, C. Camerer, H. Gintis, R. McElreath, and E. Fehr. 2001. In search of *Homo economicus*: Experiments in 15 small-scale societies. *American Economic Review, 91*(2), 73-79.

Hepach, R., A. Vaish, and M. Tomasello. 2012. Young children are intrinsically motivated to see others helped. *Psychological Science, 23*(9), 967-972.

————. 2013. Young children sympathize less in response to unjustified emotional distress. *Developmental Psychology, 49*(6), 1132-1138.

Herrmann, E., S. Keupp, B. Hare, A. Vaish, and M. Tomasello. 2013. Direct and indirect reputation formation in non-human great apes and human children. *Journal of Comparative Psychology, 127*(1), 63-75.

Herrmann, E., A. Misch, and M. Tomasello. In press. Uniquely human self-control begins at school age. *Developmental Science*, doi: 10.1111/desc.12272.

Hill, K. 2002. Altruistic cooperation during foraging by the Ache, and the evolved human predisposition to cooperate. *Human Nature, 13*(1), 105-128.

————. 2009. The emergence of human uniqueness: Characteristics underlying behavioural modernity. *Evolutionary Anthropology, 18*, 187-200.

Hill, K., M. Barton, and A. M. Hurtado. 2009. The emergence of human uniqueness: Characters underlying behavioral modernity. *Evolutionary*

Anthropology, 18(5), 187-200.

Hoffman, M. L. 2000. *Empathy and moral development: Implications for caring and justice.* Cambridge: Cambridge University Press(〔국역〕 마틴 호프만 지음, 박재주·박균열 옮김, 《공감과 도덕 발달》, 철학과현실사, 2011).

Honneth, A. 1995. *The struggle for recognition: The moral grammar of social conflicts.* Cambridge: Polity Press(〔국역〕 악셀 호네트 지음, 문성훈·이현재 옮김, 《인정투쟁》, 사월의책, 2011).

Hopper, L. M., S. P. Lambeth, S. J. Schapiro, and S. F. Brosnan. 2013. When given the opportunity, chimpanzees maximize personal gain rather than "level the playing field." *PeerJ, 1,* e165.

Horner, V., J. D. Carter, M. Suchak, and F. B. M. de Waal. 2011. Spontaneous prosocial choice by chimpanzees. *Proceedings of the National Academy of Sciences of the United States of America, 108*(33), 13847-13851.

Horner, V., and A. K. Whiten. 2005. Causal knowledge and imitation/emulation switching in chimpanzees *(Pan troglodytes)* and children. *Animal Cognition, 8*(3), 164-181.

House, B. R., J. B. Silk, J. Henrich, H. C. Barrett, B. A. Scelza, A. H. Boyette, B. S. Hewlett, R. McElreath, and S. Laurence. 2013. Ontogeny of prosocial behavior across diverse societies. *Proceedings of the National Academy of Sciences of the United States of America, 110*(36), 14586-14591.

Hrdy, S. 2009. *Mothers and others: The evolutionary origins of mutual understanding.* Cambridge, MA: Belknap Press.

Hruschka, D. J. 2010. *Friendship: Development, ecology and evolution of a social relationship.* Berkeley, CA: University of California Press.

Hume, D. 1751/1957. *An enquiry concerning the principles of morals.* New York: Bobbs-Merrill.

Jensen, K., J. Call, and M. Tomasello. 2007. Chimpanzees are rational maximizers in an ultimatum game. *Science, 318*(5847), 107-109.

Jensen, K., B. Hare, J. Call, and M. Tomasello. 2006. What's in it for me? Self-regard precludes altruism and spite in chimpanzees. *Proceedings of the Royal Society of London, Series B: Biological Sciences, 273*(1589), 1013-1021.

Jensen, K., and J. B. Silk. 2014. Searching for the evolutionary roots of human morality. In M. Killen and J. G. Smetana, eds., *Handbook of moral development* (2nd ed., pp. 475-494). New York: Psychology Press.

Joyce, R. 2006. *The evolution of morality.* Cambridge, MA: MIT Press.

Kaiser, I., K. Jensen, J. Call, and M. Tomasello. 2012. Theft in an ultimatum game: Chimpanzees and bonobos are insensitive to unfairness. *Biology Letters, 8*(6), 942-945.

Kanngiesser, P., and F. Warneken. 2012. Young children take merit into account when sharing rewards. *PLoS ONE, 7*(8), e43979.

Kant, I. 1785/1988. *Fundamental principles of the metaphysics of morals.* Buffalo, NY: Prometheus.

Killen, M., K. L. Mulvey, and A. Hitti. 2013. Social exclusion in childhood: A developmental intergroup perspective. *Child Development, 84*(3), 772-790.

Kinzler, K. D., K. H. Corriveau, and P. L Harris. 2011. Children's selective trust in native-accented speakers. *Developmental Science, 14*(1), 106-111.

Kinzler, K. D., K. Shutts, J. DeJesus, and E. S. Spelke. 2009. Accent trumps race in guiding children's social preferences. *Social Cognition, 27*(4), 623-634.

Kirschner, S., and M. Tomasello. 2010. Joint music making promotes prosocial behavior in 4-year-old children. *Evolution and Human Behavior, 31*(5), 354-364.

Kitcher, P. 2011. *The ethical project.* Cambridge, MA: Harvard University Press.

Klein, R. 2009. *The human career: Human biological and cultural origins.* 3rd ed. Chicago: University of Chicago Press.

Knight, J. 1992. *Institutions and social conflict.* Cambridge, MA: Cambridge University Press.

Kohlberg, L. 1981. *Essays on moral development*, Vol. 1: *The philosophy of moral development.* San Francisco, CA: Harper and Row([국역] 로런스 콜버그 지음, 김민남·김봉소·진미숙 옮김, 《도덕발달의 철학》, 교육과학사, 2000).

Kojève, A. 1982/2000. *Outline of a phenomenology of right.* New York: Roman and Littlefield.

Korsgaard, C. 1996a. *The sources of normativity.* Cambridge: Cambridge University Press([국역] 크리스틴 M. 코스가드 지음, 강현정·김양현 옮김, 《규범성의 원천》, 철학과현실사, 2011).

__________. 1996b. *Creating the kingdom of ends.* Cambridge: Cambridge University Press([국역] 크리스틴 M. 코스가드 지음, 김양현·강현정 옮김, 《목적의 왕국》, 철학과현실사, 2007).

Koski, S. E., H. de Vries, S. W. van den Tweel, and E. H. M. Sterck. 2007. What to do after a fight? The determinants and inter-dependency of post-conflict interactions in chimpanzees. *Behaviour, 144*(5), 529-555.

Köymen, B., E. Lieven, D. A. Engemann, H. Rakoczy, F. Warneken, and M. Tomasello. 2014. Children's norm enforcement in their interactions with peers. *Child Development, 85*(3), 1108-1122.

Köymen, B., M. F. H. Schmidt, and M. Tomasello. In press. Teaching versus enforcing norms in preschoolers' peer interactions. *Journal of Experimental Child Psychology.*

Kropotkin, P. A. 1902. *Mutual aid: A factor of evolution.* New York: McClure, Philips([국역] 표트르 A. 크로포트킨 지음, 김훈 옮김, 《만물은 서로 돕는다》, 여름언덕, 2015).

Kruger, A., and M. Tomasello. 1996. Cultural learning and learning culture. In D. Olson, ed., *Handbook of education and human development: New models of learning, teaching, and schooling* (pp. 369~387). Cambridge, MA: Blackwell.

Kuhlmeier, V., K. Wynn, and P. Bloom. 2003. Attribution of dispositional states by 12-month-olds. *Psychological Science, 14*(5), 402-408.

Kummer, H. (1979). On the value of social relationships to nonhuman primates: A heuristic scheme. In M. von Cranach, K. Foppa, W. Lepenies, and D. Ploog, eds., *Human ethology: Claims and limits of a new discipline* (pp. 381-395). Cambridge: Cambridge University Press.

Lakatos, I., and A. Musgrave, eds. 1970. *Criticism and the growth of knowledge.* Cambridge: Cambridge University Press([국역] 칼 포퍼·토머스 새뮤얼 쿤·임레 라카토슈 지음, 김동식·조승옥 옮김, 《현대과학철학 논쟁》, 아르케, 2002).

Langergraber, K. E., J. C. Mitani, and L. Vigilant. 2007. The limited impact of kinship on cooperation in wild chimpanzees. *Proceedings of the National Academy of Sciences of the United States of America, 104*(19), 7786-7790.

Leach, H. M. 2003. Human domestication reconsidered. *Current Anthropology, 44*(3), 349-368.

Levinson, S. 2006. On the human interactional engine. In N. Enfield and S. Levinson, eds., *Roots of human sociality* (pp. 39-69). New York: Berg.

Lewis, D. 1969. *Convention: A philosophical study.* Cambridge, MA: Harvard University Press.

Lickel, B., T. Schmader, and M. Spanovic. 2007. Group-conscious emotions: The implications of others' wrongdoings for identity and relationships. In J. L.

Tracy, R. W. Robins, and J. P. Tangney, eds., *The self-conscious emotions: Theory and research* (pp. 351-369). New York: Guilford Press.

Liebal, K., M. Carpenter, and M. Tomasello. 2013. Young children's understanding of cultural common ground. *British Journal of Developmental Psychology, 31*(1), 88-96.

Liebal, K., A. Vaish, D. Haun, and M. Tomasello. 2014. Does sympathy motivate prosocial behavior in great apes? *PLoS ONE, 9*(1), e84299.

List, C., and P. Pettit. 2011. *Group agency.* Oxford University Press.

Mameli, M. 2013. Meat made us moral: A hypothesis on the nature and evolution of moral judgment. *Biological Philosophy, 28*, 903-931.

Marlowe, F. W., and J. C. Berbesque. 2008. More "altruistic" punishment in larger societies. *Proceedings of the Royal Society of London, Series B: Biological Sciences, 275*(1634), 587-590.

Martin, A., and K. R. Olson. 2013. When kids know better: Paternalistic helping in 3-year-old children. *Developmental Psychology, 49*(11), 2071-2081.

Marx, K. 1867/1977. *Capital: A critique of political economy.* Vol. 1. New York: Vintage Books.

Maynard Smith, J. 1982. *Evolution and the theory of games.* Cambridge: Cambridge University Press.

McAuliffe, K., J. Jordan, and F. Warneken. 2015. Costly third-party punishment in young children. *Cognition, 134*, 1-10.

Mead, G. H. 1934. *Mind, self, and society. From the standpoint of a social behaviorist.* Chicago: University of Chicago Press([국역] 조지 허버트 미드 지음, 나은영 옮김, 《정신·자아·사회》, 한길사, 2010).

Melis, A. P., K. Altricher, and M. Tomasello. 2013. Allocation of resources to collaborators and free-riders by 3-year-olds. *Journal of Experimental Child Psychology, 114*(2), 364-370.

Melis, A. P., B. Hare, and M. Tomasello. 2006a. Chimpanzees recruit the best collaborators. *Science, 311*(5765), 1297-1300.

————. 2006b. Engineering cooperation in chimpanzees: Tolerance constraints on cooperation. *Animal Behaviour, 72*(2), 275-286.

————. 2008. Do cimpanzees reciprocate received favors? *Animal Behaviour, 76*(3), 951-962.

————. 2009. Chimpanzees coordinate in a negotiation game. Evolution and

Human Behavior, 30(6), 381-392.

Melis, A. P., A.-C. Schneider, and M. Tomasello. 2011a. Chimpanzees share food in the same way after collaborative and individual food acquisition. *Animal Behaviour, 82*(3), 485-493.

Melis, A. P., and M. Tomasello. 2013. Chimpanzees' strategic helping in a collaborative task. *Biology Letters, 9*, 20130009.

Melis, A. P., F. Warneken, K. Jensen, A.-C. Schneider, J. Call, and M. Tomasello. 2011b. Chimpanzees help conspecifics to obtain food and non-food items. *Proceedings of the Royal Society of London, Series B: Biological Sciences, 278*(1710), 1405-1413.

Mikhail, J. 2007. Universal moral grammar: Theory, evidence and the future. *Trends in Cognitive Sciences, 11*(4), 143-152.

Milinski, M., D. Semmann, and H.-J. Krambeck. 2002. Reputation helps solve the "tragedy of the commons." *Nature, 415*, 424-426.

Miller, J. G. 1994. Cultural diversity in the morality of caring: Individually oriented versus duty-based interpersonal moral codes. *Cross Cultural Research, 28*(1), 3-39.

Millikan, R. G. 2005. *Language: A biological model.* Oxford: Oxford University Press.

Misch, A., H. Over, and M. Carpenter. 2014. Stick with your group: Young children's attitudes about group loyalty. *Journal of Experimental Child Psychology, 126*, 19-36.

Mitani, J. C., and D. Watts. 2001. Why do chimpanzees hunt and share meat? *Animal Behaviour, 61*(5), 915-924.

Moll, H., N. Richter, M. Carpenter, and M. Tomasello. 2008. Fourteen-month-olds know what "we" have shared in a special way. *Infancy, 13*, 90-101.

Moll, H., and M. Tomasello. 2007a. Co-operation and human cognition: The Vygotskian intelligence hypothesis. *Philosophical Transactions of the Royal Society of London, Series B: Biological Sciences, 362*(1480), 639-648.

————. 2007b. How 14- and 18-month-olds know what others have experienced. *Developmental Psychology, 43*(2), 309-317.

Moreland, R. L. 2010. Are dyads really groups? *Small Group Research, 41*(2), 251-267.

Muller, M. N., and J. C. Mitani. 2005. Conflict and cooperation in wild chimpanzees.

Advances in the Study of Behavior, 35, 275-331.

Mussweiler, T. 2003. Comparison processes in social judgment: Mechanisms and consequences. *Psychological Review, 110*(3), 472-489.

Nagel, T. 1970. *The possibility of altruism*. Princeton, NJ: Princeton University Press.

———. 1986. *The view from nowhere*. New York: Oxford University Press.

———. 1991. *Equality and partiality*. New York: Oxford University Press.

Nichols, S. 2004. *Sentimental rules: On the natural foundations of moral judgment*. Oxford: Oxford University Press.

Nichols, S., M. Svetlova, and C. Brownell. 2009. The role of social understanding and empathic disposition in young children's responsiveness to distress in parents and peers. *Cognition, Brain, Behavior, 4*, 449-478.

Nietzsche, F. 1887/2003. *The genealogy of morals*. Mineola, NY: Dover.

Noe, R., and Hammerstein, P. 1994. Biological markets: Supply and demand determine the effect of partner choice in cooperation, mutualism and mating. *Behavioral Ecology and Sociobiology, 35*(1), 1-11.

Norenzayan, A. 2013. *Big gods: How religion transformed cooperation and conflict*. Princeton, NJ: Princeton University Press(〔국역〕 아라 노렌자얀 지음, 홍지수 옮김, 《거대한 신, 우리는 무엇을 믿는가》, 김영사, 2016).

Nowak, M., and R. Highfield. 2011. *Supercooperators: The mathematics of evolution, altruism and human behaviour*. Edinburgh: Canongate(〔국역〕 마틴 노왁·로저 하이필드 지음, 허준석 옮김, 《초협력자》, 사이언스북스, 2012).

Nowak, M., C. Tarnita, and E. Wilson. 2010. The evolution of eusociality. *Nature, 466*, 1057-1062.

Olson, K. R., and E. S. Spelke. 2008. Foundations of cooperation in young children. *Cognition, 108*(1), 222-231.

Olson, M. 1965. *The logic of collective action*. Cambridge, MA: Harvard University Press(〔국역〕 멘슈어 올슨 지음, 최광·이성규 옮김, 《집단행동의 논리》, 한국문화사, 2013).

Over, H., and M. Carpenter. 2013. The social side of imitation. *Child Development Perspectives, 7*(1), 6-11.

Over, H., M. Carpenter, R. Spears, and M. Gattis. 2013. Children selectively trust individuals who have imitated them. *Social Development, 22*(2), 215-425.

Over, H., A. Vaish, and M. Tomasello. Submitted. Young children accept responsibility for the negative actions of in-group members.

Piaget, J. 1932/1997. *The moral judgment of the child.* New York: Free Press(〔국역〕 장 삐아제 지음, 송명자 외 옮김, 《아동의 도덕 판단》, 울산대학교출판부, 2000).

Pinker, S. 2011. *The better angels of our nature: Why violence has declined.* New York: Viking(〔국역〕 스티븐 핑커 지음, 김명남 옮김, 《우리 본성의 선한 천사》, 사이언스북스, 2014).

Prinz, J. 2007. *The emotional construction of morals.* Oxford: Oxford University Press.

———. 2012. *Beyond human nature.* London: Allen Lane.

Proctor, D., R. A. Williamson, F. B. M. de Waal, and S. F. Brosnan. 2013. Chimpanzees play the ultimatum game. *Proceedings of the National Academy of Sciences of the United States of America, 110*(6), 2070~2075.

Rakoczy, H., K. Hamann, F. Warneken, and M. Tomasello. 2010. Bigger knows better? Young children selectively learn rule games from adults rather than from peers. *British Journal of Developmental Psychology, 28*(4), 785-798.

Rakoczy, H., and M. Tomasello. 2007. The ontogeny of social ontology: Steps to shared intentionality and status functions. In S. Tsohatzidis, ed., *Intentional acts and institutional facts: Essays on John Searle's social ontology* (pp. 113-137). Dordrecht: Springer.

Rakoczy, H., F. Warneken, and M. Tomasello. 2008. The sources of normativity: Young children's awareness of the normative structure of games. *Developmental Psychology, 44*(3), 875-881.

Rand, D., J. Greene, and M. A. Nowak. 2012. Spontaneous giving and calculated greed. *Nature, 489*, 427-430.

Rawls, J. 1971. *A theory of justice.* Cambridge, MA: Harvard University Press(〔국역〕 존 롤즈 지음, 황경식 옮김, 《정의론》, 이학사, 2003).

Rekers, Y., D. B. M. Haun, and M. Tomasello. 2011. Children, but not chimpanzees, prefer to collaborate. *Current Biology, 21*(20), 1756-1758.

Resnick, P., R. Zeckhauser, J. Swanson, and K. Lockwood. 2006. The value of reputation on eBay: A controlled experiment. *Experimental Economy, 9*(2), 79-101.

Rhodes, M., and L. Chalik. 2013. Social categories as markers of intrinsic interpersonal obligations. *Psychological Science, 24*(6), 999-1006.

Richerson, P., and R. Boyd. 2005. *Not by genes alone: How culture transformed human evolution.* Chicago: University of Chicago Press(〔국역〕 로버트 보이드·

피터 J. 리처슨 지음, 김준홍 옮김, 《유전자만이 아니다》, 이음, 2009).

Riedl, K., K. Jensen, J. Call, and M. Tomasello. 2012. No third-party punishment in chimpanzees. *Proceedings of the National Academy of Sciences of the United States of America, 109*(37), 14824-14829.

———. 2015. Restorative justice in children. *Current Biology, 25*, 1-5.

Roberts, G. 2005. Cooperation through interdependence. *Animal Behaviour, 70*(4), 901-908.

Rochat, P. 2009. *Others in mind: Social origins of self-consciousness.* Cambridge: Cambridge University Press.

Rochat, P., M. D. G. Dias, L. Guo, T. Broesch, C. Passos-Ferreira, A. Winning, and B. Berg. 2009. Fairness in distributive justice by 3- and 5-year-olds across 7 cultures. *Journal of Cross-Cultural Psychology, 40*(3), 416-442.

Rockenbach, B., and M. Milinski. 2006. The efficient interaction of indirect reciprocity and costly punishment. *Nature, 444*, 718-723.

Roma, P. G., A. Silberberg, A. M. Ruggiero, and S. J. Suomi. 2006. Capuchin monkeys, inequity aversion, and the frustration effect. *Journal of Comparative Psychology, 120*(1), 67-73.

Rose, L. M., S. Perry, M. Panger, K. Jack, J. Manson, J. Gros-Luis, K. C. Mackinnon, and E. Vogel. 2003. Interspecific interactions between *Cebus capuchinus* and other species in Costa Rican sites. *International Journal of Primatology, 24*(4), 759-796.

Rossano, F., H. Rakoczy, and M. Tomasello. 2011. Young children's understanding of violations of property rights. *Cognition, 123*(2), 219-227.

Roughley, N. 2015. Resentment, empathy and moral normativity. In N. Roughley and T. Schramme, eds., *Forms of fellow feeling: Sympathy, empathy, concern and moral agency* (pp. 225-247). Cambridge: Cambridge University Press.

Rousseau, J. J. 1762/1968. *Of the social contract, or, Principles of political right.* New York: Penguin.

Scanlon, T. M. 1990. Promises and practices. *Philosophy and Public Affairs, 19*(3), 199-226.

———. 1998. *What we owe to each other.* Cambridge, MA: Belknap Press.

Schäfer, M., D. Haun, and M. Tomasello. In press. Fair is not fair everywhere. *Psychological Science.*

Schino, G., and F. Aureli. 2009. Reciprocal altruism in primates: Partner choice,

cognition and emotions. *Advances in the Study of Behavior, 39*, 45-69.
Schmidt, M. F. H., H. Rakoczy, and M. Tomasello. 2012. Young children enforce social norms selectively depending on the violator's group affiliation. *Cognition, 124*(3), 325-333.
————. 2013. Young children understand and defend the entitlements of others. *Journal of Experimental Child Psychology, 116*(4), 930-944.
Schmidt, M. F. H., and M. Tomasello. 2012. Young children enforce social norms. *Current Directions in Psychological Science, 21*(4), 232-236.
Searle, J. 1995. *The construction of social reality*. New York: Free Press.
————. 2010. *Making the social world: The structure of human civilization*. New York: Oxford University Press.
Sellars, W. 1963. *Science, perception and reality*. New York: Humanities Press.
Seyfarth, R. M., and D. L. Cheney. 2012. The evolutionary origins of friendship. *Annual Review of Psychology, 63*, 153-177.
Shapiro, S. 2011. *Legality*. Cambridge, MA: Harvard University Press.
Shaw, A., and K. R. Olson. 2012. Children discard a resource to avoid inequality. *Journal of Experimental Psychology: General, 141*(2), 382-395.
————. 2014. Fairness as partiality aversion: The development of procedural justice. *Journal of Experimental Child Psychology, 119*, 40-53.
Sheskin, M., K. Ashayeri, A. Skerry, and L. R. Santos. 2013. Capuchin monkeys *(Cebus apella)* fail to show inequality aversion in a no-cost situation. *Evolution and Human Behavior, 35*(2), 80-88.
Shweder, R. A., M. Mahapatra, and J. G. Miller. 1987. Culture and moral development. In J. Kagan and S. Lamb, eds., *The emergence of morality in young children* (pp. 1-83). Chicago: University of Chicago Press.
Silk, J. B. 2009. Nepotistic cooperation in nonhuman primate groups. *Philosophical Transactions of the Royal Society of London, Series B: Biological Sciences, 364*(1533), 3243-3254.
Silk, J. B., J. C. Beehner, T. J. Berman, C. Crockford, A. L. Engh, L. R. Moscovice, R. M. Wittig, R. M. Seyfarth, and D. L. Cheney. 2010. Strong and consistent social bonds enhance the longevity of female baboons. *Current Biology, 20*(15), 1359-1361.
Silk, J. B., S. F. Brosnan, J. Vonk, J. Henrich, D. J. Povinelli, A. F. Richardson, S. P. Lambeth, J. Mascaro, and S. J. Schapiro. 2005. Chimpanzees are indifferent to

the welfare of other group members. *Nature, 435*, 1357-1359.

Simmel, G. 1908. *Sociology: Investigations on the forms of sociation.* Leipzig: Duncker and Humblot.

Sinnott-Armstrong, W., and T. Wheatley. 2012. The disunity of morality and why it matters to philosophy. *Monist, 95*, 355-377.

Skyrms, B. 2004. *The stag hunt and the evolution of sociality.* Cambridge: Cambridge University Press.

Smith, A. 1759/1982. *The theory of moral sentiments.* Indianapolis, IN: Liberty Classics.

Smith, A. M. 2013. Moral blame and moral protest. In D. J. Coates and N. A. Tognazzini, eds., *Blame: Its nature and norms* (pp. 27-48). New York: Oxford University Press.

Smith, C., P. R. Blake, and P. L. Harris. 2013. I should but I won't: Why young children endorse norms of fair sharing but do not follow them. *PloS ONE, 8*(8), e59510.

Sober, E., and D. S. Wilson. 1998. *Unto others: The evolution and psychology of unselfish behavior.* Cambridge, MA: Harvard University Press(〔국역〕 엘리엇 소버·데이비드 슬로안 윌슨 지음, 설선혜·김민우 옮김, 《타인에게로》, 서울대학교 출판문화원, 2013).

Steadman, L. B., C. T. Palmer, and C. Tilley. 1996. The universality of ancestor worship. *Ethnology, 35*(1), 63-76.

Sterelny, K. 2012. *The evolved apprentice.* Cambridge, MA: MIT Press.

Stiner, M. 2013. An unshakable Middle Paleolithic? Trends versus conservatism in the predatory niche and their social ramifications. *Current Anthropology, 54*(Suppl. 8), 288-304.

Strawson, P. F. 1962. Freedom and resentment. *Proceedings of the British Academy, 48*, 1-25.

Surbeck, M., and G. Hohmann. 2008. Primate hunting by bonobo at LuiKotale, Salonga National Park. *Current Biology, 18*(19), R906-R907.

Svetlova, M., S. Nichols, and C. Brownell. 2010. Toddlers's prosocial behavior: From instrumental to empathic to altruistic helping. *Child Development, 81*(6), 1814-1827.

Sylwester, K., and G. Roberts. 2010. Cooperators benefit through reputation-based partner choice in economic games. *Biological Letters, 6*, 659-662.

Tangney, J. P., and R. L. Dearing. 2004. *Shame and guilt*. New York: Guilford Press.

Tennie, C., J. Call, and M. Tomasello. 2009. Ratcheting up the ratchet: On the evolution of cumulative culture. *Philosophical Transactions of the Royal Society of London, Series B: Biological Sciences, 364*(1528), 2405-2415.

Thompson, M. 2008. *Life and action: Elementary structures of practice and practical thought*. Cambridge, MA: Harvard University Press.

Thornton, A., and N. J. Raihani. 2008. The evolution of teaching. *Animal Behaviour, 75*(6), 1823-1836.

Tomasello, M. 1995. Joint attention as social cognition. In C. Moore and P. Dunham, eds., *Joint attention: Its origins and role in development* (pp. 103-130). Hillsdale, NJ: Erlbaum.

———. 2006. Conventions are shared (commentary on Millikan, *Language: A biological model*). *Philosophy of Mind Review, 5*, 29-36.

———. 2008. *Origins of human communication*. Cambridge, MA: MIT Press([국역] 마이클 토마셀로 지음, 이현진 옮김, 《인간의 의사소통 기원》, 영남대학교출판부, 2015).

———. 2009. *Why we co-operate*. Cambridge, MA: MIT Press([국역] 마이클 토마셀로 지음, 허준석 옮김, 《이기적 원숭이와 이타적 인간》, 이음, 2011).

———. 2011. Human culture in evolutionary perspective. In M. Gelfand, ed., *Advances in culture and psychology* (pp. 3-31). Oxford: Oxford University Press.

———. 2014. *A natural history of human thinking*. Cambridge, MA: Harvard University Press([국역] 마이클 토마셀로 지음, 이정원 옮김, 《생각의 기원》, 이데아, 2017).

Tomasello, M., and M. Carpenter. 2005. The emergence of social cognition in three young chimpanzees. *Monographs of the Society for Research in Child Development, 70*(1), 1-152.

Tomasello, M., M. Carpenter, J. Call, T. Behne, and H. Moll. 2005. Understanding and sharing intentions: The origins of cultural cognition. *Behavioral and Brain Sciences, 28*(5), 675-691.

Tomasello, M., A. P. Melis, C. Tennie, E. Wyman, and E. Herrmann. 2012. Two key steps in the evolution of cooperation: The interdependence hypothesis. *Current Anthropology, 53*(6), 673-692.

Tomasello, M., and A. Vaish. 2013. Origins of human cooperation and morality.

Annual Review of Psychology, 64, 231-255.

Trivers, R. 1971. The evolution of reciprocal altruism. *Quarterly Review of Biology, 46*(1), 35-57.

Tuomela, R. 2007. *The philosophy of sociality: The shared point of view.* Oxford: Oxford University Press.

Turiel, E. 1983. *The development of social knowledge: Morality and convention.* Cambridge, MA: Cambridge University Press.

———. 2006. The development of morality. In W. Damon and R. M. Lerner, eds. *Handbook of child psychology, Vol. 3: Social, emotional, and personality development* (pp. 253-300). New York: Wiley.

Ulber, J., K. Hamann, and M. Tomasello. Submitted. Division behavior in 18- and 24-month-old peers.

Vaish, A., M. Carpenter, and M. Tomasello. 2009. Sympathy through affective perspective-taking and its relation to prosocial behavior in toddlers. *Developmental Psychology, 45*(2), 534-543.

———. 2010. Young children selectively avoid helping people with harmful intentions. *Child Development, 81*(6), 1661-1669.

———. 2011a. Young children's responses to guilt displays. *Developmental Psychology, 47*(5), 1248-1262.

———. In press. Three-year-olds feel guilt only when appropriate. *Child Development.*

Vaish, A., E. Herrmann, C. Markmann, and M. Tomasello. Submitted. Three-year olds prefer norm enforcers.

Vaish, A., M. Missana, and M. Tomasello. 2011b. Three-year-old children intervene in third-party moral transgressions. *British Journal of Developmental Psychology, 29*(1), 124-130.

von Rohr, C., J. Burkart, and C. van Schaik. 2011. Evolutionary precursors of social norms in chimpanzees: A new approach. *Biology and Philosophy, 26*, 1-30.

Vygotsky, L. 1978. Mind in society: *The development of higher psychological processes.* Edited by M. Cole. Cambridge, MA: Harvard University Press([국역] 레프 비고츠키 지음, 정회욱 옮김, 《마인드 인 소사이어티》, 학이시습, 2009).

Warneken, F. 2013. Young children proactively remedy unnoticed accidents. *Cognition, 126*(1), 101-108.

Warneken, F., F. Chen, and M. Tomasello. 2006. Cooperative activities in young

children and chimpanzees. *Child Development, 77*(3), 640-663.
Warneken, F., B. Hare, A. Melis, D. Hanus, and M. Tomasello. 2007. Spontaneous altruism by chimpanzees and young children. *PLoS Biology, 5*(7), e184.
Warneken, F., K. Lohse, A. P. Melis, and M. Tomasello. 2011. Young children share the spoils after collaboration. *Psychological Science, 22*(2), 267-273.
Warneken, F., and M. Tomasello. 2006. Altruistic helping in human infants and young chimpanzees. *Science, 311*(5765), 1301-1303.
————. 2007. Helping and cooperation at 14 months of age. *Infancy, 11*(3), 271-294.
————. 2008. Extrinsic rewards undermine altruistic tendencies in 20-month-olds. *Developmental Psychology, 44*(6), 1785-1788.
————. 2009. Varieties of altruism in children and chimpanzees. *Trends in Cognitive Science, 13*(9), 397-402.
————. 2013. The emergence of contingent reciprocity in young children. *Journal of Experimental Child Psychology, 116*(2), 338-350.
Watts, D., and J. C. Mitani. 2002. Hunting behavior of chimpanzees at Ngogo, Kibale National Park, Uganda. *International Journal of Primatology, 23*(1), 1-28.
West-Eberhardt, M. J. 1979. Sexual selection, social competition, and evolution. *Proceedings of the American Philosophical Society, 51*(4), 222-234.
Westermarck, E. 1891. *The history of human marriage*. London: Macmillan(〔국역〕 E. A. 웨스터마크 지음, 정동호·신영호 옮김, 《인류혼인사》, 세창출판사, 2013).
Whiten, A., and R. W. Byrne. 1988. *Machiavellian intelligence: Social expertise and the evolution of intellect in monkeys, apes and humans*. New York: Oxford University Press.
Whiten, A., V. Horner, and F. B. M. de Waal. 2005. Conformity to cultural norms of tool use in chimpanzees. *Nature, 437*, 737-740.
Williams, J., H. Liu, and A. Pusey. 2002. Costs and benefits of grouping for female chimpanzees at Gombe. In C. Boesch, G. Hohmann, and L. Marchant, eds., *Behavioural diversity in chimpanzees and bonobos* (pp. 192-203). Cambridge, MA: Cambridge University Press.
Wilson, D. S. 2002. *Darwin's cathedral: Evolution, religion and the nature of society*. Chicago: University of Chicago Press(〔국역〕 데이비드 슬론 윌슨 지음, 이철우 옮김, 《종교는 진화한다》, 아카넷, 2004).

Wilson, D. S., and E. O. Wilson. 2008. Evolution "for the good of the group." *American Scientist, 96*(5), 380-389.

Wittig, M., K. Jensen, and M. Tomasello. 2013. Five-year-olds understand fair as equal in a mini-ultimatum game. *Journal of Experimental Child Psychology, 116*(2), 324-337.

Wittig, R. M., C. Crockford, T. Deschner, K. E. Langergraber, T. E. Ziegler, and K. Zuberbühler. 2014. Food sharing is linked to urinary oxytocin levels and bonding in related and unrelated wild chimpanzees. *Proceedings of the Royal Society of London, Series B: Biological Sciences, 281*(1778), 20133096.

Wrangham, R. W., and D. Peterson. 1996. *Demonic males: Apes and the origins of human violence.* Boston: Houghton Mifflin(〔국역〕 리처드 랭햄 외 지음, 이명희 옮김, 《악마 같은 남성》, 사이언스북스, 1998).

Wyman, E., H. Rakoczy, and M. Tomasello. 2009. Normativity and context in young children's pretend play. *Cognitive Development, 24*(2), 146-155.

Yamamoto, S., and M. Tanaka. 2009. Do chimpanzees *(Pan troglodytes)* spontaneously take turns in a reciprocal cooperation task? *Journal of Comparative Psychology, 123*(3), 242-249.

Zahavi, A. 2003. Indirect selection and individual selection in sociobiology: My personal views on theories of social behaviour. *Animal Behaviour, 65*(5), 859-863.

Zeidler, H., E. Herrmann, D. Haun, and M. Tomasello. In press. Taking turns or not? Children's approach to limited resource problems in three different cultures. *Child Development.*

찾아보기

ㅇ

ㅈ

기타

도덕의 기원

초판 1쇄 발행 | 2018년 8월 13일
초판 5쇄 발행 | 2021년 12월 27일

지은이 | 마이클 토마셀로
옮긴이 | 유강은

펴낸이 | 한성근
펴낸곳 | 이데아
출판등록 | 2014년 10월 15일 제2015-000133호
주　　소 | 서울 마포구 월드컵로28길 6, 3층 (성산동)
전자우편 | idea_book@naver.com
전화번호 | 070-4208-7212
팩　　스 | 050-5320-7212

ISBN 979-11-89143-01-5 03470

이 책의 국립중앙도서관 출판사도서목록(CIP)은 e-CIP(http://www.nl.go.kr/ecip)와
국가자료공동목록시스템(http://www.nl.go.kr/kolisnet)에서 이용하실 수 있습니다.
(CIP 제어번호: CIP2018023952)